# Excel
# 完全自学教程

郭绍义　杜利明——————著

天津出版传媒集团
天津科学技术出版社

**图书在版编目（CIP）数据**

Excel完全自学教程 / 郭绍义，杜利明著. -- 天津 ：天津科学技术出版社，2022.6

ISBN 978-7-5576-9934-5

Ⅰ. ①E… Ⅱ. ①郭… ②杜… Ⅲ. ①表处理软件－教材 Ⅳ. ①TP391.13

中国版本图书馆CIP数据核字(2022)第039325号

---

Excel完全自学教程

Excel WANQUAN ZIXUE JIAOCHENG

责任编辑：刘　磊

出　　版：天津出版传媒集团<br>天津科学技术出版社

地　　址：天津市西康路35号

邮　　编：300051

电　　话：（022）23332695

网　　址：www.tjkjcbs.com.cn

发　　行：新华书店经销

印　　刷：北京昊鼎佳印印刷科技有限公司

---

开本 710×1000　　1/16　　印张 15　　字数 200 000

2022年6月第1版第1次印刷

定价：48.00元

# 序言 Preface

Excel是一款编写电子表格的软件，简洁的页面、强大的计算功能以及一系列图表工具，使它成为一款实用且出色的个人计算机数据处理软件。Excel可以高效地输入数据并运用公式和函数进行快速计算，可以对数据进行管理计算和分析，并且生成直观的图表。本书对Excel进行了系统的讲解，就算是新手也可以很快上手。书中不仅有对具体操作的讲解，还有实用技能、新手技巧，可以为使用办公软件的专业人士提供一定的参考，让大家在日后的学习与工作中能够更加便捷、高效。

本书的第1章讲解了在Excel中首先应该掌握的基础应用，主要包括在日常中的基础操作以及必备的实用技能。

第2章主要讲解了工作表格式与外观的设置。

第3章介绍了Excel的实用技巧与应用，可以帮助大家快速缩短工作时间。

第4章介绍了常用的函数技巧以及常见的函数错误，帮助大家解决常见的函数问题。

第5章讲解了图表的类型以及图表的制作方法，使用图表可以增强数据的可观性。

第6章讲解了如何进行数据分析，可以帮助读者提升技能。

第7章介绍了Excel常用的快捷键，以及Excel中的隐藏“神技”，帮助大家快速提升办公效率。

本书兼顾易学和实用，且配有步骤图进行讲解，便于大家灵活学习并且应用到实际的学习与工作中。希望大家在学习过后能熟练掌握并灵活运用 Excel，让日后的学习与工作的效率更上一层楼。

最后，特别感谢吕芷萱、刘涵薇、丁鹏、王常杰、孟乐、蒋文强、戴雪婷、王亚贤、王凤英、汪溪遥对本书创作和出版做出的贡献。

# 目录 Contents

## 第1章 在Excel中首先应该掌握的基础运用

## 第2章 设置Excel格式，让表格更美观

## 第3章 Excel的实用技巧与应用

## 第 4 章 常用函数技巧与常见函数错误

## 第 6 章 Excel 的高级技巧应用——数据分析



## 第 7 章 你不知道的 Excel“神技”

# 第1章

## 在 Excel 中首先应该掌握的基础运用

Excel 是 Microsoft 为使用 Windows 和 Apple Macintosh 操作系统的电脑编写的一款电子表格软件。直观的界面、出色的计算功能和图表工具使 Excel 成为使用频繁的个人计算机数据处理软件。

本章内容着重讲解了 Excel 的基础操作技巧，如字体设置、行高列宽基本操作、单窗口与多窗口显示、快速录入数据、编辑数据与创建超链接等，方便大家在办公时提高工作效率。

## 1.1 设置 Excel 的基本操作——以“年度销售计划分析表”为例

在打开 Excel 制作表格时，基础设置都是默认的，我们可以对 Excel 的字体、字号和颜色进行设置。我们还可以依据内容的多少和需要的视觉效果，对 Excel 的行高与列宽进行调整。想要制作易懂易看的表格，事先设置好文字和数据对齐方式非常重要，这样有利于一目了然地观察数据。本节内容将为大家讲解设置 Excel 的基本操作，希望能帮助大家解决日常办公中的基础操作问题。

### 1.1.1 Excel 中的字体设置

在新建 Excel 中输入数据和文本内容时，默认显示的字体为“等线”，默认显示的字号为 11。在实际操作中，使用者可以根据不同的使用途径和目的更改 Excel 的字体和字号。

我们还可以通过下列操作更改初始字体和字号，这样在下次启动 Excel 时，原始字体和字号就会是设置后的字体和字号了。

①在菜单中单击【文件】，如图 1.1–1 所示。

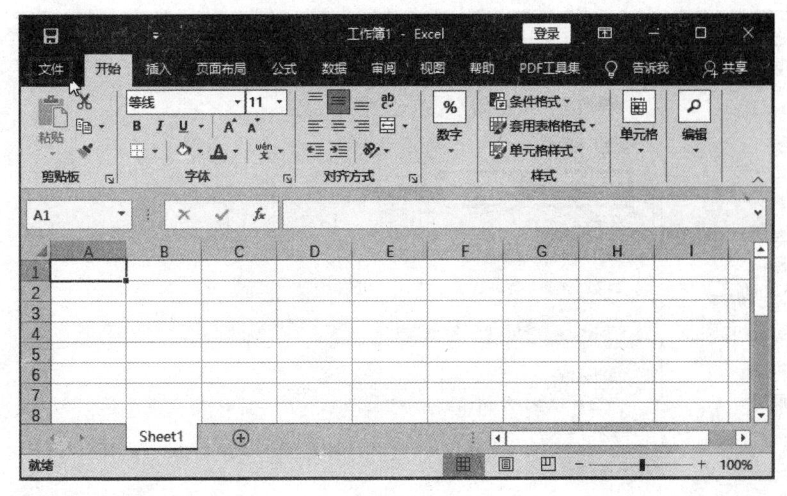

图 1.1–1

②在弹出的选项中选择【选项】，单击，如图 1.1–2 所示。

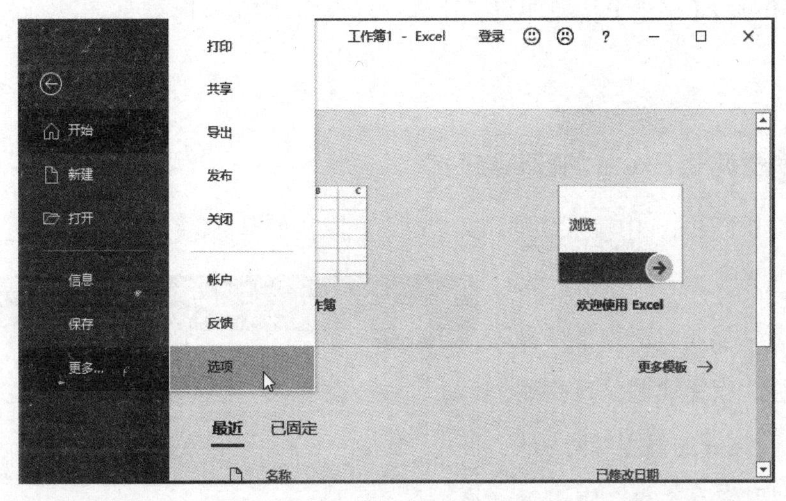

图 1.1–2

③弹出【Excel 选项】对话框，单击【常规】，在【使用此字体作为默认字体】列表中选择自己要设置的字体，在【字号】列表中选择自己要设置的字号，如图 1.1–3 所示。

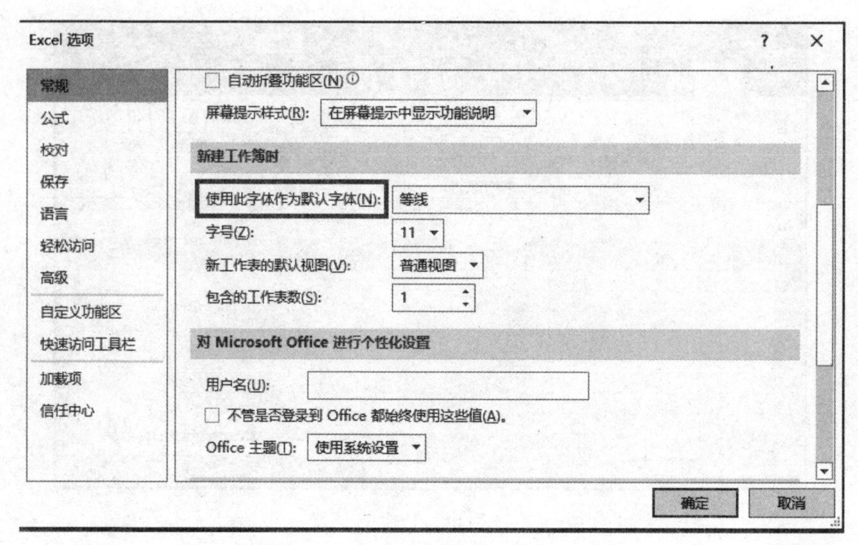

图 1.1-3

④单击【确定】按钮即可。这样，下次启动 Excel 时就是设置的字体和字号。

## 1.1.2 调整 Excel 的行高与列宽

在新建 Excel 中输入数据和文字时，在默认情况下，行高和列宽都是固定的。当单元格中内容过多、过长无法显示时，为了增强可视性，就需要调整行高和列宽。Excel 的默认行高是 13.8，列宽是 8.38，使用者可以通过对话框设置行高和列宽。具体操作步骤如下。

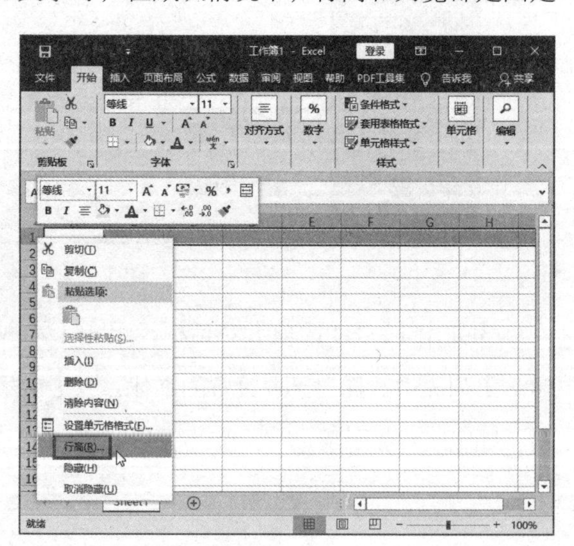

图 1.1-4

①选中要变更行高的一行，单击鼠标右键，弹出命令页面，选择【行高】命令，如图 1.1-4 所示。

②弹出【行高】对话框，在【行高】文本框中输入要设置的行高值，最后单击【确定】按钮即可。

列宽与行高的设置方法大致相同。

①选中要变更列宽的一列，单击鼠标右键，弹出命令页面，选择【列宽】命令，如图 1.1–5 所示。

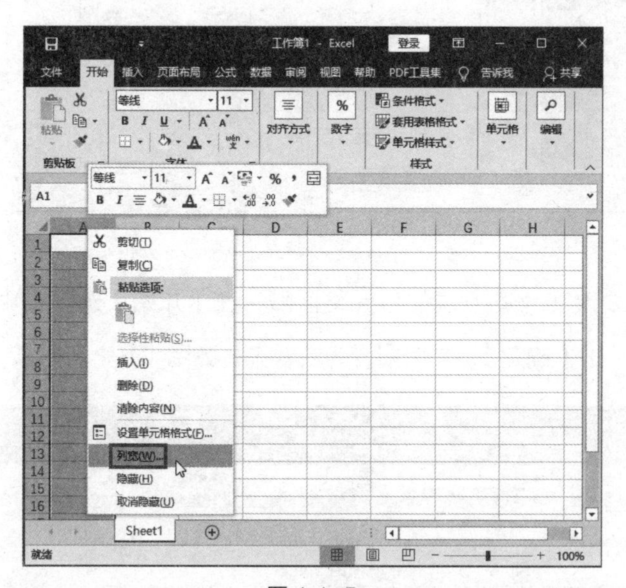


图 1.1–5

②弹出【列宽】对话框，在【列宽】文本框中输入要设置的列宽值，最后单击【确定】按钮，即可完成列宽的设置。

## 1.1.3 文字与数据的对齐

在使用 Excel 时，我们不难发现“文字左对齐，数据右对齐”是 Excel 的初始设置，输入文字或数据时会按照系统默认自动对齐。Excel 中有左对齐、居中和右对齐三种对齐方式，想要更改单元格的对齐方式可以按以下步骤进行操作。

①选中要改变对齐方式的单元格区域。然后在【开始】选项卡中找到【左对齐】按钮，单击鼠标确定，文字则变为左对齐，如图 1.1–6 所示。

图 1.1-6

②选中要改变对齐方式的单元格区域，在【开始】选项卡中找到【右对齐】按钮，单击【确定】，文字则变为右对齐，如图 1.1-7 所示。

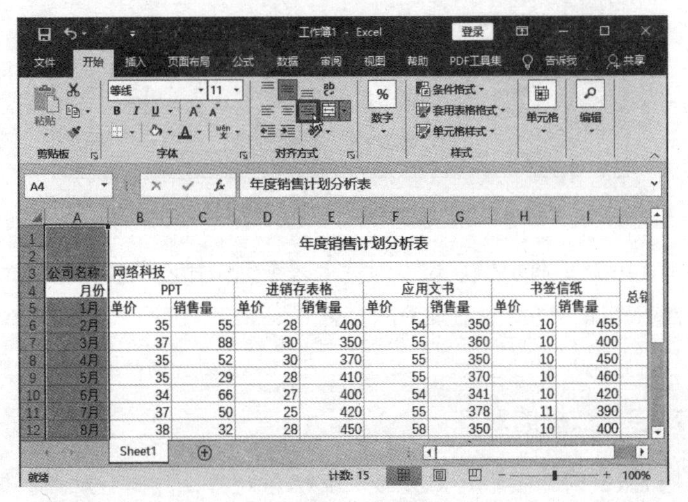


图 1.1-7

值得注意的是，考虑到表格的易看性，建议大家设置数据列的标题和列的值右对齐，这样可以保证表格的整齐性。

## 1.1.4 固定单元格填充

在制作 Excel 时，有时我们需要在多个单元格里输入相同的内容。除了逐个添加和复制粘贴之外，想要高效快速地输入数据，可以使用 Excel 自带的定位条件功能，结合【Ctrl+Enter】键快速选择固定的单元格进行数据填充。具体操作步骤如下。

①导入工作表后选择任意一个单元格，单击【开始】选项卡，然后单击【编辑】组中的【查找和选择】按钮，在下拉列表中选择【定位条件】，如图 1.1-8 所示。

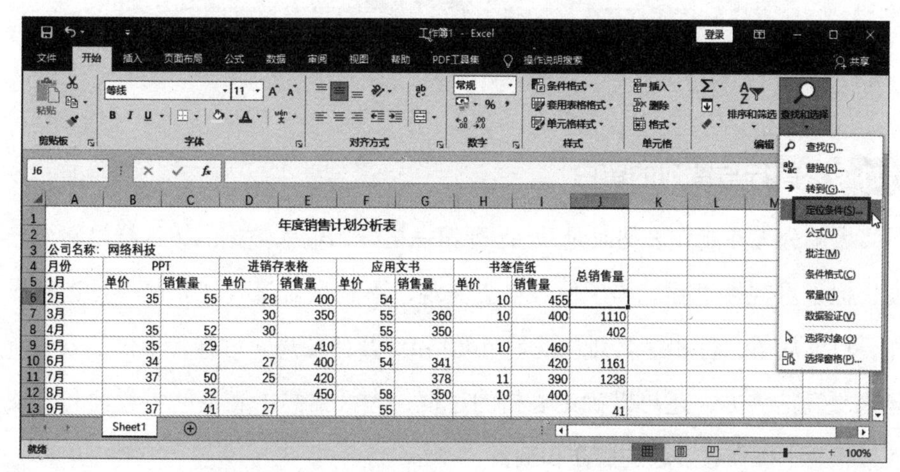


图 1.1-8

②在弹出的对话框中选中【空值】单选框，单击【确定】按钮，如图1.1-9所示。

③返回工作表中，空白的单元格这时是被选中的模式，在单元格中输入工作中需要输入的数据内容，如“0”，使用【Ctrl+Enter】键即可快速填充，如图 1.1-10 所示。

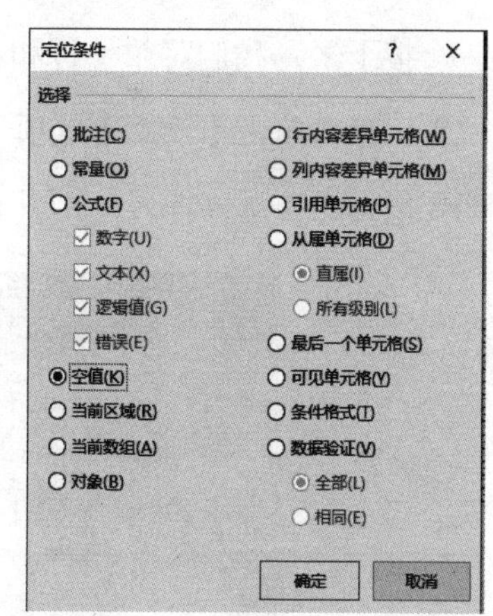


图 1.1-9

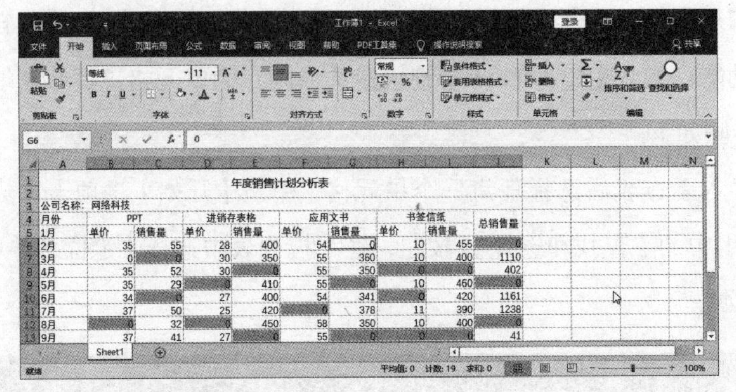

图 1.1–10

## 1.1.5 首行与首列的留白

大部分人在制作表格时是从 A1 列第一格开始输入数据的，这样虽然很方便，但是可视性不强。为了使表格更美观，不建议对第一列和第一行进行操作，可以从第二行和第二列也就是单元格 B2 开始使用。这样，不仅使表格看起来更简洁大方，还可以确定表格的边框，大大提高了表格的可看性和方便性，也利于操作者后续的操作和编辑。

接下来，我们对第一行和第一列进行留白处理。首先单击 A1 单元格确定位置，接着单击【开始】选项卡下【单元格】选项组中的【插入】按钮，选择想要插入的首行或首列，如图 1.1–11 所示。

图 1.1–11

## 1.2 Excel 的窗口设置——以“销售周别行动计划表”为例

在制作 Excel 表格时，为了提高工作效率和便于操作，有必要掌握对话框和视图的比例更改技巧。本节会从调整表格的显示比例、如何并排查看两个数据表、如何隐藏窗口和冻结窗格四个方面对窗口设置进行讲解，让使用者通过较少的步骤快速整理和筛选有效信息。

### 1.2.1 调整表格的显示比例

在制作 Excel 表格时，会常常使用到调整表格显示比例功能。此功能有利于增强窗口的可视性，使窗口更灵活。窗口在默认状态下的显示比例为 100%，通过对表格的显示比例进行调整可以放大或缩小视图，具体操作步骤如下。

①在准备调整比例的工作表中，单击【视图】选项卡，在【缩放】组中单击【缩放】按钮。

②在弹出的对话框中选择自己想要调整的画面比例，或在【自定义】区域输入要显示的比例数值，如图 1.2–1 所示。

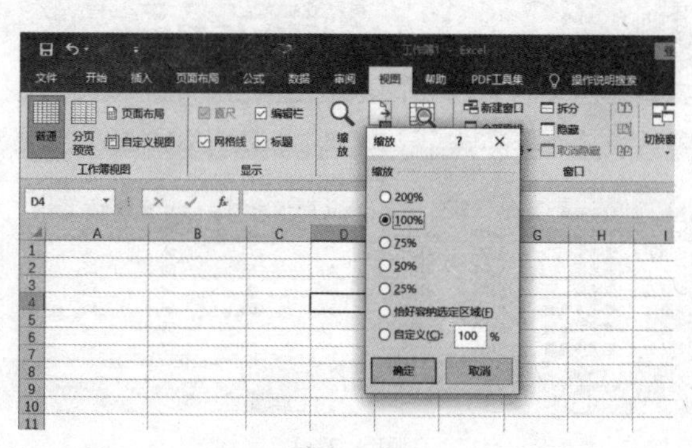

图 1.2–1

③单击【确定】按钮即可。

## 1.2.2 两个数据表的并排查看

有时会出现需要同时使用两个 Excel 表的情况，若是来回切换两个工作表未免太过麻烦，而且在使用过程中还会增加数据的错误率，这里提供一个可以同时查看两个工作表的简便方法，具体操作步骤如下。

①单击【视图】选项卡下【窗口】选项组中的【新建窗口】按钮，如图 1.2-2 所示。

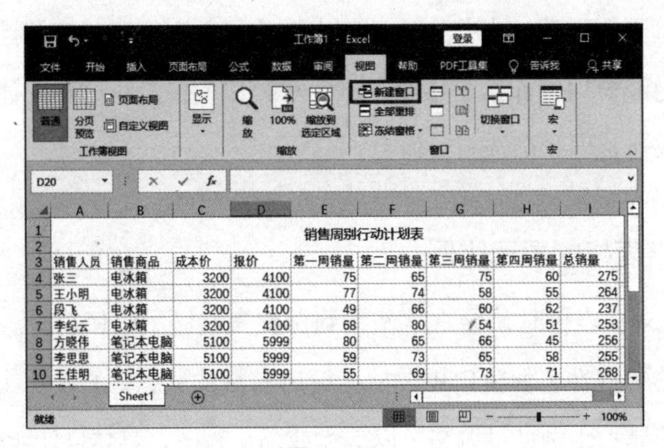


图 1.2-2

②在自动新建的副本页面中，按照上述步骤首先选择【视图】选项卡，单击【窗口】选项组中的【全部重排】按钮，如图 1.2-3 所示。

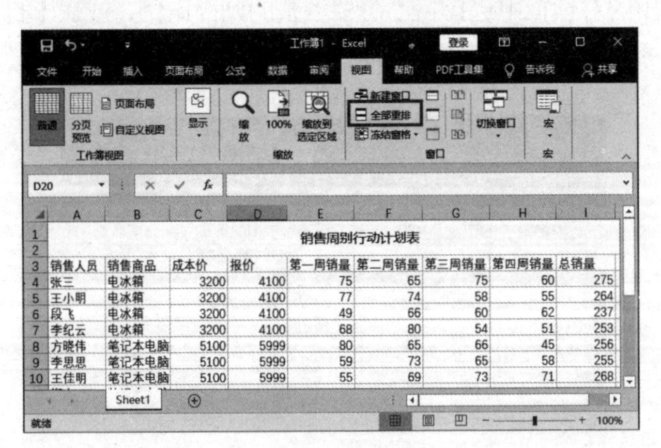


图 1.2-3

③在弹出的【重排窗口】对话框中有不同的排列方式可以选择，如图1.2-4所示。

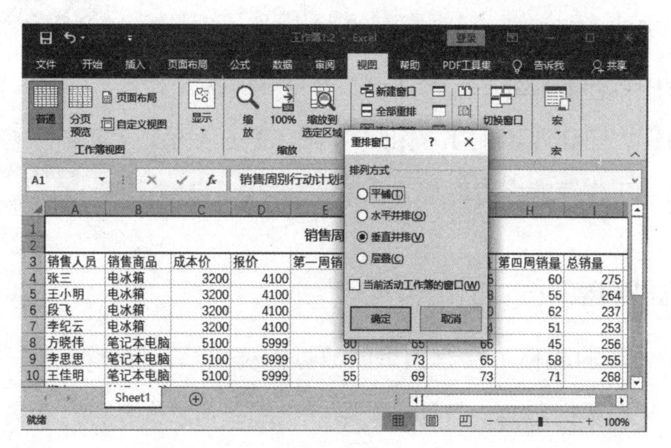

图 1.2-4

④选择想要的排列方式，单击【确定】按钮即可。

## 1.2.3 隐藏窗口

在完成一个Excel工作表的制作后，可以将已经制作好的Excel隐藏之后再进行其他操作，这样可以提高工作表的私密性，避免信息泄露，是一项十分实用的操作技能。首先单击【视图】选项卡中【窗口】选项组中的【隐藏窗口】按钮，图标显示为，如图1.2-5所示。

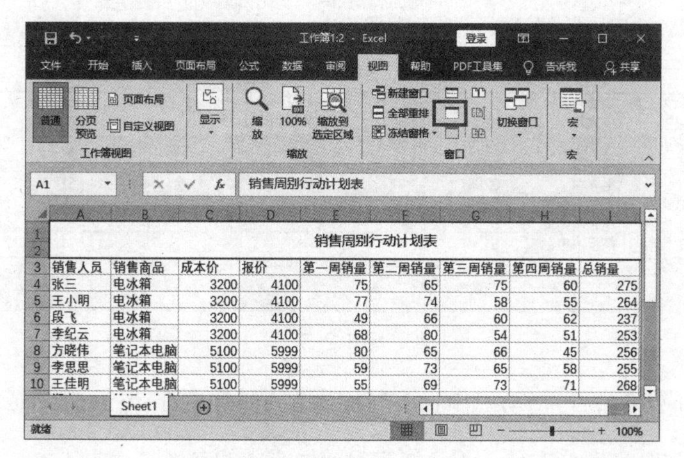


| | A | B | C | D | E | F | G | H | I |
|---|---|---|---|---|---|---|---|---|---|
| 1-2 | 销售周别行动计划表 | | | | | | | | |
| 3 | 销售人员 | 销售商品 | 成本价 | 报价 | 第一周销量 | 第二周销量 | 第三周销量 | 第四周销量 | 总销量 |
| 4 | 张三 | 电冰箱 | 3200 | 4100 | 75 | 65 | 75 | 60 | 275 |
| 5 | 王小明 | 电冰箱 | 3200 | 4100 | 77 | 74 | 58 | 55 | 264 |
| 6 | 段飞 | 电冰箱 | 3200 | 4100 | 49 | 66 | 60 | 62 | 237 |
| 7 | 李纪云 | 电冰箱 | 3200 | 4100 | 68 | 80 | 54 | 51 | 253 |
| 8 | 方晓伟 | 笔记本电脑 | 5100 | 5999 | 80 | 65 | 66 | 45 | 256 |
| 9 | 李思思 | 笔记本电脑 | 5100 | 5999 | 59 | 73 | 65 | 58 | 255 |
| 10 | 王佳明 | 笔记本电脑 | 5100 | 5999 | 55 | 69 | 73 | 71 | 268 |

图 1.2-5

单击【隐藏窗口】，即当前 Excel 工作表中打开的窗口就被隐藏了。

如果想让隐藏的窗口再次显示，只需要单击【窗口】选项组中的【取消隐藏】按钮。在弹出的【取消隐藏】对话框中选择需要显示的工作簿名称，这里以“工作簿 1”为例，单击【确定】按钮，如图 1.2-6 所示，这时被隐藏的工作簿就会出现了。

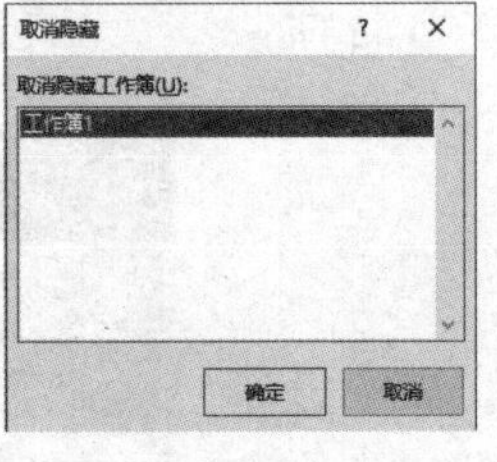


图 1.2-6

## 1.2.4 冻结窗格

有时工作表的表格中会有大量的数据需要填写，而此时往右拖动滚动条时，就会发现表头标题会一起移动被隐藏。那么该怎么办呢？其实通过冻结工作表的方法就能在拖动滚动条时始终都能看到 Excel 的标题了。

①在 Excel 工作表中选中需要冻结的标题行，单击【视图】选项卡下【窗口】选项组中的【冻结窗格】的下拉按钮，在弹出的列表中选择想要设置的冻结方式，如图 1.2-7 所示。

工作簿1:2 - Excel
登录
文件 开始 插入 页面布局 公式 数据 审阅 视图 帮助 PDF工具集 告诉我 共享
普通 分页预览 页面布局 自定义视图 工作簿视图
显示
缩放 100% 缩放到选定区域 缩放
新建窗口 全部重排 冻结窗格 切换窗口
宏 宏
冻结窗格(F)
滚动工作表其余部分时，保持行和列可见(基于当前的选择)。
冻结首行(R)
滚动工作表其余部分时，保持首行可见。
冻结首列(C)
滚动工作表其余部分时，保持首列可见。
A1 销售周别行动计划表
销售周别

| 销售人员 | 销售商品 | 成本价 | 报价 | 第一周销量 | | | 量 | 总销量 |
|---|---|---|---|---|---|---|---|---|
| 张三 | 电冰箱 | 3200 | 4100 | 75 | | | 60 | 275 |
| 王小明 | 电冰箱 | 3200 | 4100 | 77 | 74 | 58 | 55 | 264 |
| 段飞 | 电冰箱 | 3200 | 4100 | 49 | 66 | 60 | 62 | 237 |
| 李纪云 | 电冰箱 | 3200 | 4100 | 68 | 80 | 54 | 51 | 253 |
| 方晓伟 | 笔记本电脑 | 5100 | 5999 | 80 | 65 | 66 | 45 | 256 |
| 李思思 | 笔记本电脑 | 5100 | 5999 | 59 | 73 | 65 | 58 | 255 |
| 王佳明 | 笔记本电脑 | 5100 | 5999 | 55 | 69 | 73 | 71 | 268 |

Sheet1
就绪 100%

图 1.2-7

冻结成功后，再拖动工作表滚动条就能看见选定冻结的内容不会移动，后续进行工作时也十分方便，不会影响对前面文本的参考。

## 1.3 录入数据——以“营销策略分析与决策表”为例

大家在使用 Excel 处理数据之前，需要先将数据录入工作表中。在录入数据时也有很多技巧可以帮助大家提高效率，本节将针对快速输入数据、设置录入数据格式、设置提示与警告信息以及清除数据验证等方面进行详细讲解，为日后深入学习 Excel 做铺垫。

### 1.3.1 快速输入相同数据

在录入数据时，有时需要在不同单元格输入相同数据，如果逐个输入就会费时费力，下面就教大家如何快速在多个单元格中输入相同数据的方法。

①启动 Excel，打开目标文档，按住【Ctrl】键，选出要输入相同数据的单元格，如图 1.3-1 所示。

图 1.3-1

②在选中的单元格中输入数据，按下组合键【Ctrl+Enter】对输入的数据进行确认，如图 1.3–2 所示。

图 1.3–2

此时，相同的数据已经被输入单元格。

## 1.3.2 快速输入日期与时间

在编辑表格的过程中，有时会需要输入日期与时间，这里建议大家使用快捷键输入，具体操作步骤如下。

①打开文档后，选中要输入时间的单元格，按下组合键【Ctrl+Shift+；】，输入时间就完成了，如图 1.3–3 所示。

图 1.3–3

②选中要输入日期的单元格，按下组合键【Ctrl+；】，如图 1.3–4 所示。

图 1.3–4

此时，时间、日期的输入就完成了。

## 1.3.3 输入“0”开头的编号

在默认情况下，在 Excel 中输入以“0”开头的数字时，例如“001”“002”开头的“0”会被自动省略。要想在单元格中输入以“0”开头的数字，有两种办法：一是通过自定义数据格式的方式实现，二是通过设置文本的方式实现。下面就讲解一下具体的操作方法。

①打开目标文件，选中要输入以“0”开头的单元格。单击【开始】选项卡下的【格式】按钮，在下拉菜单中选择【设置单元格格式】选项，如图 1.3–5 所示。

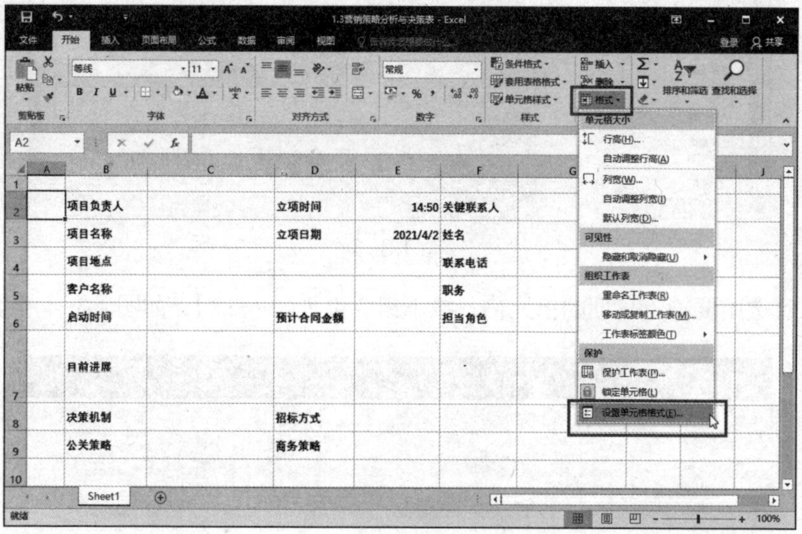

图 1.3–5

②在弹出的【设置单元格格式】对话框中，选择【数字】选项卡，在【分类】列表框中选择【自定义】选项，在右侧的【类型】文本框中输入“000”，单击【确定】按钮，如图 1.3–6 所示。

此时，在单元格中输入“0”就不会被默认省略了，只需输入“1”就会自动添加“00”了，如图 1.3–7 所示。

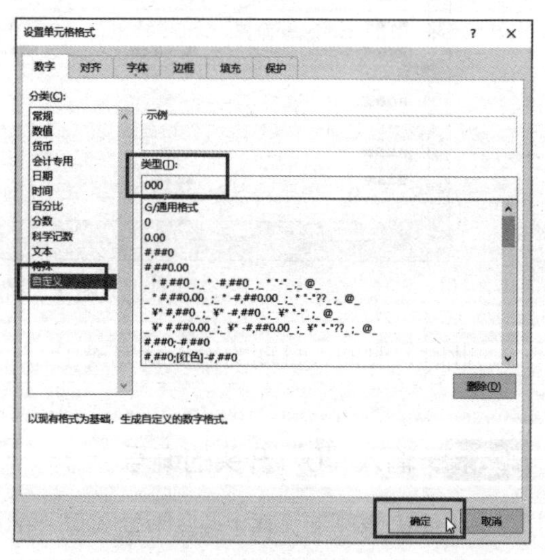


图 1.3–6

图 1.3-7

在自定义类型时，需要几位数就输入几个“0”，如“001”即输入 3 个“0”。

除了以上方法，还可以以文字格式输入数值，在输入“001”时，在前面加上【‘】，这样，数值将会被默认为文字，而不是数字，因此前面的“0”并不会被省略。

## 1.3.4 输入身份证号码

除了编号外，身份证号也经常用到，但是在单元格中如果输入超过 11 位的数字时，Excel 就会自动使用计数法来显示数字，但无法完全显示，此时，就需要将这些单元格的数字格式设置为文本。

打开目标文件，选择需要输入身份证号码的单元格，选择【开始】选项卡下的【数字格式】按钮，在下拉菜单中选择【文本】选项。如图 1.3-8 所示。

图 1.3-8

设置完成后，再输入身份证号码就可以完全显示了，如图 1.3-9 所示。

图 1.3-9

## 1.3.5 设置单元格的数据类型或范围

只允许单元格输入数字

我们在使用 Excel 输入数据时，有时只需要输入数字，这时，我们可以通过对单元格的数据格式进行限制设置来实现。具体操作步骤如下。

①打开目标文档，选中要设置的单元格区域。单击【数据】选项卡下【数据工具】组中的【数据验证】按钮，在下拉列表中选择【数据验证】选项，如图 1.3-10 所示。

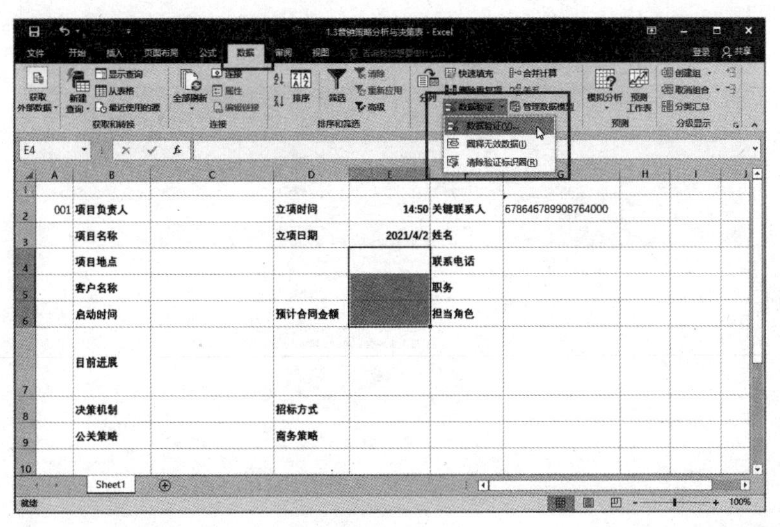


图 1.3-10

②在弹出的【数据验证】对话框中，选择【设置】选项卡，在【允许】下拉列表中选择【自定义】选项，在【公式】文本框中输入“=ISNUMBER(E4)”，输入完成后单击【确定】按钮，如图 1.3-11 所示。

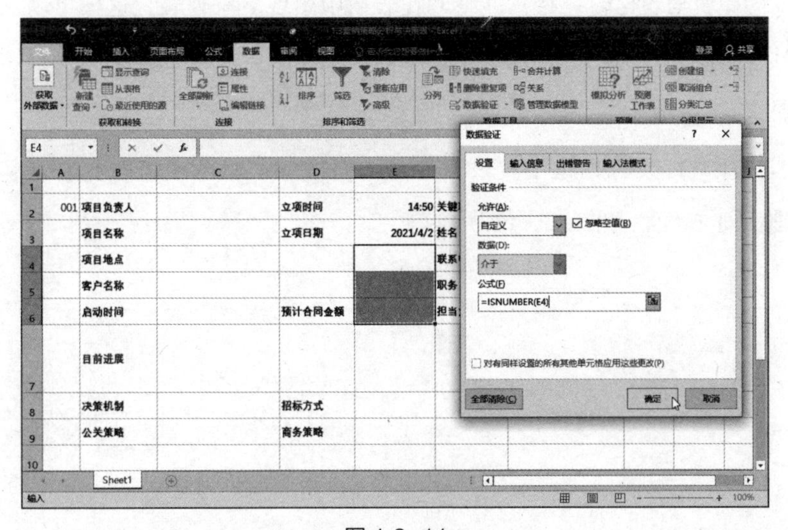


图 1.3-11

ISNUMBER 函数是用来限制输入的内容为数值，E4 是指选中的单元格区域。

设置完成后，在单元格中输入其他内容就会出现警告信息，如图 1.3-12 所示。

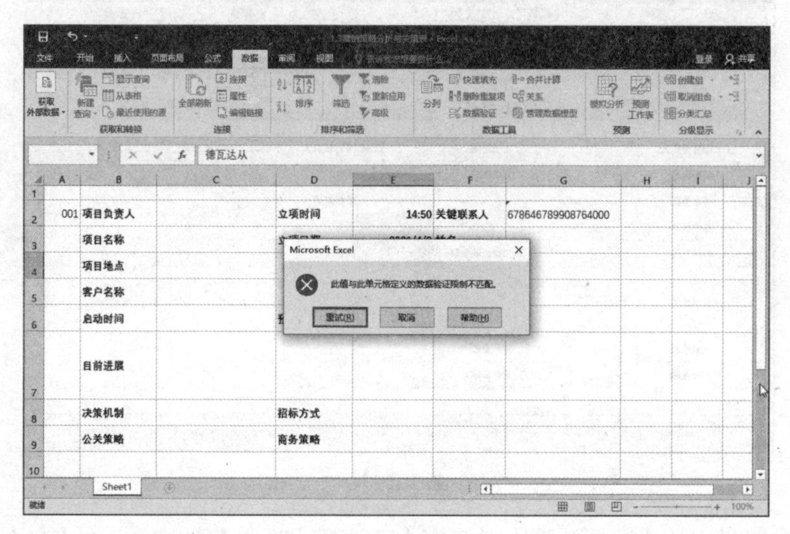


图 1.3-12

为单元格设置下拉列表

我们在填写表格时，经常能看到在表格中出现下拉列表，这样可以在输入数据时选择设置好的内容，缩短工作时间。下面跟大家详细介绍一下具体的操作步骤。

①打开目标文档，选中要设置的单元格区域。单击【数据】选项卡下的【数据验证】按钮，如图 1.3-13 所示。

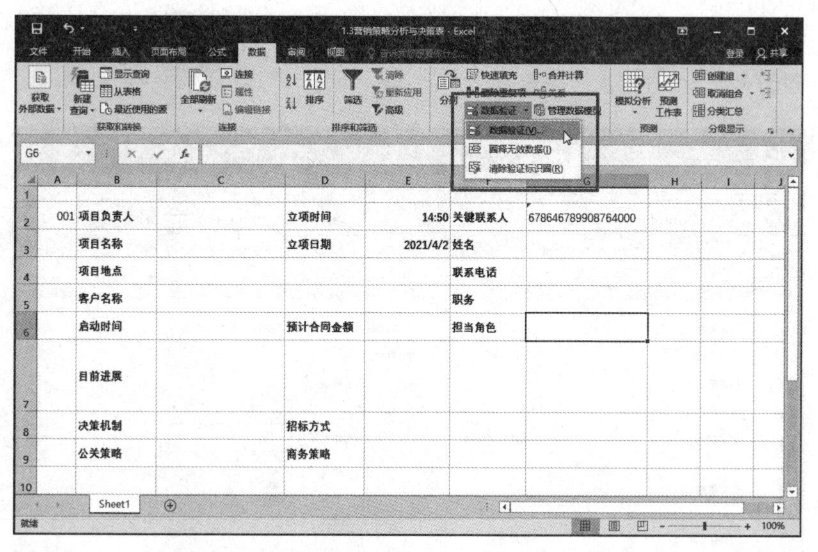


图 1.3-13

②在弹出的【数据验证】对话框中，选择【设置】选项卡，在【允许】下拉列表中选择【序列】选项，在【来源】文本框中输入“公关，行政，后勤，市场”（输入的内容需要用英文逗号隔开），输入完成后单击【确定】按钮，如图 1.3-14 所示。

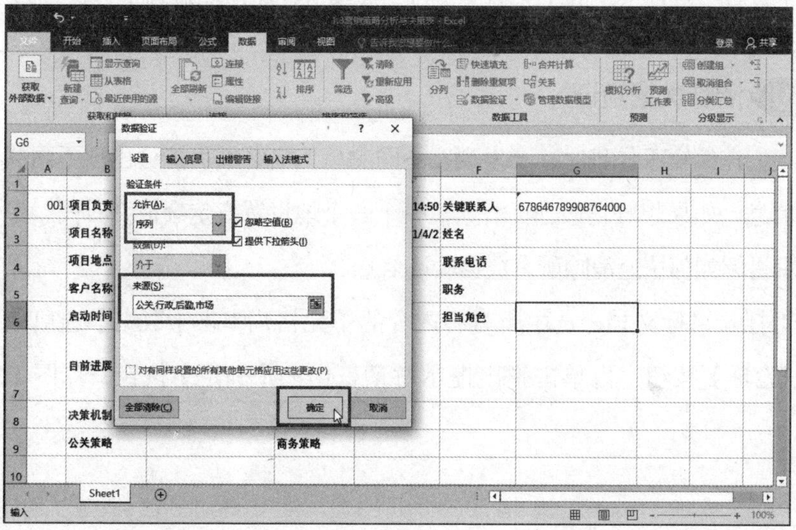

图 1.3-14

这时，单元格的下拉列表就设置好了，大家可以根据所填写的内容进行选择，如图 1.3–15 所示。

图 1.3–15

数据验证功能除了可以限制输入数值和设置下拉列表外，还可以设置文本输入的长度或数值的范围，这里就不一一赘述了，大家在【数据验证】对话框中的【设置】选项卡下的【允许】下拉列表中选择相应的选项进行设置即可。

## 1.3.6 清除数据验证

我们在编辑工作表时，会发现在不同的单元格区域可能会出现不同的数据验证信息，如果想对它们进行清除，一个一个地设置肯定会浪费时间，下面就跟大家讲解如何快速清除所有数据验证信息。

①打开目标文档，选中所有有内容的单元格，单击【数据】选项卡下的【数据验证】按钮，再单击弹出提示对话框中的【确定】按钮，如图 1.3–16 所示。

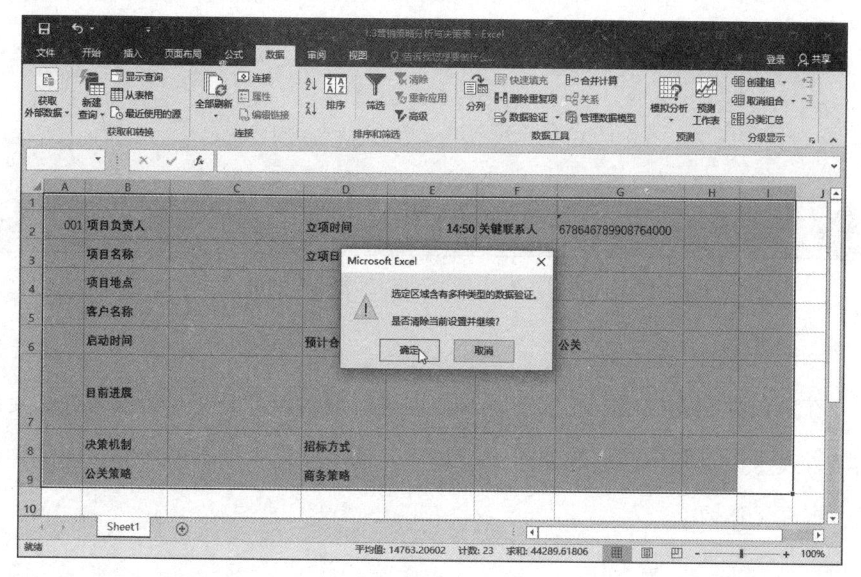


图 1.3-16

②在弹出的【数据验证】对话框中，选择【设置】选项卡，在【允许】下拉列表中选择【任何值】，然后单击【确定】，这样所设置的数据验证就全被清除了，如图 1.3-17 所示。

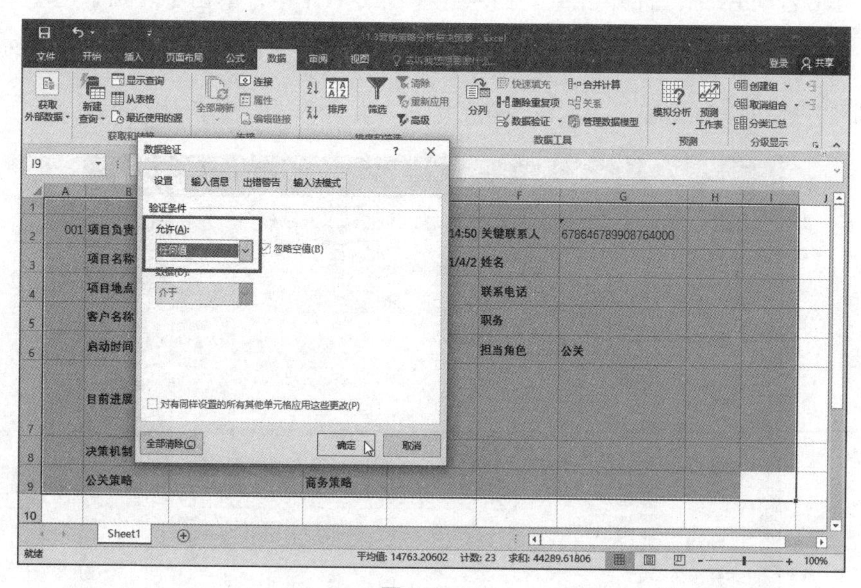


图 1.3-17

# 1.4 编辑数据——以“新产品上市战略规划表”为例

在录入数据完成后，我们还要对数据进行编辑，本节将对查找替换、复制粘贴以及千位符和超链接的使用进行讲解，这些技巧可以帮助大家快速编辑数据，提高工作效率。

## 1.4.1 查找与替换

在编辑数据时，有些数据查找起来很困难，我们可以使用查找和替换功能，一次性修改所有数据。具体操作步骤如下。

①启动 Excel，打开目标文档，选择任一单元格，单击【开始】选项卡，在【编辑】组中单击【查找和选择】按钮，在下拉菜单中选择【替换】选项，如图 1.4-1 所示。

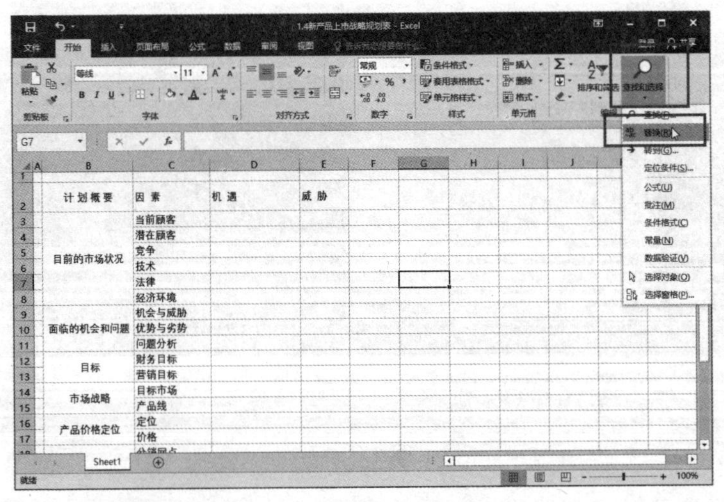


图 1.4-1

②在弹出的【查找和替换】对话框中，在【查找内容】和【替换为】文本框中输入想要修改的数据内容，然后单击【全部替换】按钮，如图 1.4–2 所示。

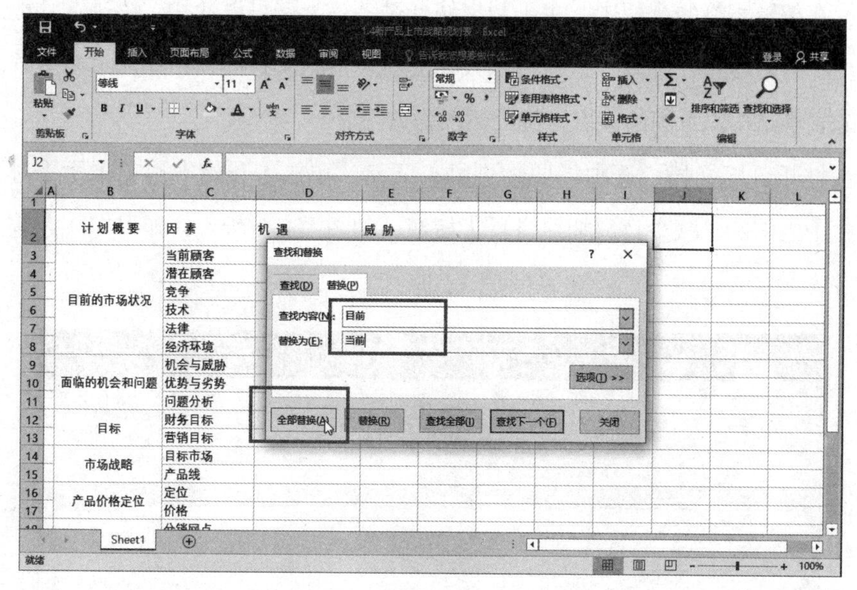


图 1.4–2

这时，系统会提示全部替换完成，单击【确定】按钮即可，如图 1.4–3 所示。

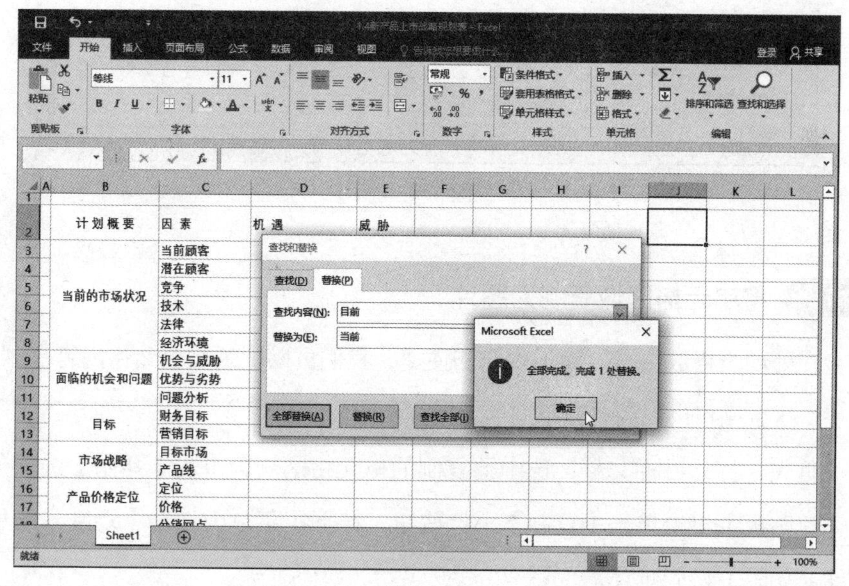


图 1.4–3

## 1.4.2 为表格内容添加缩进

在编辑表格的过程中，由于数据统计过多，大家可以使用“缩进”功能来实现不同内容错开排列，这样可以大幅提高表格的易看性，帮助阅读者更好地理解表格结构。下面给大家详细介绍操作方法。

打开目标文档，选中需要缩进的单元格。单击【开始】选项卡下【对齐方式】组中的【减少 / 增加缩进量】按钮，如图 1.4-4 所示，即可完成内容的缩进。

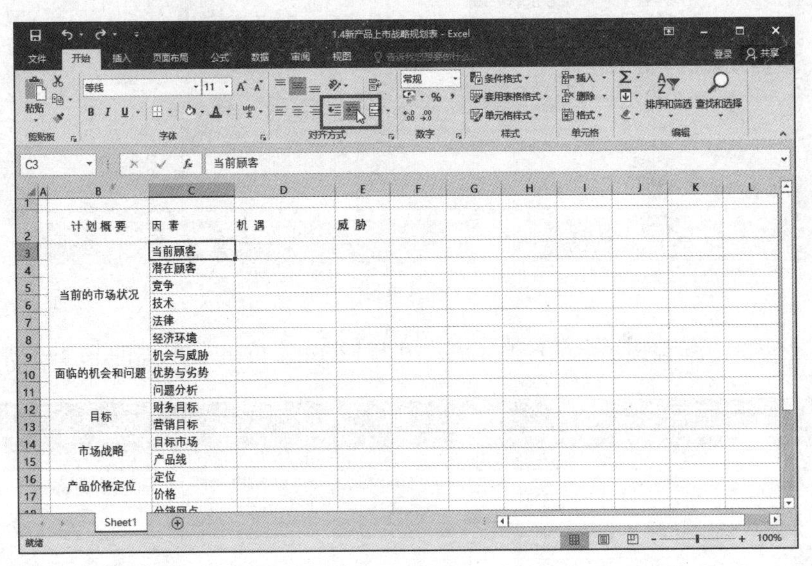


图 1.4-4

## 1.4.3 将单元格区域复制为图片

在处理表格数据时，为了安全和便捷，我们可以把区域单元格内容复制为图片。这个操作也很简单，下面给大家详细讲解。

首先，打开目标文档，选中要复制的单元格区域，单击【开始】选项卡，在【剪贴板】组中单击【复制】下拉按钮，在下拉菜单中选择【复制为图片】按钮，如图 1.4-5 所示。

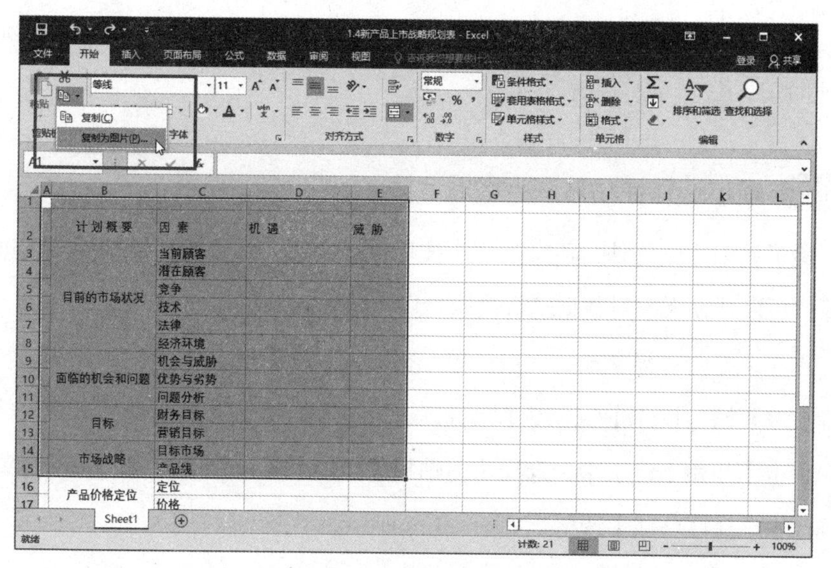


图 1.4-5

在弹出的【复制图片】对话框中，在【外观】选项中选择【如屏幕所示】，在【格式】选项中选择【图片】单选框，然后单击【确定】按钮，如图 1.4-6 所示。

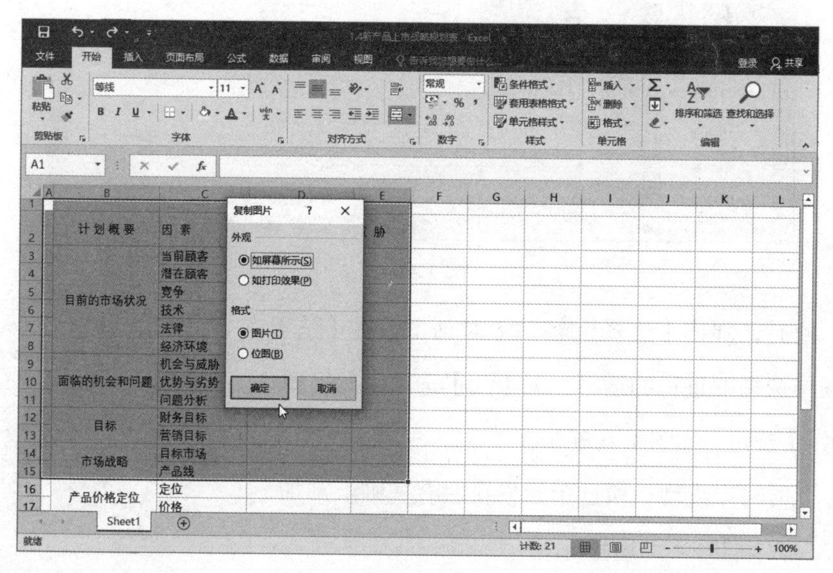


图 1.4-6

这时，所选的单元格区域已经复制到剪切板，使用粘贴功能即可粘贴刚才复制的图片了。

## 1.4.4 通过选择性粘贴进行区域运算

除了粘贴为图片外，还有一个小技巧也很实用，那就是运用粘贴数据进行运算，可以帮助大家对数据进行快速的目标运算。

首先，打开目标文档，在空白单元格输入需要运算的数值，如“7”，然后选中该单元格，按住【Ctrl+C】组合键进行复制，然后选择要进行运算的单元格，单击【开始】选项卡，选择【剪贴板】组中的【粘贴】按钮。在下拉菜单中选择【选择性粘贴】选项，如图 1.4–7 所示。

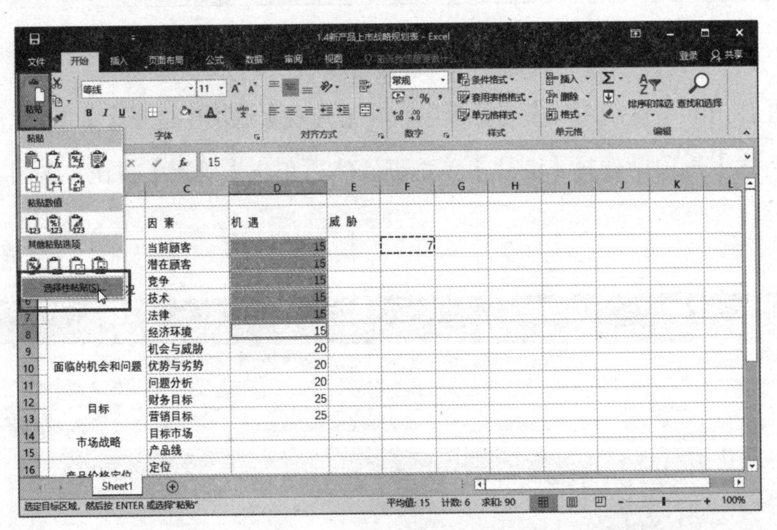


图 1.4–7

此时，弹出【选择性粘贴】对话框，在【运算】选项中选择要进行的运算，如【加】选项，然后单击【确定】按钮，如图 1.4–8 所示。

此时可以发现，所选单元格在原有基础上都加上了“7”，如图 1.4–9 所示。

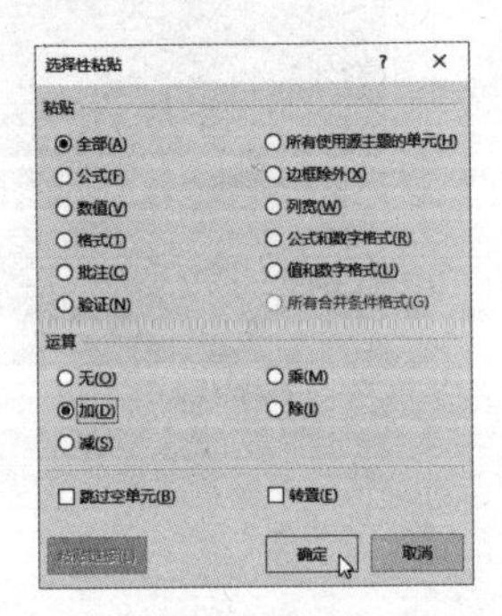


图 1.4–8

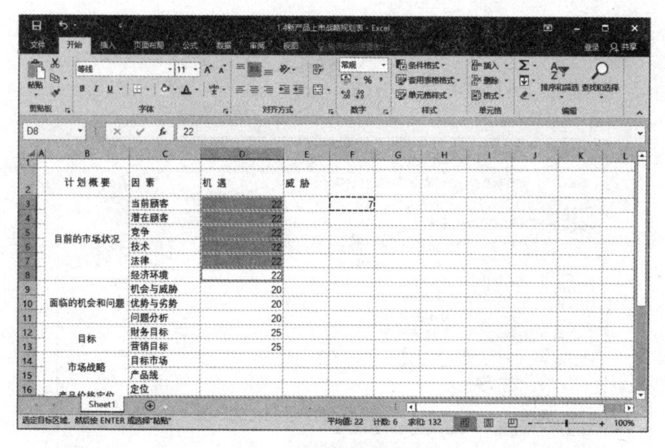


图 1.4-9

除加法外，我们还可以运用乘法和除法整乘或整除整数，如 100 或 1000，快速更改数据的数值单位。

## 1.4.5 创建超链接

我们在处理 Excel 表格时，难免会遇到一个工作表内含有多个工作表，为了方便整理数据，我们可以在表格中创建超链接，以方便各个工作表的切换。下面就跟大家介绍一下具体的操作方法吧！

①打开目标文档，选中要创建超链接的单元格，单击【插入】选项卡，选择【链接】组中的【超链接】按钮，如图 1.4-10 所示。

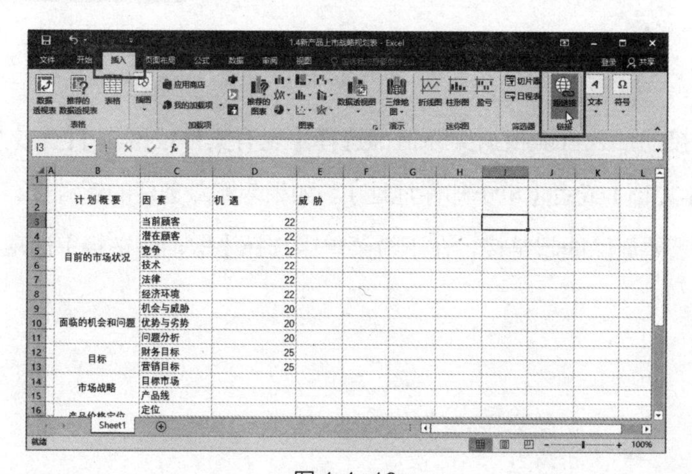


图 1.4-10

②在弹出的【插入超链接】对话框中选择要插入的表格链接，然后单击【确定】按钮，如图 1.4−11 所示。

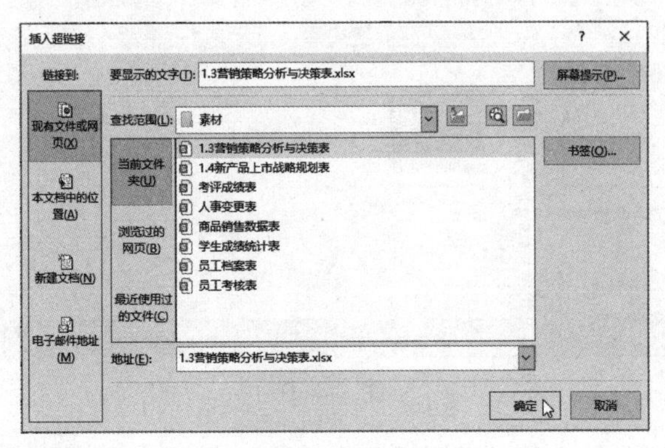


图 1.4−11

此时，超链接创建完成后，字体呈蓝色且带有下划线，单击蓝色文字即可跳转至其他工作表，如图 1.4−12 所示。

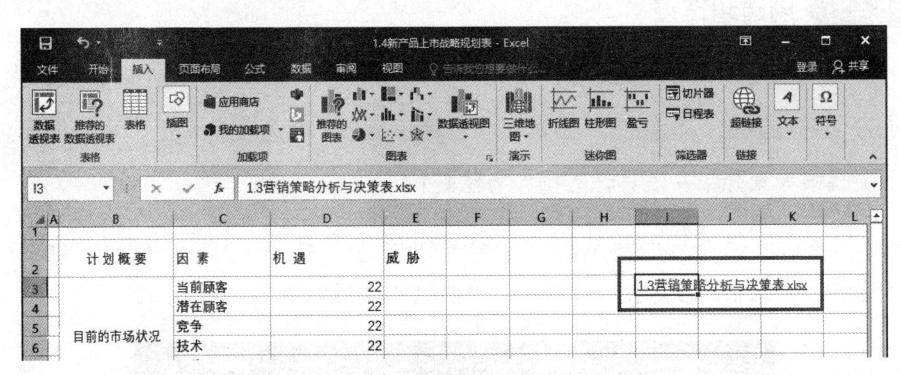


图 1.4−12

超链接的插入可以根据实际情况选择【现有文件或网页】【本文档中的位置】【新建文档】或者【电子邮件地址】。如果想删除创建的超链接，只需鼠标右键单击需要删除的超链接，在下拉菜单中选择【取消超链接】选项，即可删除超链接。

# 第2章

## 设置 Excel 格式，让表格更美观

我们都希望自己的表格简洁、美观，能够一下找到自己需要的数据，这时就需要设置 Excel 的格式，提升表格的美观度。对此，我们可以通过设置精确的小数位数、文字方向或给固定数据设置颜色和显眼的标注等方法来实现。我们还可以通过使用边框等来打造大方美观的 Excel 表格，同时还可以利用插入技巧让 Excel 更丰富，达到我们想要的效果。

本章通过讲解如何设置单元格的格式，提升表格的三维立体感，并配合适当的图形插入，打造出更易于查看和编辑的 Excel，让使用者学会更多 Excel 的功能和技巧，满足使用者的不同需求，提高工作效率。

## 2.1 设置单元格格式——以“蔬菜定价表”为例

在制作表格时，为了使表格的数据更显眼，我们需要在输入数据之后对单元格的格式进行设置和美化，使表格的数据达到自己想要的效果。我们可以设置单元格数据的小数位数，得到更精确的数值；设置文字的排列方向，提高Excel工作表的可视性。对于表格中需要特殊标注的数值，我们可以通过对数值颜色的设置和更改，让这些数值更显眼，更易于查找。

### 2.1.1 设置数值的小数位数

在单元格中输入数据时，如果我们需要输入大量的特定格式的小数，例如在小数点后需要保留三位小数，那么数据大于三位或者不够三位该怎么办呢？如果一个一个手动输入的话无疑会增加工作量，其实我们可以用下面的方法设置数值的小数位数。

①打开Excel工作表，选中要设置小数位数的目标单元格区域，在【开始】选项卡中找到【数字】选项，单击，弹出【设置单元格格式】对话框。如图2.1-1所示。

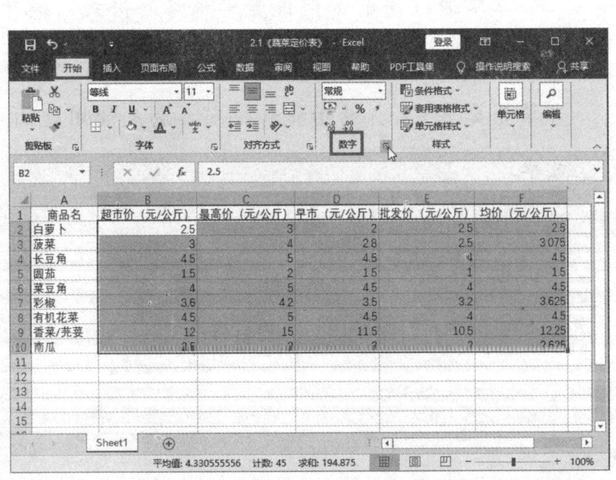

图2.1-1

②在【设置单元格格式】对话框中，选择【数字】选项卡，在分类里选择【数值】选项。在右侧找到可以设置小数位数的选项【小数位数】，设置需要的小数位数，这里以“3”为例。如图 2.1-2 所示。

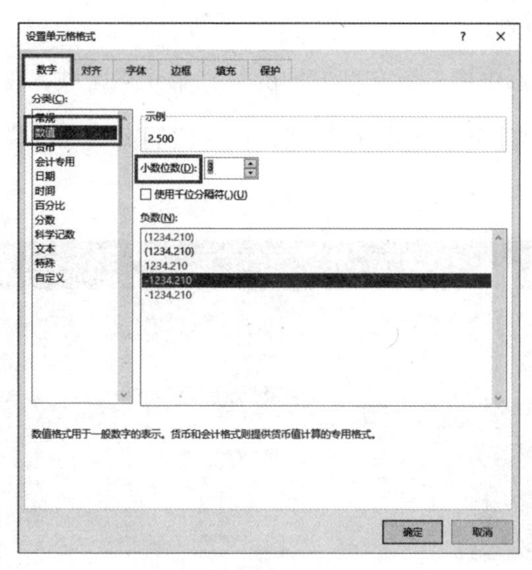


图 2.1-2

③单击【确定】按钮就设置好了。这时返回到 Excel 工作表，我们会发现区域中的数据保留了三位小数，如图 2.1-3 所示。

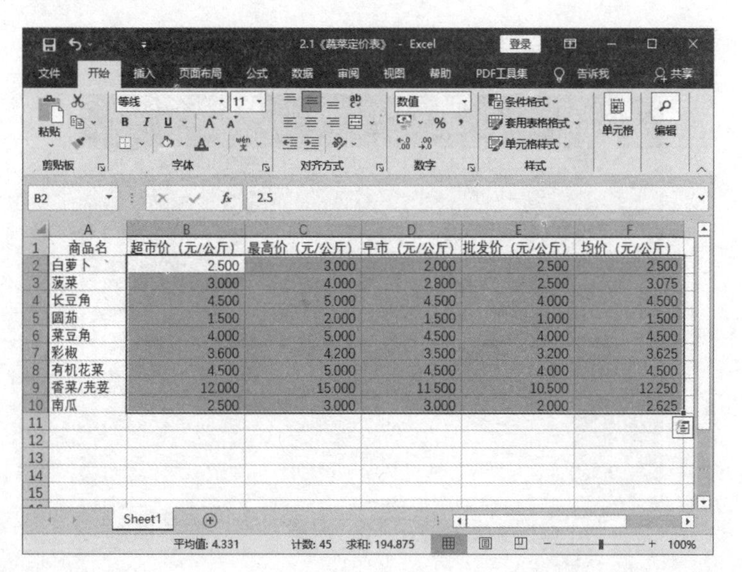

| | A | B | C | D | E | F |
|---|---|---|---|---|---|---|
| 1 | 商品名 | 超市价（元/公斤） | 最高价（元/公斤） | 早市（元/公斤） | 批发价（元/公斤） | 均价（元/公斤） |
| 2 | 白萝卜 | 2.500 | 3.000 | 2.000 | 2.500 | 2.500 |
| 3 | 菠菜 | 3.000 | 4.000 | 2.800 | 2.500 | 3.075 |
| 4 | 长豆角 | 4.500 | 5.000 | 4.500 | 4.000 | 4.500 |
| 5 | 圆茄 | 1.500 | 2.000 | 1.500 | 1.000 | 1.500 |
| 6 | 菜豆角 | 4.000 | 5.000 | 4.500 | 4.000 | 4.500 |
| 7 | 彩椒 | 3.600 | 4.200 | 3.500 | 3.200 | 3.625 |
| 8 | 有机花菜 | 4.500 | 5.000 | 4.500 | 4.000 | 4.500 |
| 9 | 香菜/芫荽 | 12.000 | 15.000 | 11.500 | 10.500 | 12.250 |
| 10 | 南瓜 | 2.500 | 3.000 | 3.000 | 2.000 | 2.625 |



图 2.1-3

### 2.1.2 设置文字方向

在新建 Excel 表格中输入数据和文字时，默认情况下文字方向是从左到右横向固定排列的，为了使 Excel 工作表看起来更美观、统一，可以对单元格里的文字方向进行设置。

打开 Excel，选中要设置文字方向的目标单元格区域，在【开始】选项卡中找到【对齐方式】组，单击 按钮，在弹出的窗口中选择【竖排文字】选项。如图 2.1-4 所示。

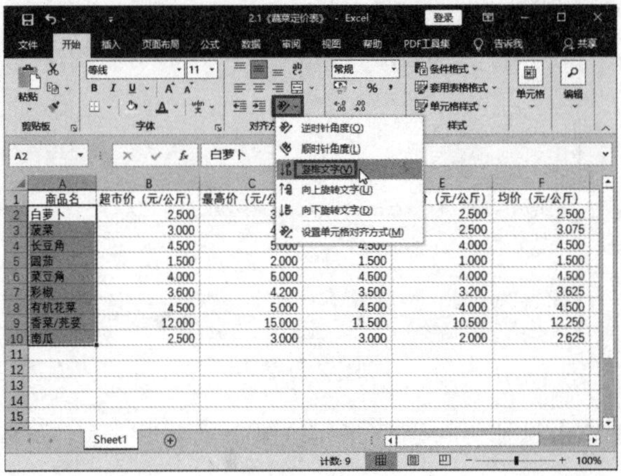

2.1《蔬菜定价表》 - Excel 登录
文件 开始 插入 页面布局 公式 数据 审阅 视图 帮助 PDF工具集 告诉我 共享
粘贴 等线 11 B I U 常规 % 条件格式 套用表格格式 单元格样式 单元格 编辑
剪贴板 字体 对齐方式 样式
逆时针角度(O)
顺时针角度(L)
竖排文字(V)
向上旋转文字(U)
向下旋转文字(D)
设置单元格对齐方式(M)
A2 白萝卜

| | A | B | C | D | E | F |
|---|---|---|---|---|---|---|
| 1 | 商品名 | 超市价（元/公斤） | 最高价（元/公 | | 价（元/公斤） | 均价（元/公斤） |
| 2 | 白萝卜 | 2.500 | 3 | | 2.500 | 2.500 |
| 3 | 菠菜 | 3.000 | 4 | | 2.500 | 3.075 |
| 4 | 长豆角 | 4.500 | 5.000 | 4.500 | 4.000 | 4.500 |
| 5 | 圆茄 | 1.500 | 2.000 | 1.500 | 1.000 | 1.500 |
| 6 | 菜豆角 | 4.000 | 6.000 | 4.500 | 4.000 | 4.500 |
| 7 | 彩椒 | 3.600 | 4.200 | 3.500 | 3.200 | 3.625 |
| 8 | 有机花菜 | 4.500 | 5.000 | 4.500 | 4.000 | 4.500 |
| 9 | 香菜/芫荽 | 12.000 | 15.000 | 11.500 | 10.500 | 12.250 |
| 10 | 南瓜 | 2.500 | 3.000 | 3.000 | 2.000 | 2.625 |
| 11 | | | | | | |
| 12 | | | | | | |
| 13 | | | | | | |
| 14 | | | | | | |
| 15 | | | | | | |

Sheet1 计数: 9 100%

图 2.1-4

这样文字就会按照竖向排列的方向显示，如图 2.1-5 所示。

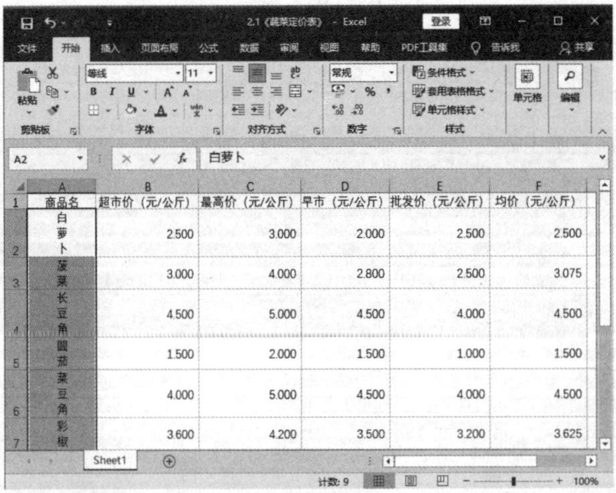

2.1《蔬菜定价表》 - Excel 登录
文件 开始 插入 页面布局 公式 数据 审阅 视图 帮助 PDF工具集 告诉我 共享
粘贴 等线 11 B I U 常规 % 条件格式 套用表格格式 单元格样式 单元格 编辑
剪贴板 字体 对齐方式 数字 样式
A2 白萝卜

| | A | B | C | D | E | F |
|---|---|---|---|---|---|---|
| 1 | 商品名 | 超市价（元/公斤） | 最高价（元/公斤） | 早市（元/公斤） | 批发价（元/公斤） | 均价（元/公斤） |
| 2 | 白萝卜 | 2.500 | 3.000 | 2.000 | 2.500 | 2.500 |
| 3 | 菠菜 | 3.000 | 4.000 | 2.800 | 2.500 | 3.075 |
| 4 | 长豆角 | 4.500 | 5.000 | 4.500 | 4.000 | 4.500 |
| 5 | 圆茄 | 1.500 | 2.000 | 1.500 | 1.000 | 1.500 |
| 6 | 菜豆角 | 4.000 | 5.000 | 4.500 | 4.000 | 4.500 |
| 7 | 彩椒 | 3.600 | 4.200 | 3.500 | 3.200 | 3.625 |

Sheet1 计数: 9 100%

图 2.1-5

## 2.1.3 设置不同颜色让数值更醒目

在 Excel 表格中输入数据时，有时我们需要区分文字、零值、正数值、负数值等，怎样才能让数据更方便查看呢？我们可以通过给数据设置不同的颜色来提高辨识度。下面就让我们学习一下怎么操作吧！

假设将正数值设置为黄色，负数值设置为红色，零值设置为绿色，文本设置为蓝色。首先，打开 Excel 工作表，选中要设置的单元格区域，如【A2 ：B10】。单击【开始】选项卡中【数字】组右下角的扩展按钮，打开对话框，如图 2.1–6 所示。

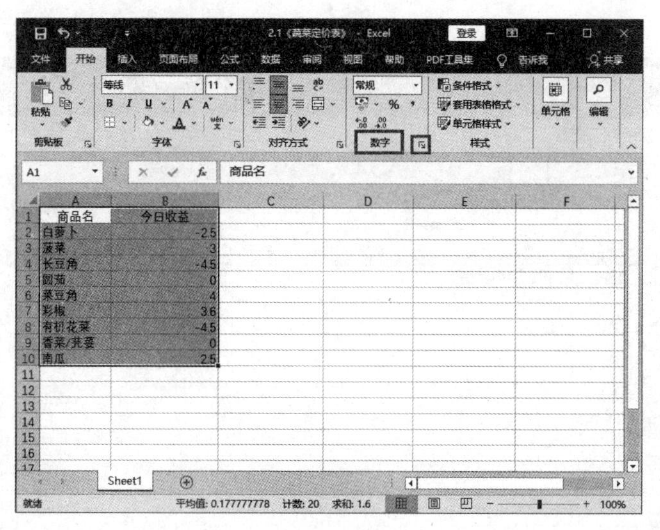


图 2.1–6

在弹出的【设置单元格格式】对话框中，单击【数字】选项，在分类里选择【自定义】选项。接着在右侧【类型】文本框中输入“【黄色】G/ 通用格式;【红色】G/ 通用格式;【绿色】0;【蓝色】G/ 通用格式”，如图 2.1–7 所示。

最后单击【确定】按钮即可。

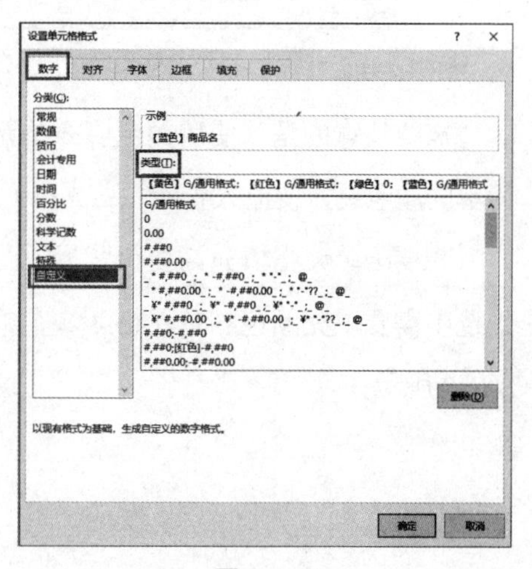


图 2.1–7

## 2.1.4 快速给单元格设置背景色

在 Excel 表格中输入数据和文字时，默认情况下单元格的背景色是白色的，如果需要美化单元格或者某一部分内容需要突出显示，可以更改选中的单元格的背景色。下面我们就来学习一下怎么给单元格设置纯色背景和渐变色背景。

怎么设置纯色背景呢？首先打开 Excel 工作表，选中要填充背景色的数据。在【开始】选项卡中单击填充颜色按钮，如图 2.1–8 所示，即可完成纯色背景填充。

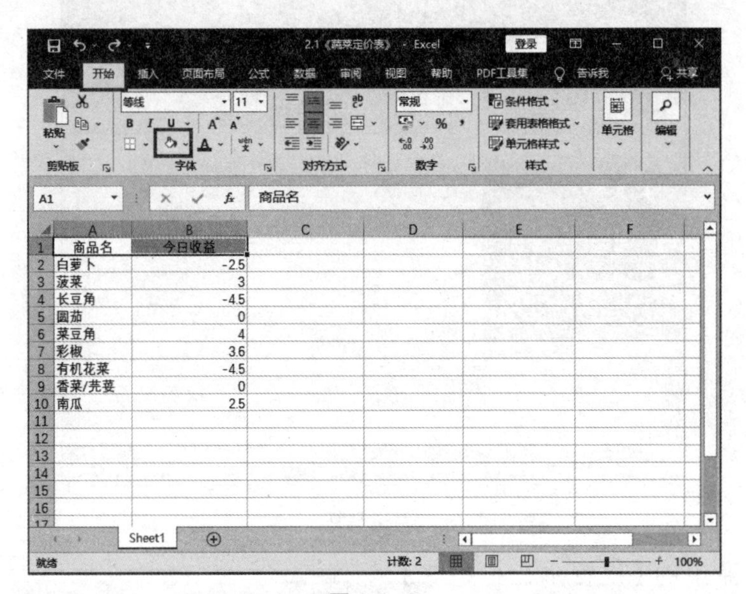


图 2.1–8

需要注意的是，使用颜色填充单元格时，尽量使用三种以内的颜色，有时简单的颜色更方便他人查看。

想要给单元格填充渐变色背景或图案背景，就需要借助对话框设置了。首先选中需要填充颜色的单元格区域，单击【数字】组右下角的扩展按钮，如图 2.1–9 所示。

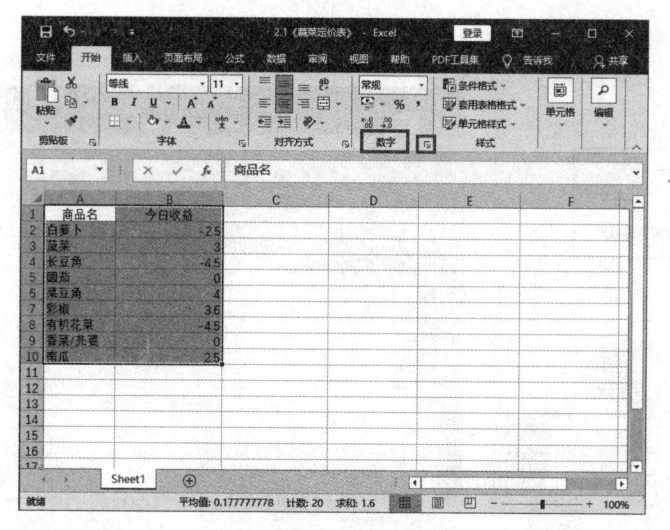


图 2.1–9

在【设置单元格格式】对话框中，选择【填充】选项卡，单击【填充效果】按钮，如图 2.1–10 所示。

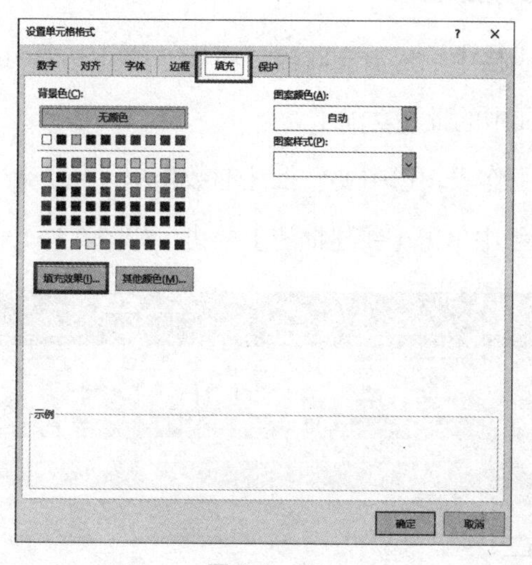


图 2.1–10

弹出【填充效果】对话框，如图 2.1–11 所示，这时会看到【渐变】选项中的颜色默认是【双色】，接着在【颜色 1】和【颜色 2】中分别选择要设置的渐变颜色，这里以白色和蓝色为例。在下方【底纹样式】中选择要设置的样式，这里以【垂直】为例，在右边的【变形】中选择一个变形样式。

最后单击【确定】按钮，完成设置，效果如图 2.1-12 所示。

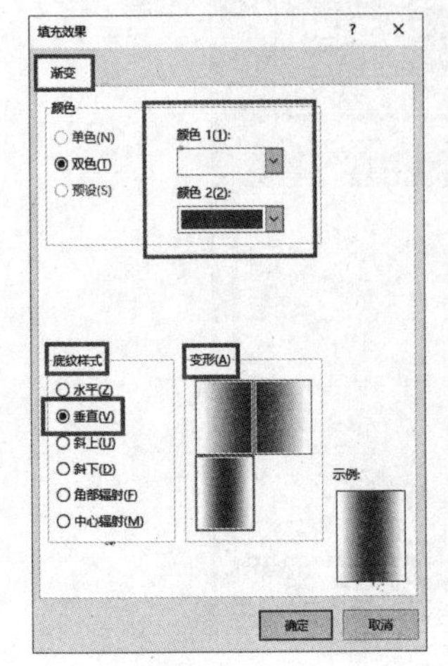


图 2.1-11

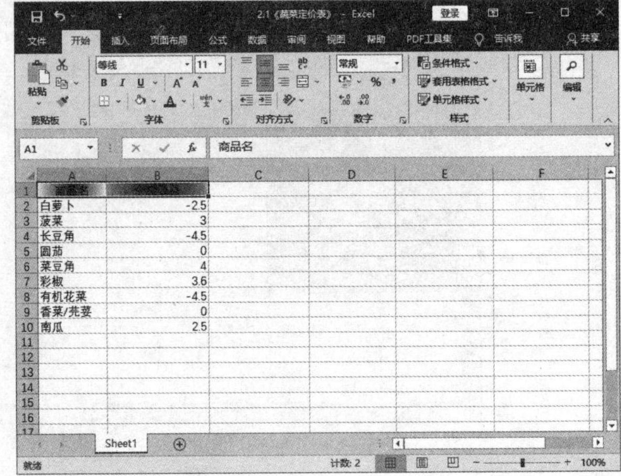


图 2.1-12

## 2.1.5 给单元格做批注

在新建 Excel 表格中输入数据时需要添加一些补充说明，该怎么操作呢？这就需要用到 Excel 中的批注功能了。

①打开 Excel 工作表，选中要做批注的数据单元格区域。单击【审阅】选项卡，在【批注】组中单击【新建批注】按钮，如图 2.1-13 所示。

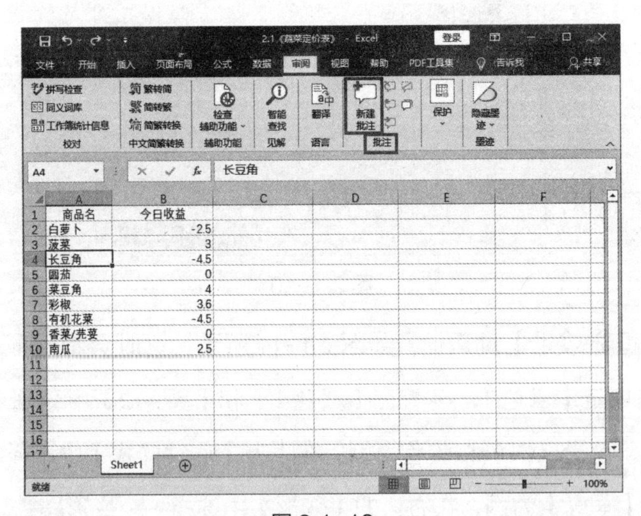


图 2.1-13

②在弹出的会话框中输入要做批注和补充的文字，这里以“今日收益下降”为例，如图 2.1−14 所示。

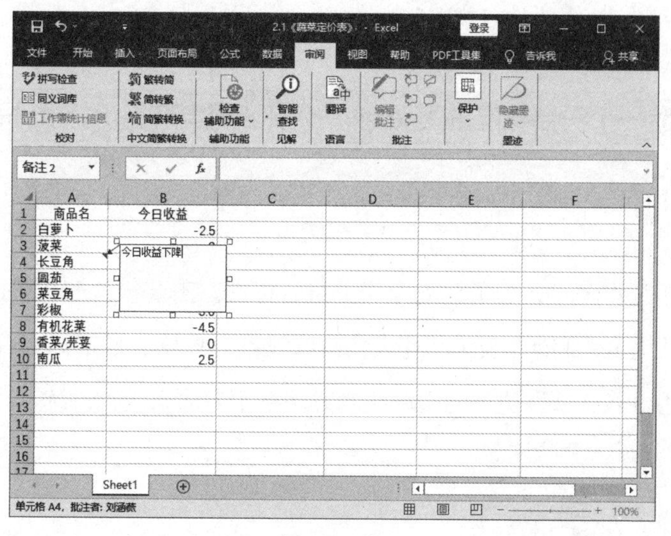


图 2.1−14

③添加批注之后，只需要把鼠标放在做批注的单元格上，就会自动显示批注内容，如同 2.1−15 所示。

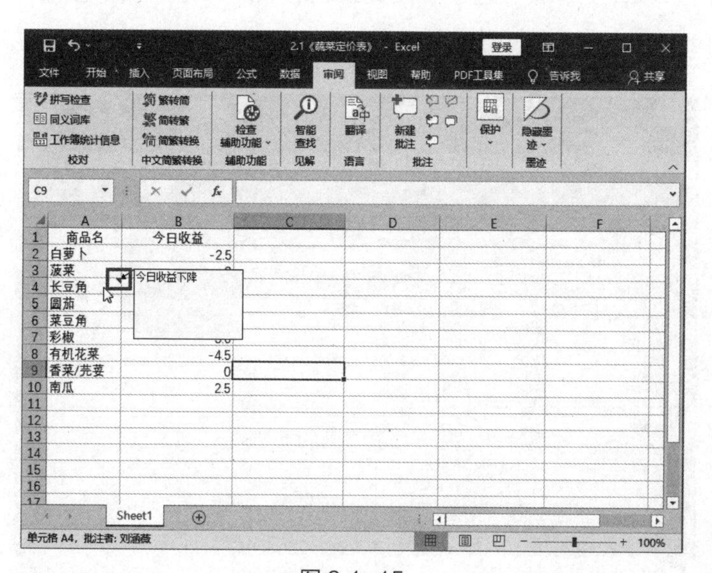


图 2.1−15

## 2.2 打造一个符合标准的 Excel——以“同类产品价格调研表”为例

在制作工作表时，为了让工作表更符合标准，需要给 Excel 的显示进行设置。本节从为 Excel 制作表头、让表格具有三维立体感、自定义 Excel 的样式、工作表套用格式、掌握边框的手动绘制方法五个方面来进行讲解，让我们一起来学习吧！

### 2.2.1 为 Excel 制作表头

为 Excel 添加斜线表头是日常使用频繁的一项操作，那具体该怎么操作呢？

①打开 Excel 工作表，选中要设置斜线表头的目标单元格区域。单击【开始】选项卡中【对齐方式】组右下角的扩展按钮，如图 2.2−1 所示。

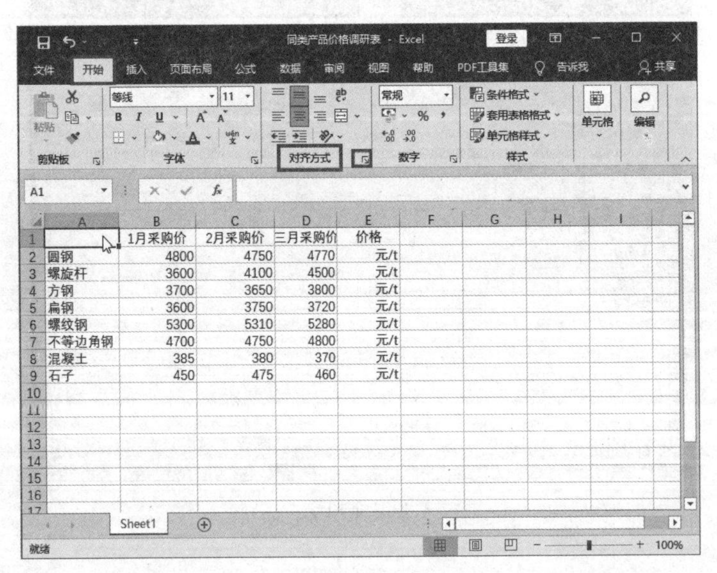


| | A | B | C | D | E |
|---|---|---|---|---|---|
| 1 | | 1月采购价 | 2月采购价 | 三月采购价 | 价格 |
| 2 | 圆钢 | 4800 | 4750 | 4770 | 元/t |
| 3 | 螺旋杆 | 3600 | 4100 | 4500 | 元/t |
| 4 | 方钢 | 3700 | 3650 | 3800 | 元/t |
| 5 | 扁钢 | 3600 | 3750 | 3720 | 元/t |
| 6 | 螺纹钢 | 5300 | 5310 | 5280 | 元/t |
| 7 | 不等边角钢 | 4700 | 4750 | 4800 | 元/t |
| 8 | 混凝土 | 385 | 380 | 370 | 元/t |
| 9 | 石子 | 450 | 475 | 460 | 元/t |

图 2.2−1

②在弹出的【设置单元格格式】对话框中，单击【边框】，在【边框】中选择【斜线边框】，如图 2.2-2 所示。

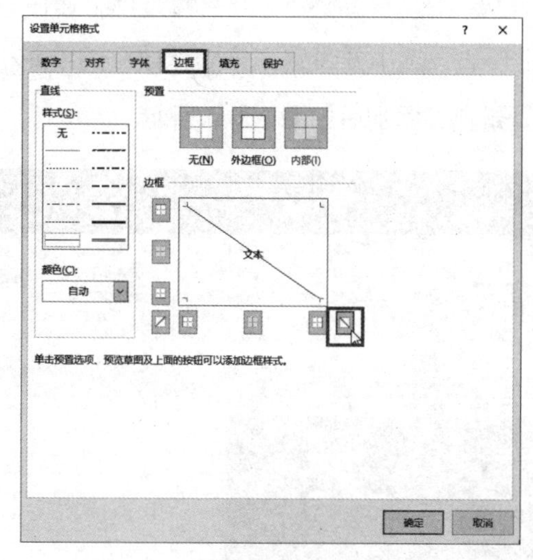


图 2.2-2

③单击【确定】，返回工作表可以看到单元格已经被分成了两部分，输入文本或数据即可，如图 2.2-3 所示。

| | A | B | C | D | E |
|---|---|---|---|---|---|
| 1 | 名称 价格 | 1月采购价 | 2月采购价 | 三月采购价 | 价格 |
| 2 | 圆钢 | 4800 | 4750 | 4770 | 元/t |
| 3 | 螺旋杆 | 3600 | 4100 | 4500 | 元/t |
| 4 | 方钢 | 3700 | 3650 | 3800 | 元/t |
| 5 | 扁钢 | 3600 | 3750 | 3720 | 元/t |
| 6 | 螺纹钢 | 5300 | 5310 | 5280 | 元/t |
| 7 | 不等边角钢 | 4700 | 4750 | 4800 | 元/t |
| 8 | 混凝土 | 385 | 380 | 370 | 元/t |
| 9 | 石子 | 450 | 475 | 460 | 元/t |

图 2.2-3

## 2.2.2 让表格具有三维立体感

为了让表格更美观，有三维立体感，可以进行以下操作。

①打开 Excel 工作表，选中要设置三维立体效果的单元格区域，给选中的区域添加任意一种背景色，添加后如图 2.2-4 所示。

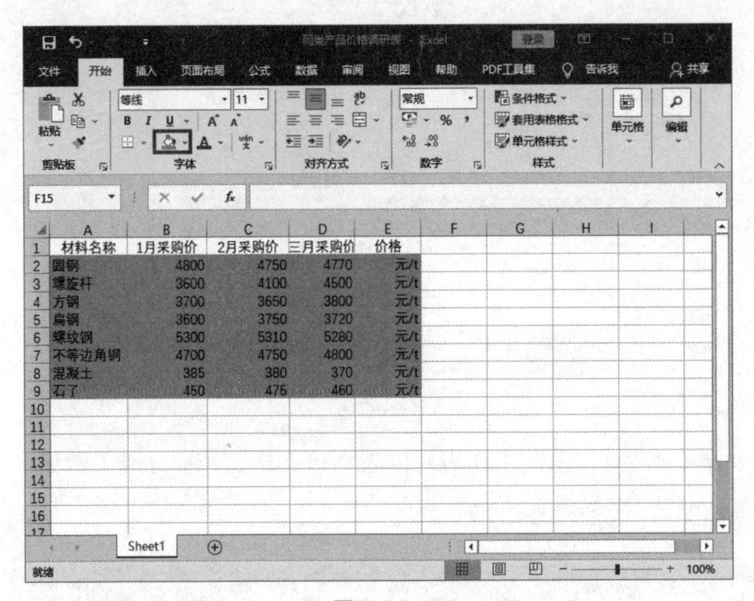


图 2.2-4

②选中不相邻的横排单元格区域，使用【Ctrl+1】快捷键，打开【设置单元格格式】对话框，单击【边框】。

③在【边框】选项卡的【样式】中选择线型，【颜色】选择黑色，在【边框】中选择下边框和右边框，如图 2.2-5 所示。

④【颜色】选择白色，在【边框】中选择上边框和左边框，如图 2.2-6 所示。

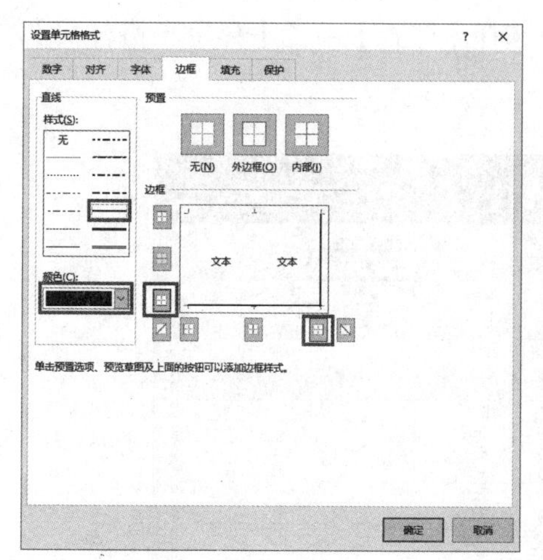


图 2.2-5

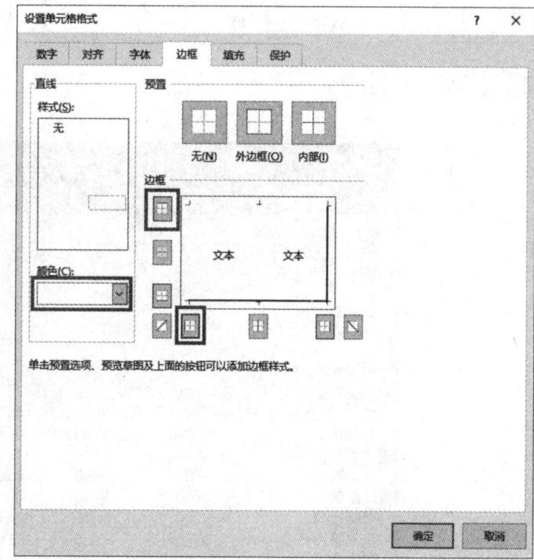


图 2.2-6

⑤单击【确定】，完成设置。设置好的三维立体效果如图 2.2-7 所示。

| | A | B | C | D | E |
|---|---|---|---|---|---|
| 1 | 材料名称 | 1月采购价 | 2月采购价 | 三月采购价 | 价格 |
| 2 | 圆钢 | 4800 | 4750 | 4770 | 元/t |
| 3 | 螺旋杆 | 3600 | 4100 | 4500 | 元/t |
| 4 | 方钢 | 3700 | 3650 | 3800 | 元/t |
| 5 | 扁钢 | 3600 | 3750 | 3720 | 元/t |
| 6 | 螺纹钢 | 5300 | 5310 | 5280 | 元/t |
| 7 | 不等边角钢 | 4700 | 4750 | 4800 | 元/t |
| 8 | 混凝土 | 385 | 380 | 370 | 元/t |
| 9 | 石子 | 450 | 475 | 460 | 元/t |

图 2.2-7

## 2.2.3 自定义 Excel 的样式

刚打开 Excel 工作表时，单元格样式是默认的，如果想更换默认单元格样式可以通过以下步骤自定义想要的样式。

①打开 Excel 表格，在【开始】中选择【样式】中的【套用表格样式】，如图 2.2-8 所示。

同类产品价格调研表 - Excel　登录

文件　开始　插入　页面布局　公式　数据　审阅　视图　帮助　PDF工具集　告诉我　共享

粘贴　剪贴板　等线　11　字体　对齐方式　数字　条件格式　套用表格格式　单元格样式　样式　单元格　编辑

F8

| | A | B | C | D | E | F | G | H | I |
|---|---|---|---|---|---|---|---|---|---|
| 1 | 材料名称 | 1月采购价 | 2月采购价 | 三月采购价 | 价格 | | | | |
| 2 | 圆钢 | 4800 | 4750 | 4770 | 元/t | | | | |
| 3 | 螺旋杆 | 3600 | 4100 | 4500 | 元/t | | | | |
| 4 | 方钢 | 3700 | 3650 | 3800 | 元/t | | | | |
| 5 | 扁钢 | 3600 | 3750 | 3720 | 元/t | | | | |
| 6 | 螺纹钢 | 5300 | 5310 | 5280 | 元/t | | | | |
| 7 | 不等边角钢 | 4700 | 4750 | 4800 | 元/t | | | | |
| 8 | 混凝土 | 385 | 380 | 370 | 元/t | | | | |
| 9 | 石子 | 450 | 475 | 460 | 元/t | | | | |
| 10 | | | | | | | | | |
| 11 | | | | | | | | | |
| 12 | | | | | | | | | |
| 13 | | | | | | | | | |
| 14 | | | | | | | | | |
| 15 | | | | | | | | | |
| 16 | | | | | | | | | |
| 17 | | | | | | | | | |

Sheet1

就绪　100%

图 2.2-8

②在弹出的包含浅色、中等色、深色等多种样式的窗口中，单击【新建表格样式】，如图 2.2-9 所示。

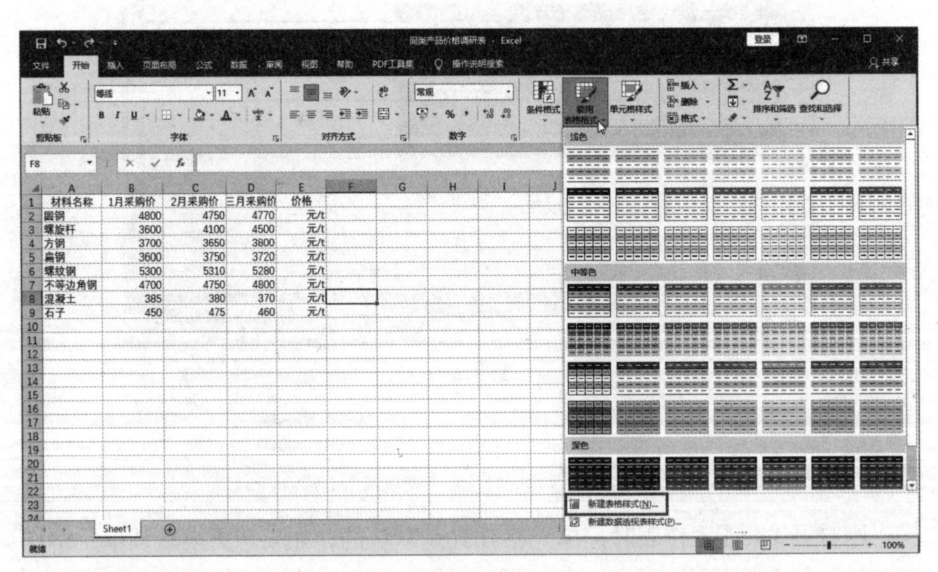


图 2.2-9

③弹出【新建表样式】对话框，在【表元素】选项中选择要设置样式的范围，这里以【整个表】为例，单击【格式】，如图 2.2-10 所示。

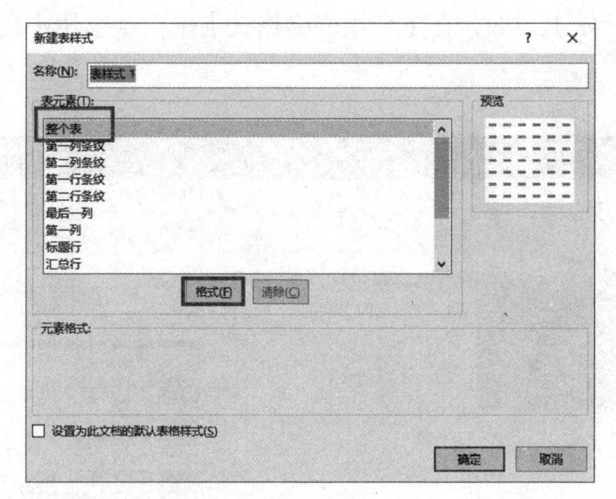


图 2.2-10

④在弹出的【设置单元格格式】中设置字体、边框和填充样式，设置后单击【确定】保存格式，如图 2.2-11 所示。

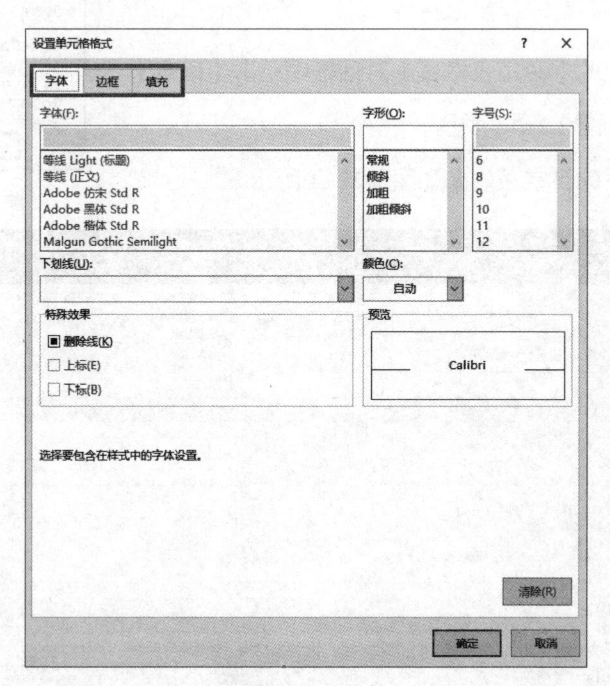


图 2.2-11

⑤返回【新建表样式】窗口，可以对其他部分进行自定义设置，设置后单击【确定】保存设置好的格式。

⑥返回【开始】页面，在【套用表格格式】中可以选用【自定义】表格样式，如图 2.2-12 所示。

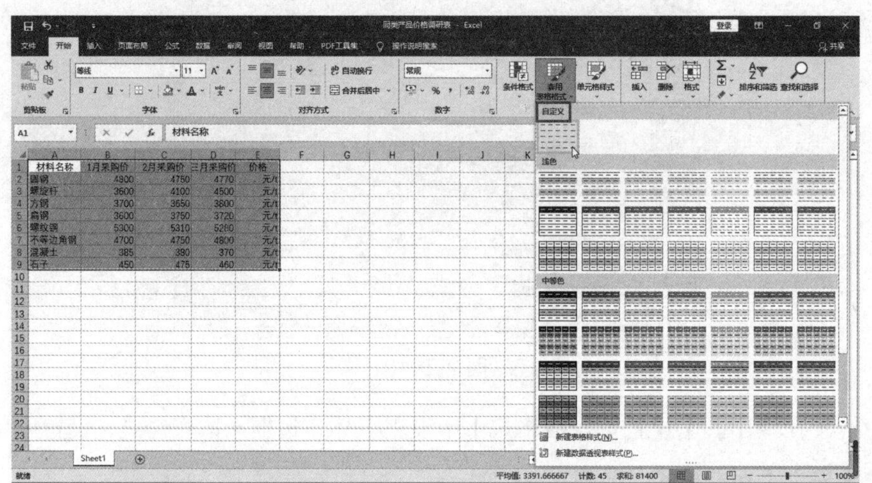


图 2.2-12

⑦在弹出的【套用表格式】对话框中单击【确定】，完成设置，如图 2.2-13 所示。

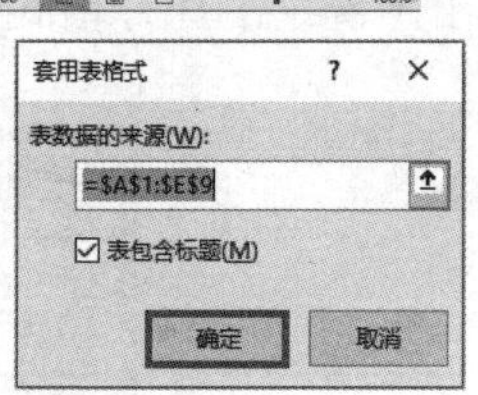


图 2.2-13

设置之后的自定义效果如图 2.2-14 所示。

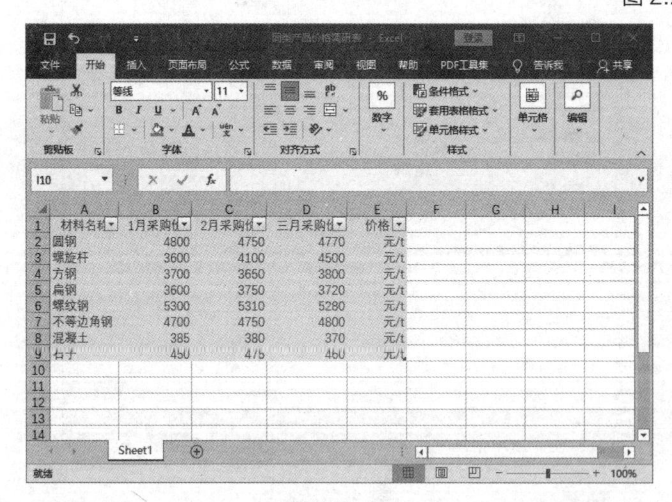


图 2.2-14

## 2.2.4 工作表套用格式

Excel 中有多种系统提供的单元格样式供使用者挑选使用，有不同的字体、颜色、边框和填充效果等，能够达到美化工作表的效果。下面我们来学习一下怎样快速套用 Excel 提供的单元格样式。

①打开 Excel 工作表，选中目标单元格区域，单击【套用表格样式】，如图 2.2−15 所示。

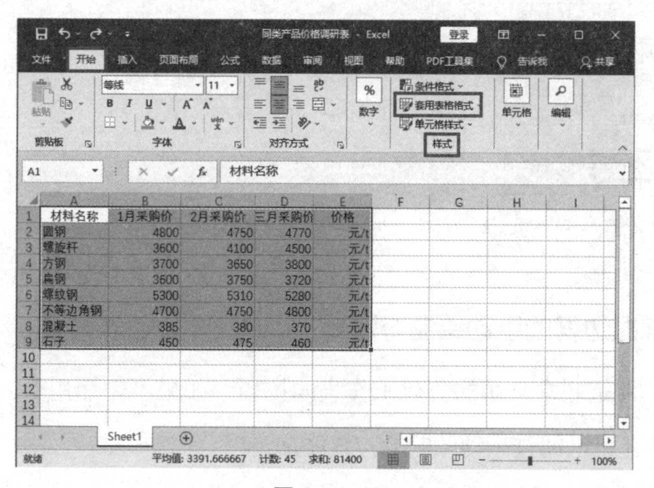

图 2.2−15

②在弹出的包含浅色、中等色、深色等多种样式的单元格样式窗口中，根据工作需求选择合适的颜色，这里以中等色绿色为例，如图 2.2−16 所示。

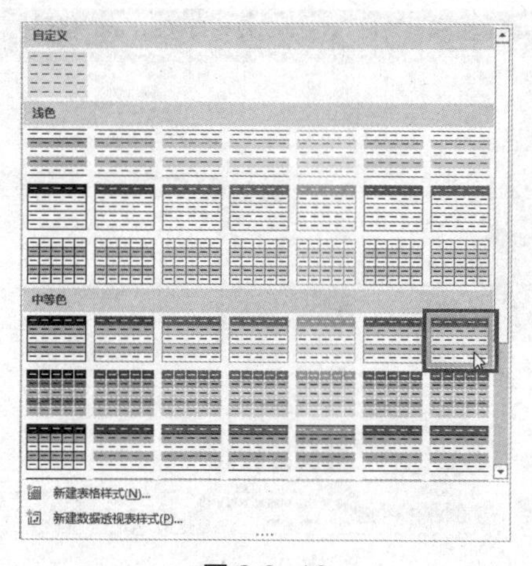

图 2.2−16

③在弹出的【套用表格式】窗口单击【确定】，如图 2.2-17 所示。

这样工作表套用格式就设置好了，效果如图 2.2-18 所示。

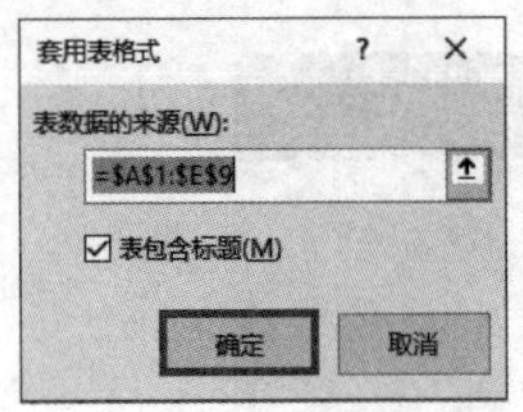


图 2.2-17

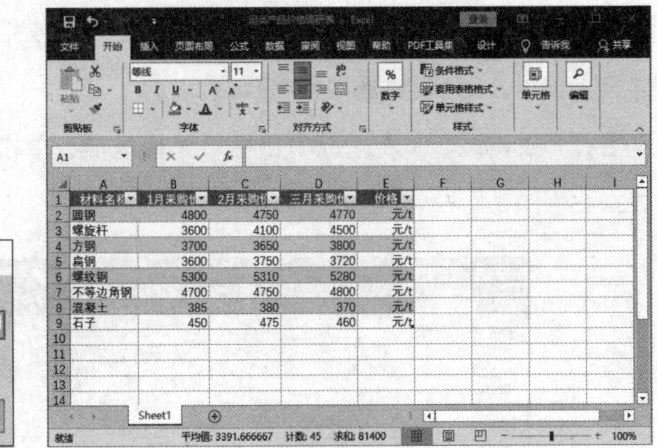

| | A | B | C | D | E |
|---|---|---|---|---|---|
| 1 | 材料名称 | 1月采购价 | 2月采购价 | 三月采购价 | 价格 |
| 2 | 圆钢 | 4800 | 4750 | 4770 | 元/t |
| 3 | 螺旋杆 | 3600 | 4100 | 4500 | 元/t |
| 4 | 方钢 | 3700 | 3650 | 3800 | 元/t |
| 5 | 扁钢 | 3600 | 3750 | 3720 | 元/t |
| 6 | 螺纹钢 | 5300 | 5310 | 5280 | 元/t |
| 7 | 不等边角钢 | 4700 | 4750 | 4800 | 元/t |
| 8 | 混凝土 | 385 | 380 | 370 | 元/t |
| 9 | 石子 | 450 | 475 | 460 | 元/t |



图 2.2-18

## 2.2.5 掌握边框的手动绘制方法

设置边框是非常常用的美化工作表的技巧，如果不想使用 Excel 提供的系统边框，那还可以通过手动绘制的方式添加边框。

①打开 Excel 工作表，在【开始】选项卡里单击边框的下拉按钮，在下拉列表中选择【线条颜色】选项。在弹出的【主题颜色】窗口选择任一颜色，这里以蓝色为例，如图 2.2-19 所示。

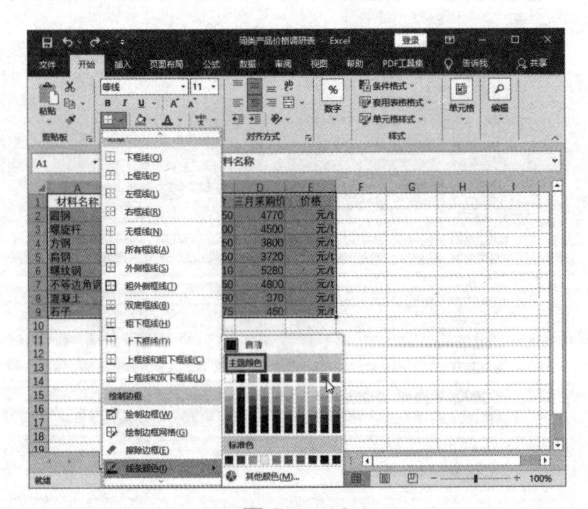


图 2.2-19

②单击边框的下拉按钮，在下拉列表中选择【绘制边框网格】，如图 2.2-20 所示。

图 2.2-20

③用鼠标在需要手动绘制边框的单元格单击绘制，便可以绘制出边框，如图 2.2-21 所示。

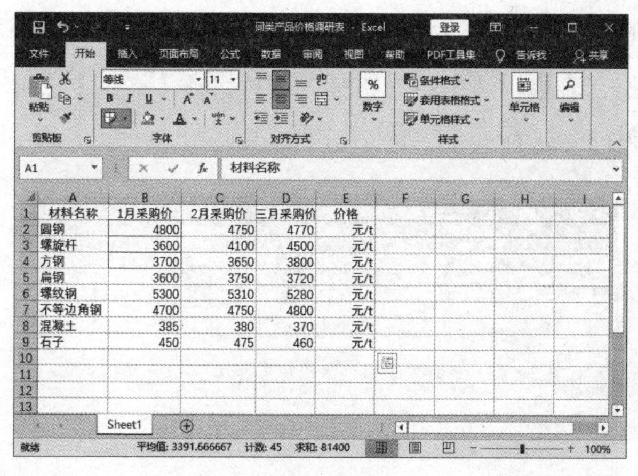

| 材料名称 | 1月采购价 | 2月采购价 | 三月采购价 | 价格 |
| --- | --- | --- | --- | --- |
| 圆钢 | 4800 | 4750 | 4770 | 元/t |
| 螺旋杆 | 3600 | 4100 | 4500 | 元/t |
| 方钢 | 3700 | 3650 | 3800 | 元/t |
| 扁钢 | 3600 | 3750 | 3720 | 元/t |
| 螺纹钢 | 5300 | 5310 | 5280 | 元/t |
| 不等边角钢 | 4700 | 4750 | 4800 | 元/t |
| 混凝土 | 385 | 380 | 370 | 元/t |
| 石子 | 450 | 475 | 460 | 元/t |

图 2.2-21

想要隐藏网格线，可以取消勾选【视图】选项卡中的【网格线】选项，还有一种方法就是将所选单元格区域的背景色设置为【白色】来进行隐藏，这个方法可以只隐藏工作表中的任意区域内的网格线，大家可以根据不同的用途采用不同的方法。

## 2.3 提高美化能力的插入技巧——以“畅销产品类别对比表”为例

有时制作 Excel 工作表需要插入图片作为补充资料，Excel 可以满足简单的图片编辑和裁剪，同时为了美化工作表还可以改变字体呈现的效果。本节将从设置与裁剪图片、应用艺术字效果、插入并调整 SmartArt 图形三个方面讲解如何更快速地调整图片和字体效果，提高工作效率。

### 2.3.1 设置与剪裁图片

为了避免工作表看起来枯燥乏味，在编辑工作表时可以插入图片作为补充数据。然而，图片的尺寸大多是不合适的，这时就可以在 Excel 中使用工具裁剪。

①打开 Excel 表格，选中单元格插入图片，在【格式】选项卡中选择【裁剪】按钮，如图 2.3−1 所示。

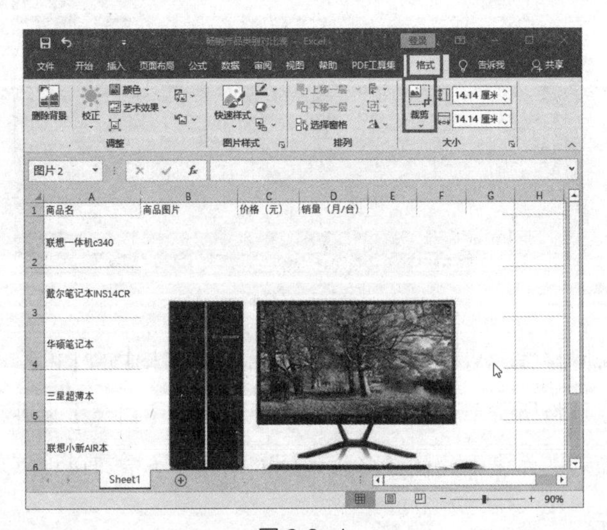


图 2.3−1

②此时图片上会出现黑色光标，将图片框了起来，如图 2.3-2 所示。

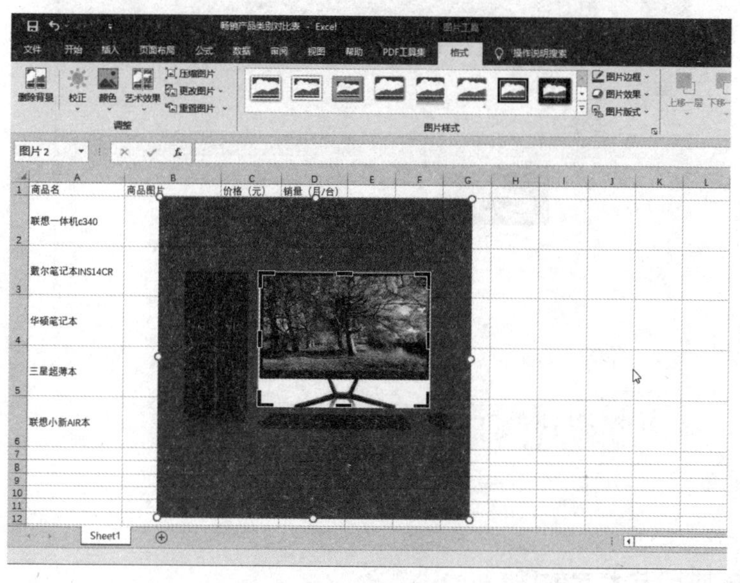


图 2.3-2

③使用鼠标左键拖动光标，裁剪出尺寸大小合适的图片，如图 2.3-3 所示。

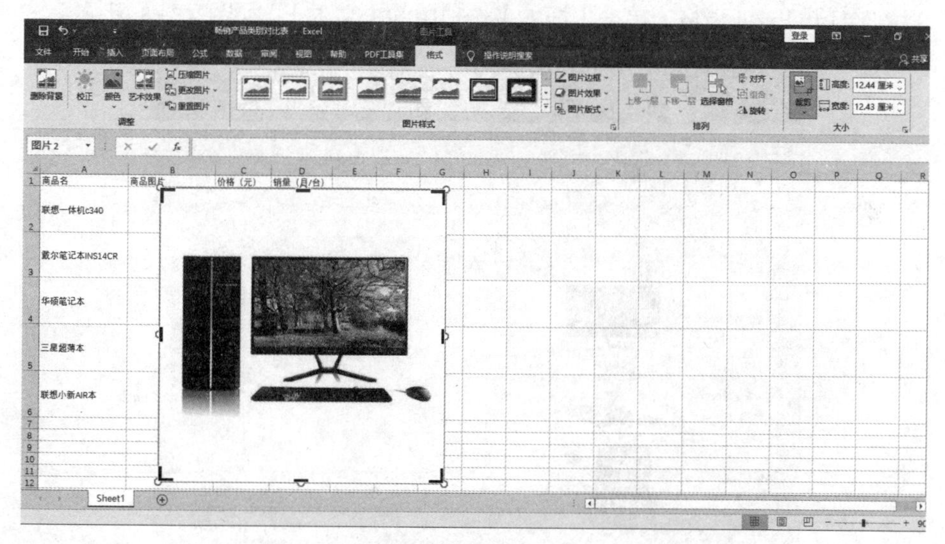


图 2.3-3

④把剪裁后的图片拖到合适的区域，即剪裁完成，如图 2.3-4 所示。

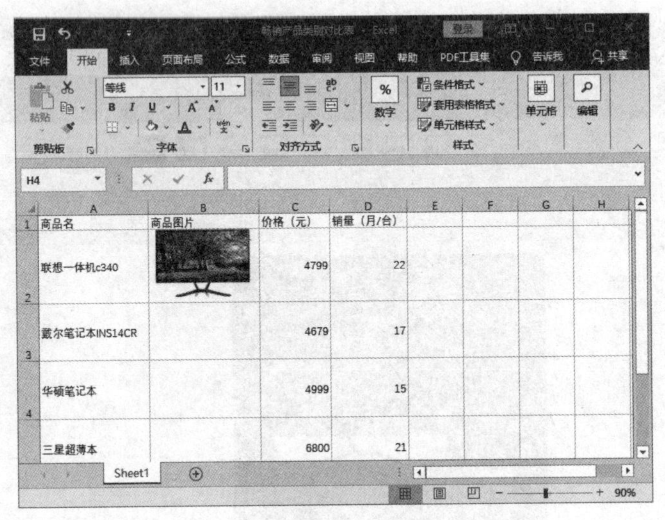


图 2.3-4

## 2.3.2 应用艺术字效果

在 Excel 表格中，为了突出标题或特定文字，可以设置艺术字效果。

①打开 Excel 表格，单击【插入】选项中的【文本】，如图 2.3-5 所示。

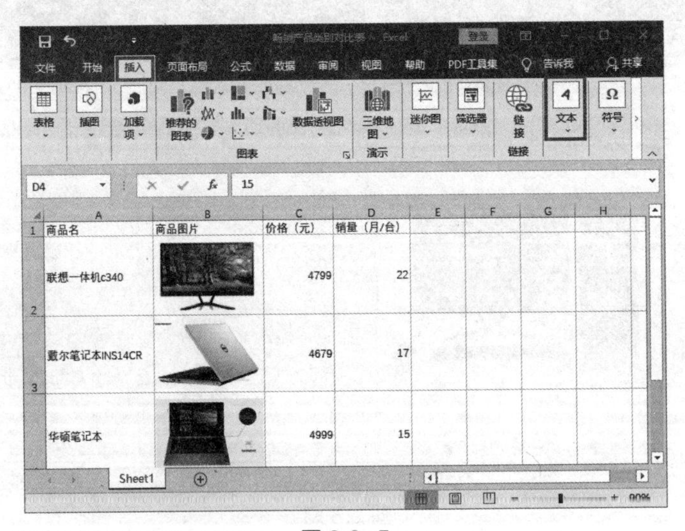


图 2.3-5

②在【文本】中选择【艺术字】，在弹出的艺术字样式中选择任一艺术字效果，这里以第一排第四个为例，如图 2.3-6 所示。

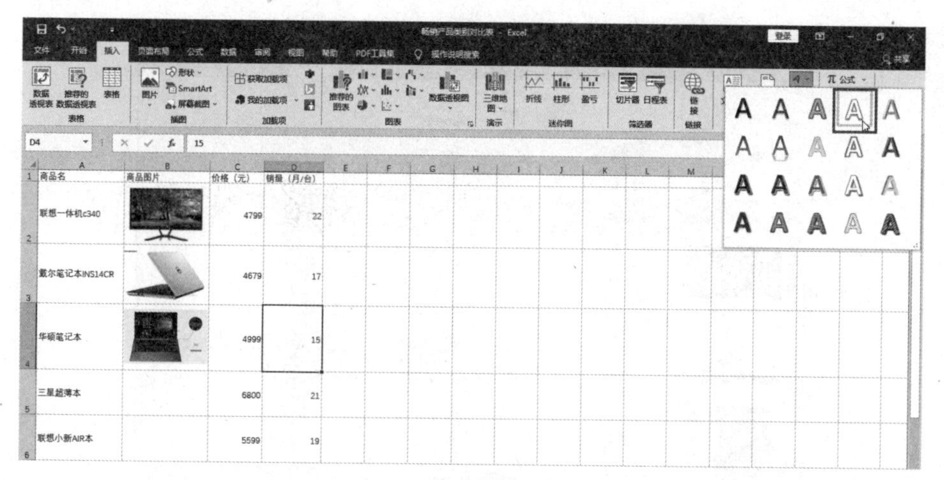


图 2.3-6

③这时表格中会出现一个文本框，名为“请在此放置您的文字”，如图 2.3-7 所示。

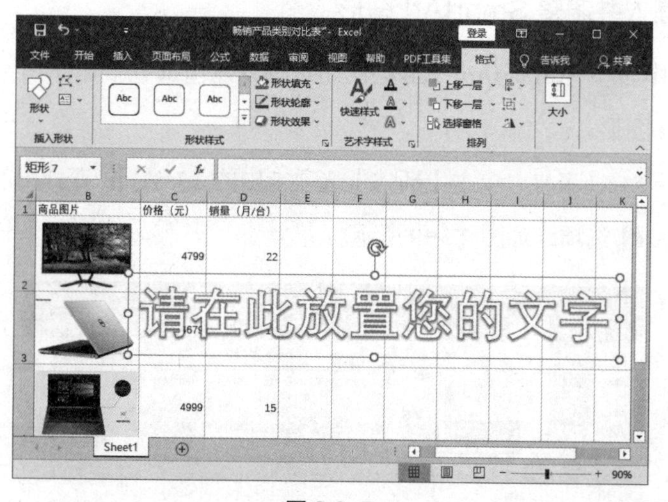


图 2.3-7

④在文本框中输入文字即可，这里以“畅销产品对比”为例，效果如图 2.3-8 所示。

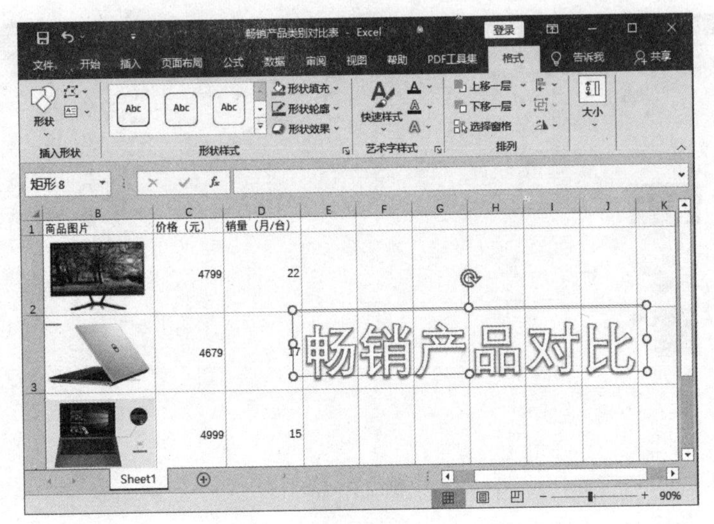


图 2.3-8

## 2.3.3 插入并调整 SmartArt 图形

Excel 中有多种 SmartArt 图形供使用者选择，下面我们来学习一下怎样设置 SmartArt 图形。

①打开 Excel 表格，单击【插入】选项卡中的【插图】，在弹出的窗口中选中【SmartArt】选项，如图 2.3-9 所示。

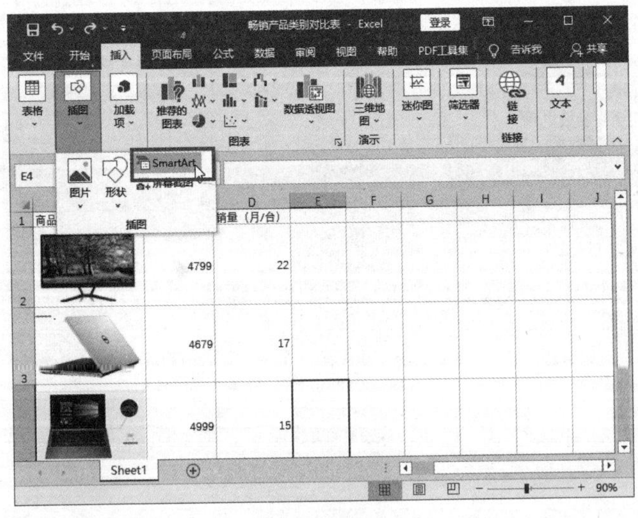


图 2.3-9

②弹出【选择 SmartArt 图形】对话框后，点击左侧【列表】，在中间区域选择合适的图形，这里以第二排第一个为例，单击【确定】，如图 2.3-10 所示。

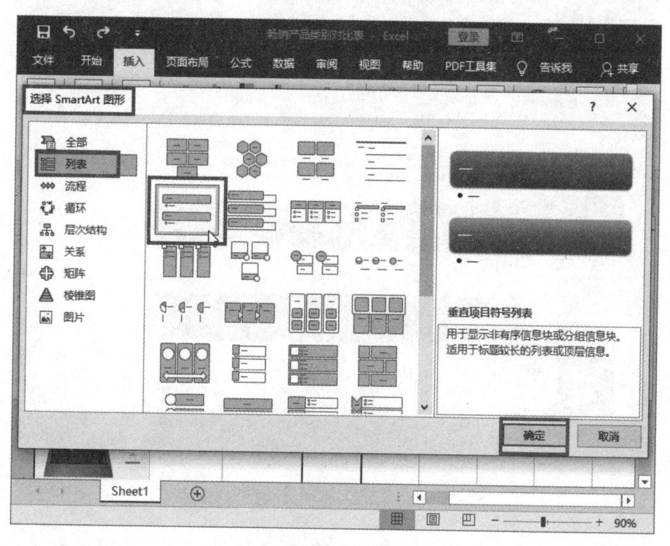


图 2.3-10

③返回工作表中，在 SmartArt 图形中输入文本即可，如图 2.3-11 所示。

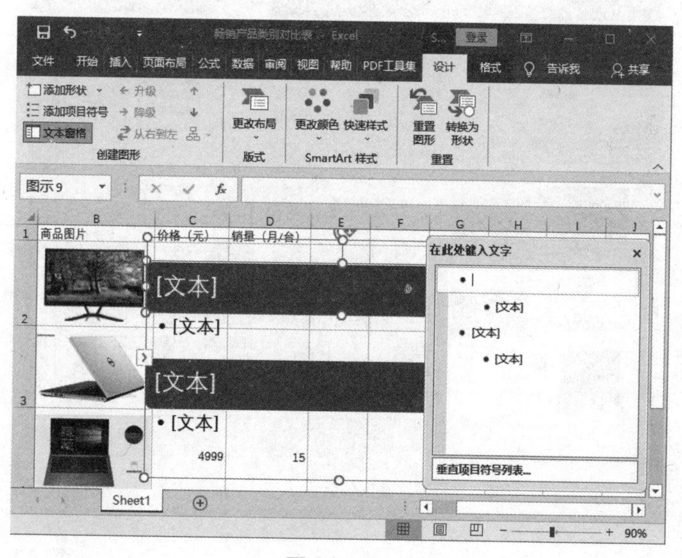


图 2.3-11

那么该怎样调整 SmartArt 图形的布局呢？

①选中 SmartArt 图形，单击【设计】选项卡中的【更改布局】按钮，如图 2.3-12 所示。

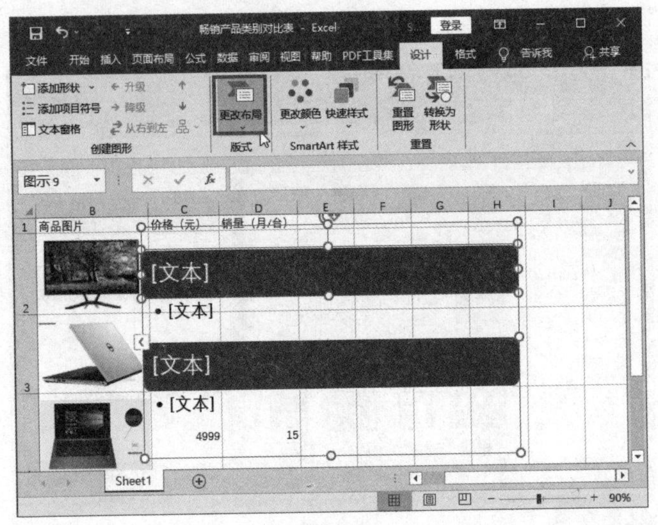


图 2.3-12

②在弹出的 SmartArt 布局列表里选择合适的格式，如图 2.3-13 所示。

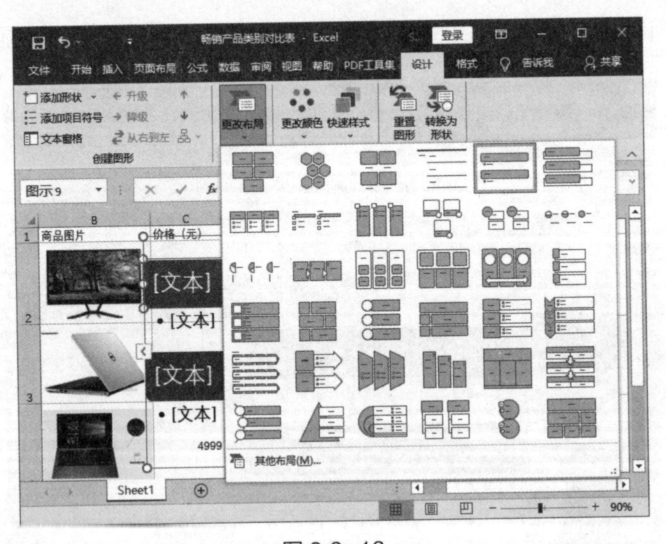


图 2.3-13

## 第3章

# Excel的实用技巧与应用

Excel是一款非常强大的数据处理软件，它不仅具有数据的录入功能，还可以对表格数据进行编辑。本章内容着重对Excel中的实用技巧进行讲解，通过对三大引用、复制与粘贴、条件格式以及打印功能等内容的讲解，帮助大家提高工作效率。

## 3.1 必须掌握的三大引用——以“市场营销方案计划表”为例

在使用 Excel 制作计算数据时，通常都会用到单元格的引用。引用的作用就是标记 Excel 工作表中的单元格或单元格区域，并标明公式中所用数据在工作表中的位置。而要想熟练操作 Excel，首先需要准确理解相对引用、绝对引用和混合引用。本节内容将为大家讲解 Excel 常用的三大引用，希望能够帮助大家在日后的学习和工作中更上一层楼。

### 3.1.1 相对引用

通过引用，可在一个公式中使用不同单元格中的数值，也可以在多个公式中使用一个单元格中的数值。一般情况下，默认使用相对引用。相对引用，是指在复制含有公式的单元格并将其粘贴到其他位置时，公式中的引用会根据显示计算结果的单元格位置的不同而相应地改变，但引用的单元格与包含公式的单元格之间的相对位置不变。下面跟大家详细讲解一下。

①打开 Excel 目标文档。L7 单元格的公式为“=H7*I7”，如图 3.1-1 所示。

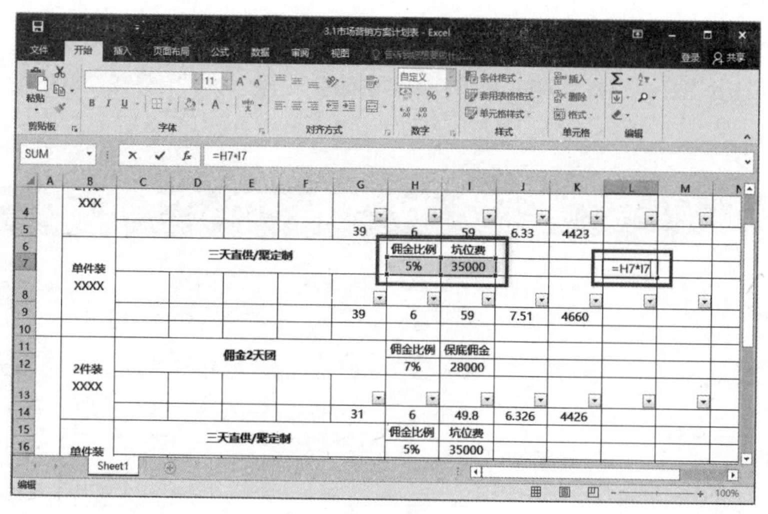


图 3.1-1

②复制单元格 L7 至 L12，此时，L12 单元格的公式变为“=H12*I12”，如图 3.1-2 所示。

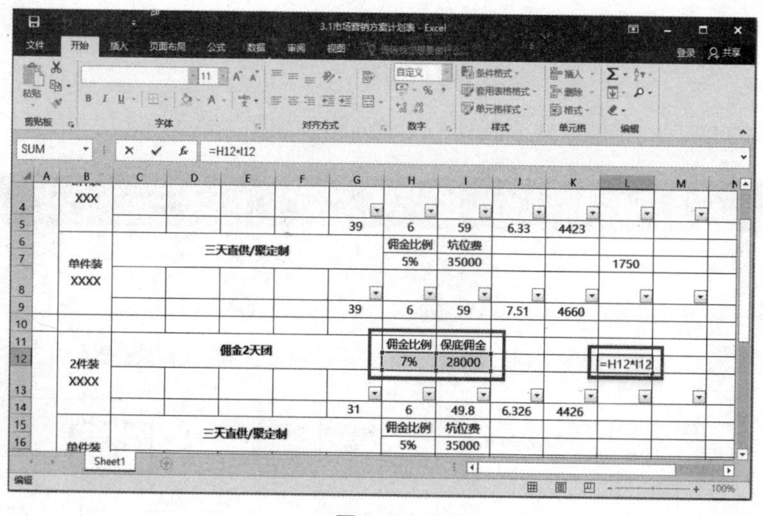


图 3.1-2

## 3.1.2 绝对引用

绝对引用，是指在将公式复制到目标单元格时，公式内的从属单元格地址恒常不变。在使用绝对引用时，需要在行号列标前分别添加“$”（英文状态下输入)。下面跟大家详细讲解一下。

①打开 Excel 目标文档，将 L7 单元格的公式输入为“=$H$7*$I$7”，如图 3.1-3 所示。

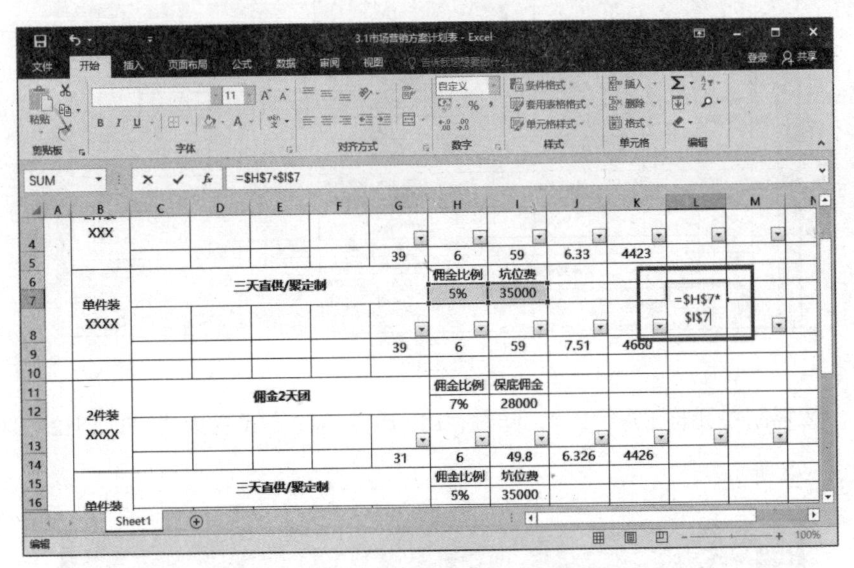


图 3.1-3

②将 L7 单元格的公式复制到 L12 单元格，如图 3.1-4 所示。

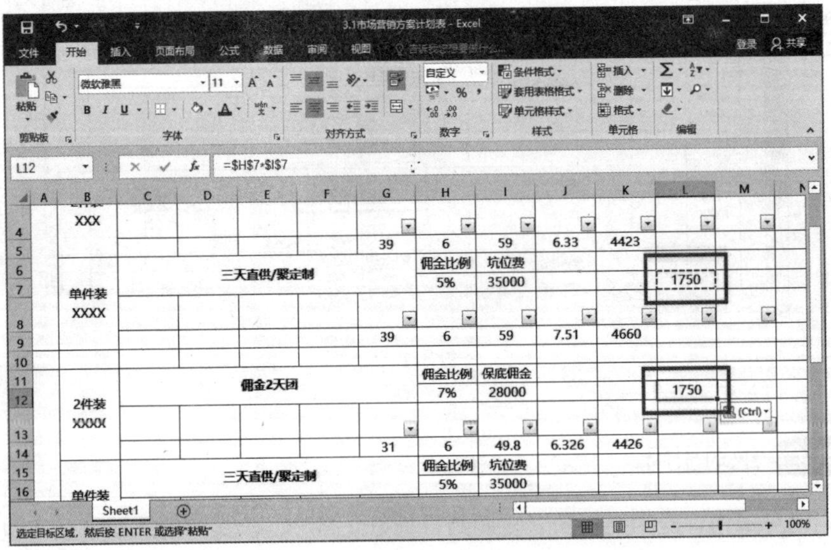

图 3.1-4

此时，L12 单元格中的公式仍为“=$H$7*$I$7”，并且计算结果并没有发生改变，如图 3.1–5 所示。

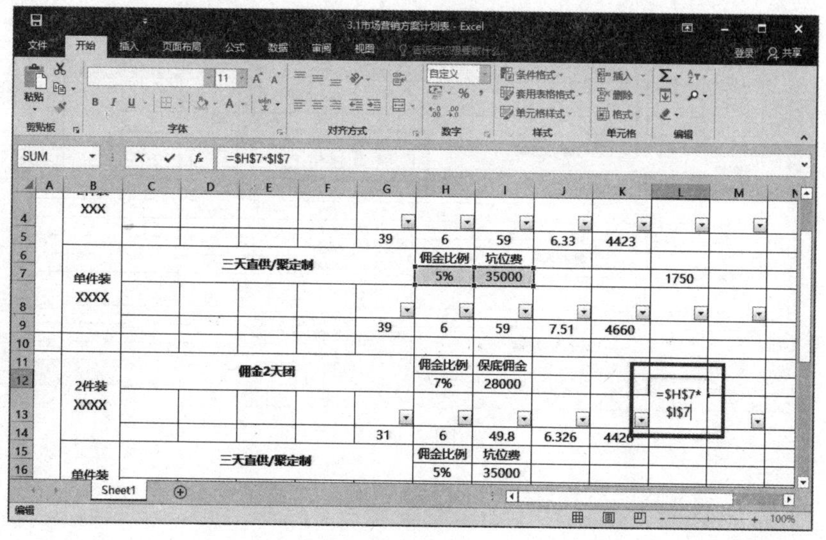


图 3.1–5

相对引用与绝对引用的区别在于：在相对引用中，被复制的公式从属单元格发生改变，显示结果也发生改变；在绝对引用中，因从属单元格被固定，复制的公式及结果不会发生改变。想从相对引用切换到绝对引用，只需选定需要变更引用形式的区域，并按【F4】键即可。

## 3.1.3 混合引用

混合引用，是指仅固定行或列中一方的引用方式，即引用的单元格地址既有相对引用，又有绝对引用。混合引用有绝对列和相对行、绝对行和相对列两种方式。下面跟大家详细讲解一下。

①打开 Excel 目标文档。将 L7 单元格的公式输入为“=$H7*I$7”，如图 3.1–6 所示。

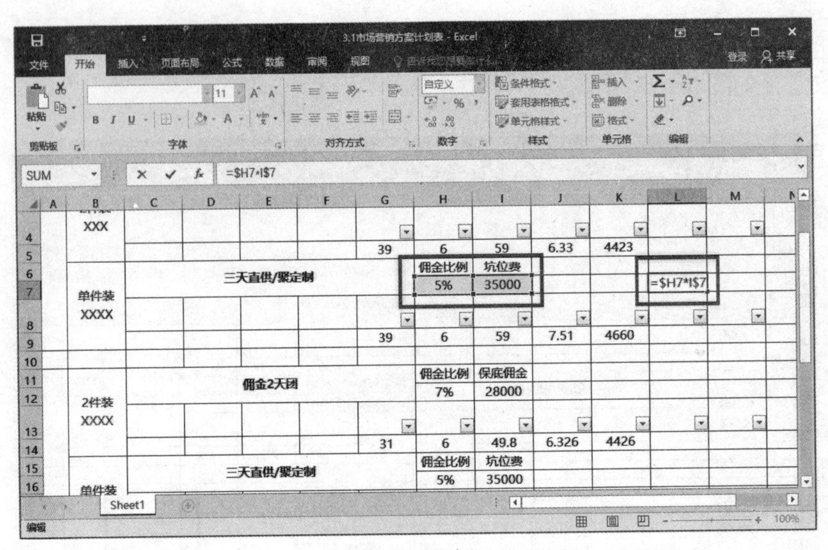


图 3.1-6

②将 L7 单元格的公式复制到 L12 单元格，如图 3.1-7 所示。

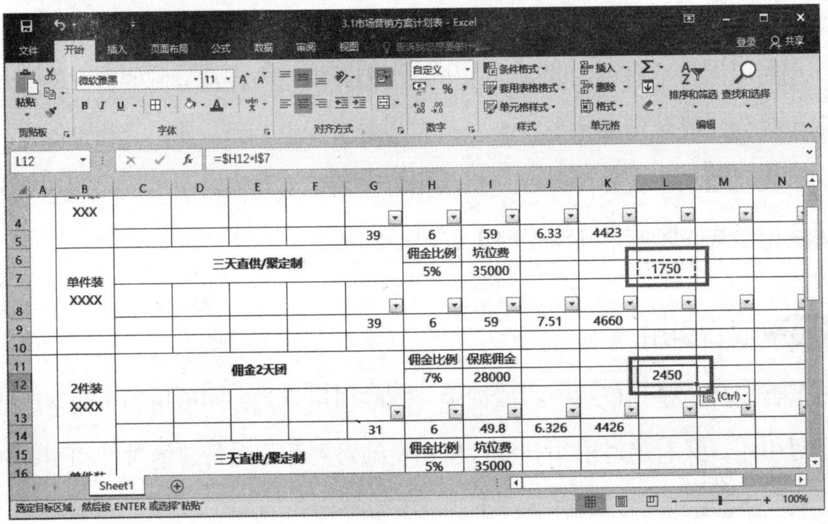

图 3.1-7

③此时，L12 单元格中的公式变为“=$H12*I$7”，并且计算结果也根据公式发生了改变，如图 3.1-8 所示。

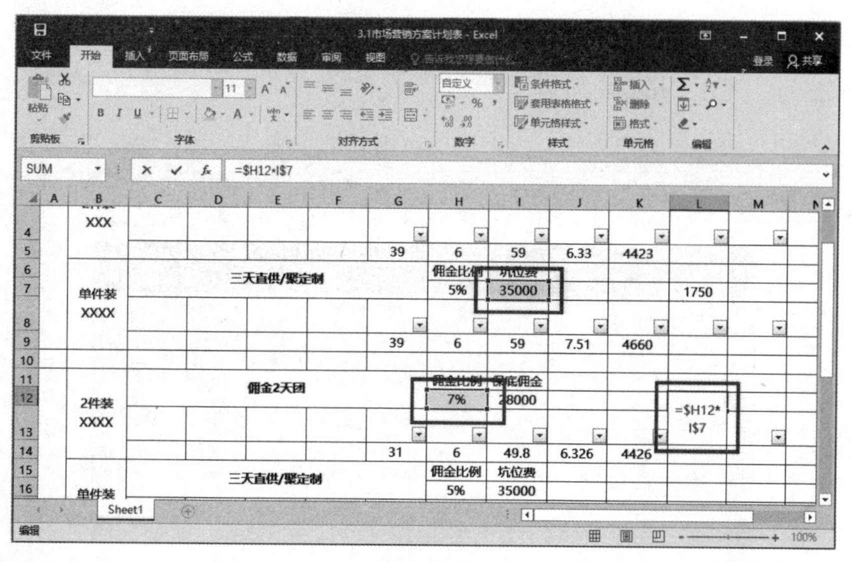


图 3.1-8

## 3.1.4 快速切换引用形式生成矩阵

在使用混合引用时，可以快速转换引用方式，省去输入符号的时间。首先，打开 Excel 目标文档，选定想要改变引用方式的区域，如图 3.1-9 所示。

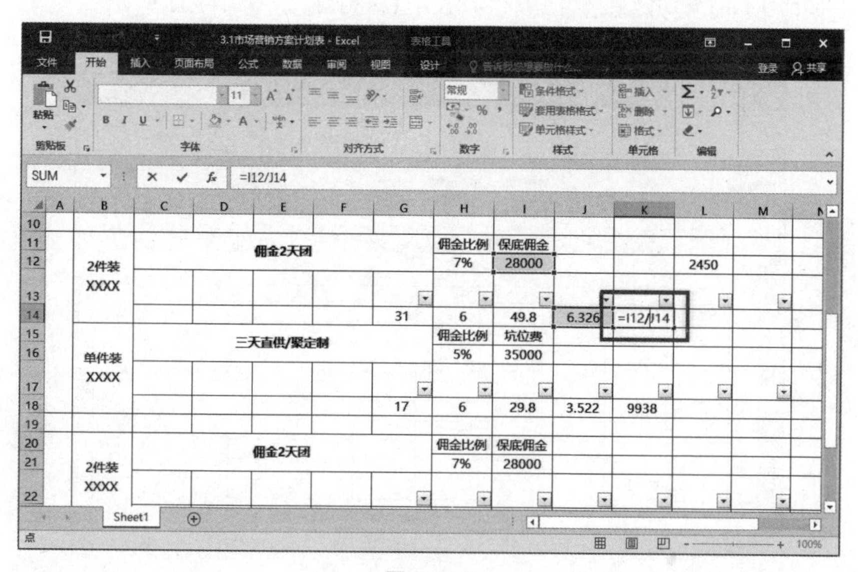


图 3.1-9

按住【F4】键，即可切换引用方式（顺序为相对引用、绝对引用、混合引用固定行、混合引用固定列）。

利用快速转换引用形式，我们可以做出数据矩阵。首先，创建列表，输入数值。在 C31 单元格中输入公式“=C30*B31”，如图 3.1-10 所示。

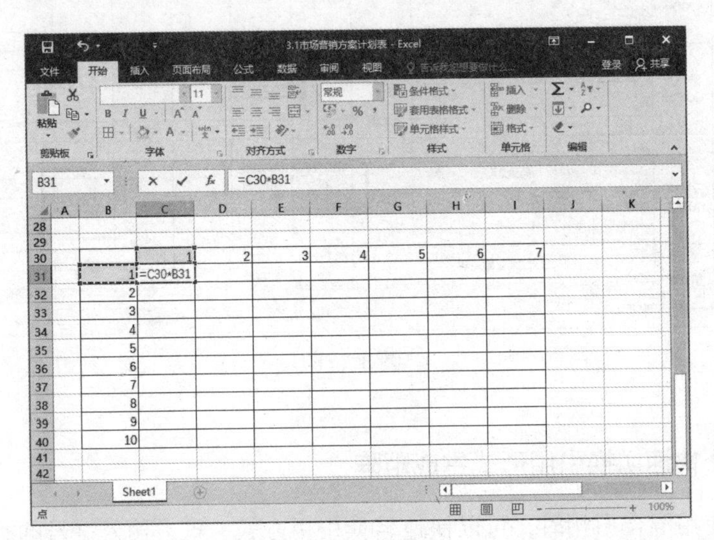


图 3.1-10

按住【F4】键将公式转换成“=$B31*C$30”，如图 3.1-11 所示。

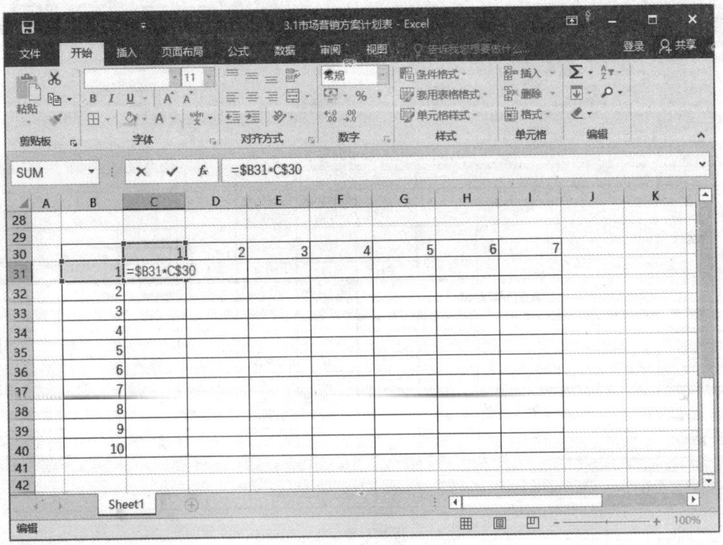

图 3.1-11

将 C31 单元格纵向复制，如图 3.1−12 所示。

图 3.1−12

接着将单元格横向复制，如图 3.1−13 所示。

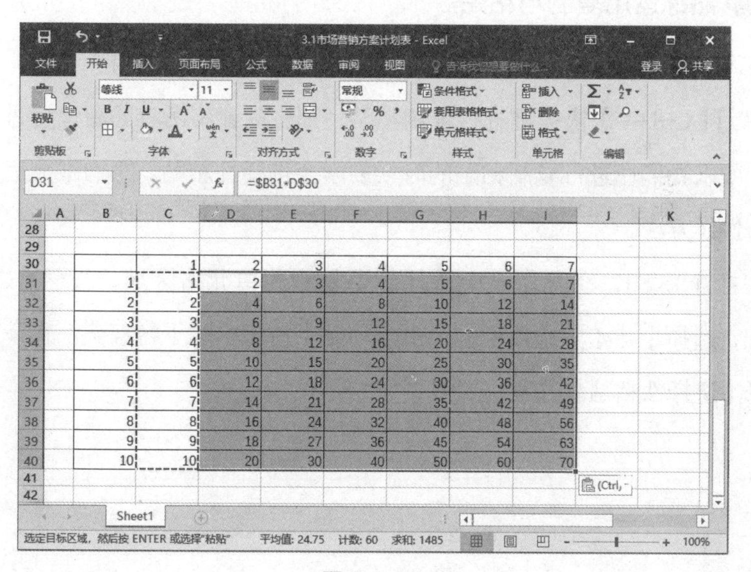


图 3.1−13

此时，矩阵数据就完成了。

## 3.2 简单灵活地复制与粘贴——以“产品调查对比分析表”为例

在日常的工作中，复制粘贴是最实用的功能，在 Excel 中，学会简单灵活地复制与粘贴，可以让工作效率事半功倍。本节将对熟练运用复制与粘贴、粘贴数值的基本操作、粘贴公式时保留表示形式、让数据随数据源自动更新、通过粘贴改变格式的便捷操作等进行详细讲解，帮助大家快速掌握有关复制粘贴功能的技巧。

### 3.2.1 熟练运用复制与粘贴

在不同单元格中，每个单元格中所包含的各种元素不同，如果直接用【Ctrl+C】【Ctrl+V】快捷键进行复制粘贴，那么就会将所有的源设置进行复制粘贴，所以我们在进行复制粘贴的时候要学会选择性粘贴。下面跟大家详细介绍一下操作方法。

①打开 Excel，在工作表中选择想要复制的单元格区域，按住【Ctrl+C】键复制，选择【开始】选项卡，单击【粘贴】按钮中的下拉箭头。在下拉菜单中选择【选择性粘贴】选项，如图 3.2-1 所示。

图 3.2–1

大家也可以使用快捷键【Ctrl+Alt+V】快速打开【选择性粘贴】对话框。

②在【选择性粘贴】对话框中，可以选择【公式】【数值】【批注】等选项，再点击【确定】按钮，如图 3.2–2 所示。

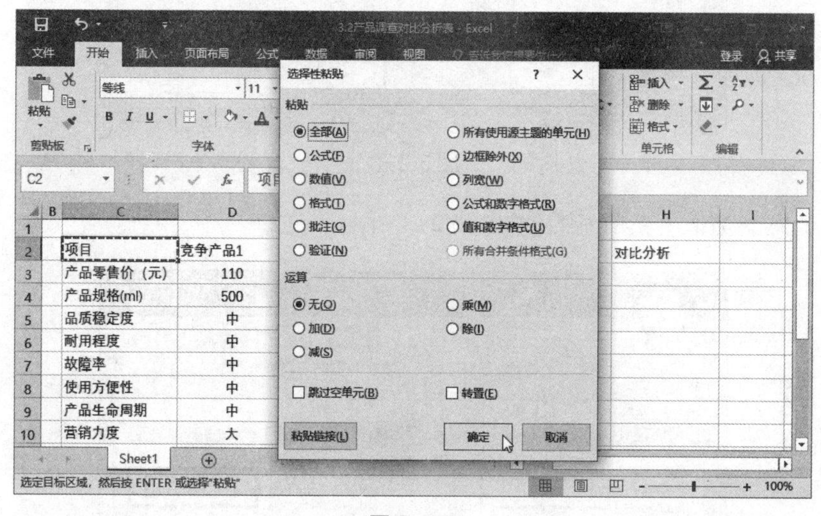


图 3.2–2

需要注意的是，在使用 Excel 时会经常出现因复制源问题导致的格式不统一或公式错乱的问题，我们在复制时一定要选择好符合要求的选项，养成良好的操作习惯。

## 3.2.2 粘贴数值的基本操作

在编辑 Excel 数据时，如果只想要数据而不想要公式，就可以使用粘贴数值功能。如果使用【Ctrl+C】【Ctrl+V】会导致直接将复制源的公式粘贴过来，而粘贴数值功能粘贴过去的是计算结果的数值。具体操作步骤如下。

①打开 Excel 工作表，复制想要选择的单元格区域，然后选择要粘贴的单元格，使用快捷键【Ctrl+Alt+V】快速打开【选择性粘贴】对话框。

②在【选择性粘贴】对话框中选择【数值】选项，然后单击【确定】按钮，如图 3.2-3 所示。

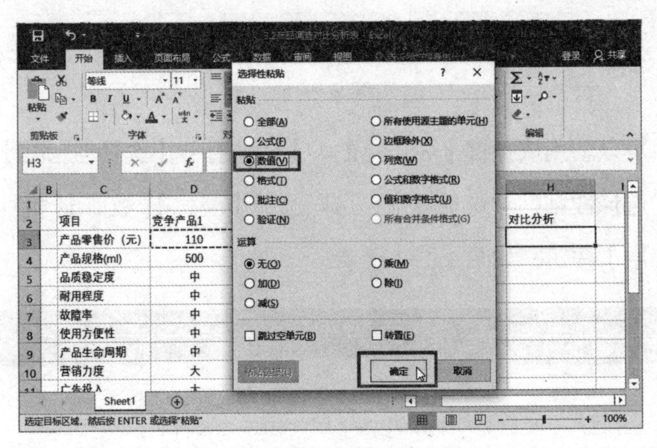


图 3.2-3

此时，数值就粘贴完了，如图 3.2-4 所示。

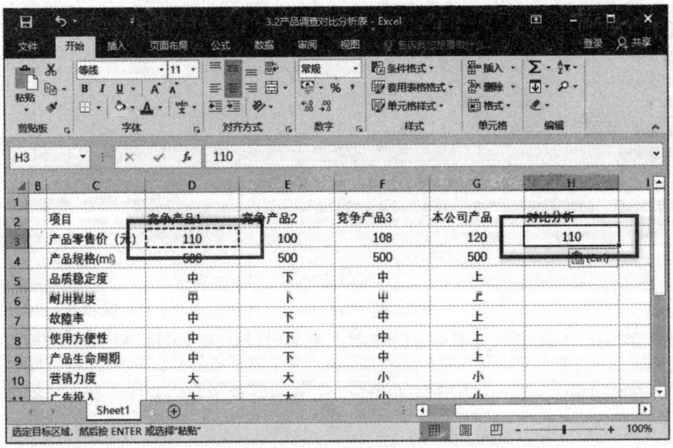

图 3.2-4

需要注意的是，粘贴数值功能仅粘贴计算结果，并不粘贴公式，即使复制源的结果发生变化，粘贴的数值也不会发生变化。

在【开始】选项卡中【粘贴】按钮的下拉菜单中，关于【粘贴数值】有三个选项，如图 3.2–5 所示。

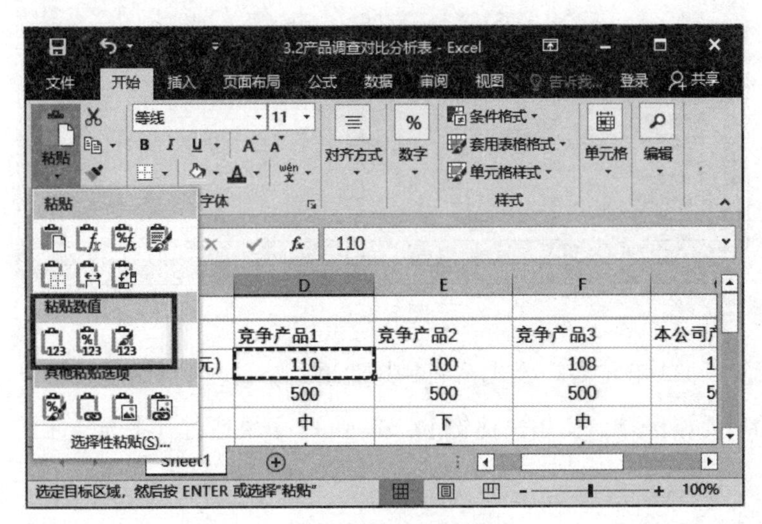


图 3.2–5

第一个选项是【值】，它只粘贴复制源的值，数值的表示格式、单元格文字颜色以及背景颜色继续使用粘贴处的原有格式。

第二个选项是【值和数字格式】，它粘贴了复制源单元格的值和表现格式，文字颜色、背景颜色则继续使用粘贴处的原有格式。

第三个选项是【值和原格式】，它粘贴了复制源的值和格式。

## 3.2.3 粘贴公式时保留表示形式

如果只想粘贴公式而不想改变当前单元格的格式，则可以使用粘贴公式功能。

①打开 Excel 工作表，在 H3 单元格中输入平均值公式“=AVERAGE(D3：G3)”，如图 3.2–6 所示。

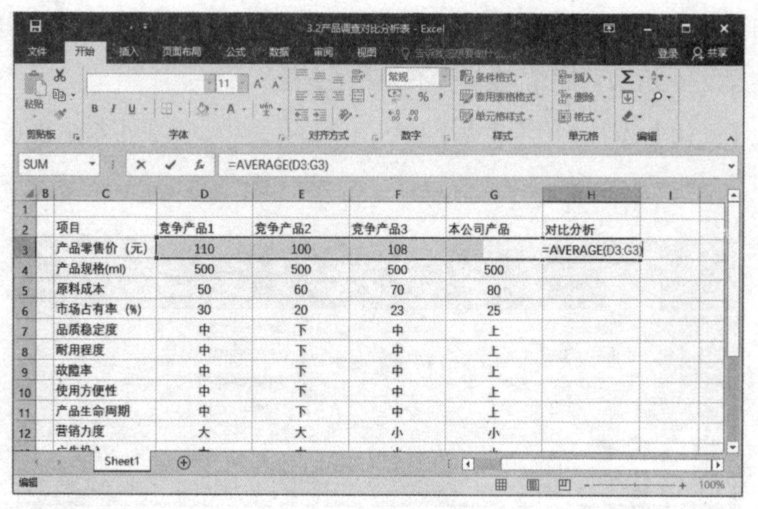


| 项目 | 竞争产品1 | 竞争产品2 | 竞争产品3 | 本公司产品 | 对比分析 |
|---|---|---|---|---|---|
| 产品零售价（元） | 110 | 100 | 108 | | =AVERAGE(D3:G3) |
| 产品规格(ml) | 500 | 500 | 500 | 500 | |
| 原料成本 | 50 | 60 | 70 | 80 | |
| 市场占有率（%） | 30 | 20 | 23 | 25 | |
| 品质稳定度 | 中 | 下 | 中 | 上 | |
| 耐用程度 | 中 | 下 | 中 | 上 | |
| 故障率 | 中 | 下 | 中 | 上 | |
| 使用方便性 | 中 | 下 | 中 | 上 | |
| 产品生命周期 | 中 | 下 | 中 | 上 | |
| 营销力度 | 大 | 大 | 小 | 小 | |

图 3.2-6

②复制 H3 单元格的公式粘贴到其他单元格。复制 H3 单元格，选择要粘贴的单元格区域，使用快捷键【Ctrl+Alt+V】快速打开【选择性粘贴】对话框。

在【选择性粘贴】对话框中选择【公式】单选框，单击【确定】，如图 3.2-7 所示。



图 3.2-7

公式的复制就完成了，如图 3.2-8 所示。

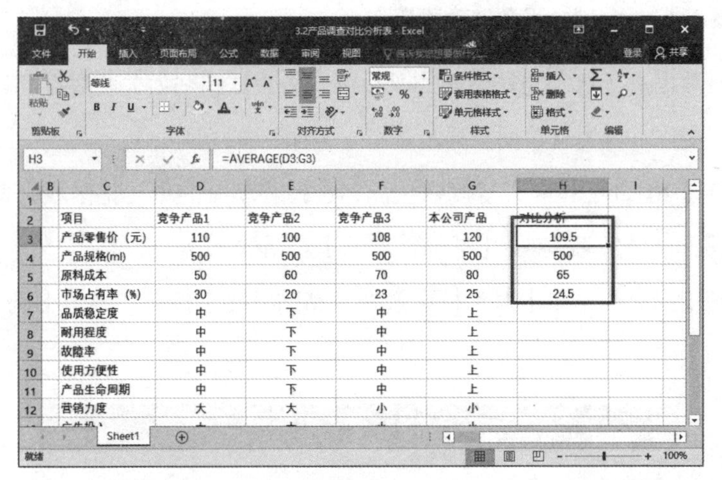

图 3.2-8

在公式中引用其他单元格时，会按照引用格式自动变更从属单元格。使用粘贴公式功能粘贴纯文本值时，值不发生变化。所以大家要注意所选范围是否有纯文本值。

除公式外，如果还想粘贴公式计算结果的表现形式，则可以在【选择性粘贴】对话框中选择【公式和数字格式】选项，如图 3.2-9 所示，这样操作不会粘贴单元格的背景色和边框等设置，只粘贴公式和数字格式。

除了在【选择性粘贴】对话框中设置外，大家也可以直接单击【粘贴】下拉菜单中的【公式】和【公式和数字格式】按钮，对数据进行复制粘贴，如图 3.2-10 所示。

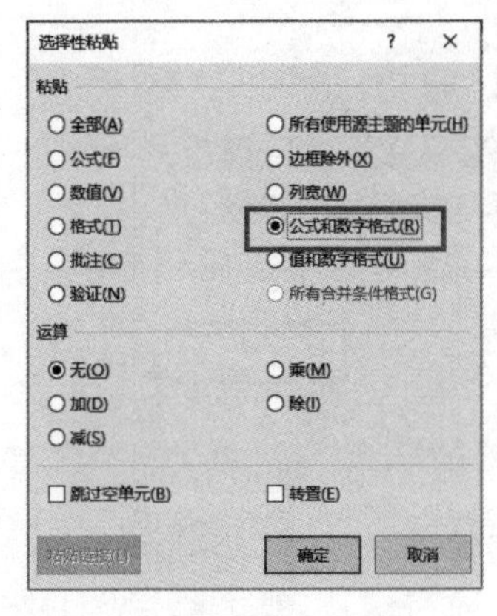

图 3.2-9

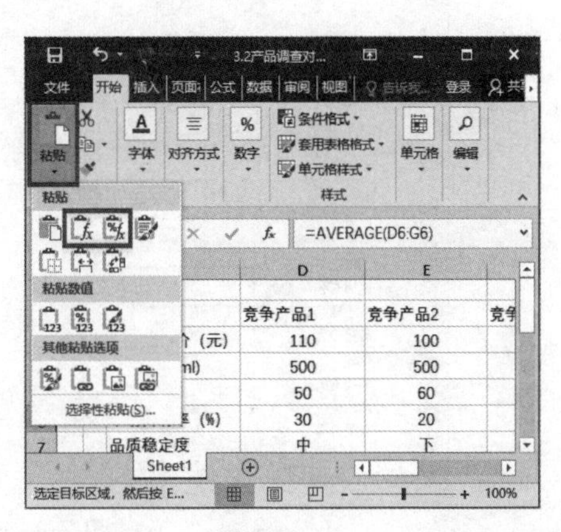

图 3.2-10

## 3.2.4 让数据随数据源自动更新

在对数据进行复制与粘贴操作时，可以将数据粘贴为关联数据，这样当复制源数据变化时，关联数据会同步更新，确保数据同步变化。

①打开 Excel 工作表，复制数据源，选择要粘贴的单元格区域，使用快捷键【Ctrl+Alt+V】快速打开【选择性粘贴】对话框。

②在【选择性粘贴】对话框中选择【粘贴链接】按钮，单击【确定】，如图 3.2-11 所示。

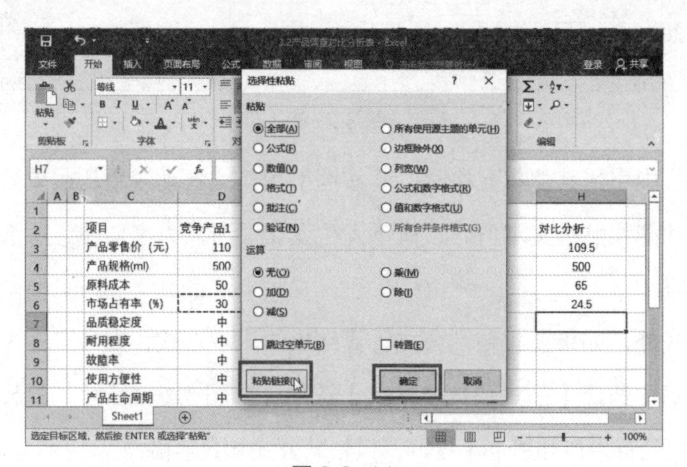


图 3.2-11

这样数据就粘贴完成了，如图 3.2-12 所示。

| 项目 | 竞争产品1 | 竞争产品2 | 竞争产品3 | 本公司产品 | 对比分析 |
|---|---|---|---|---|---|
| 产品零售价（元） | 110 | 100 | 108 | 120 | 109.5 |
| 产品规格(ml) | 500 | 500 | 500 | 500 | 500 |
| 原料成本 | 50 | 60 | 70 | 80 | 65 |
| 市场占有率（%） | 30 | 20 | 23 | 25 | 24.5 |
| 品质稳定度 | 中 | 下 | 中 | 上 | 30 |
| 耐用程度 | 中 | 下 | 中 | 上 | |
| 故障率 | 中 | 下 | 中 | 上 | |
| 使用方便性 | 中 | 下 | 中 | 上 | |
| 产品生命周期 | 中 | 下 | 中 | 上 | |
| 营销力度 | 大 | 大 | 小 | 小 | |

图 3.2-12

当我们更改复制源的数据时，会发现刚才粘贴的目标单元格数据也同步变化，如图 3.2−13 所示。

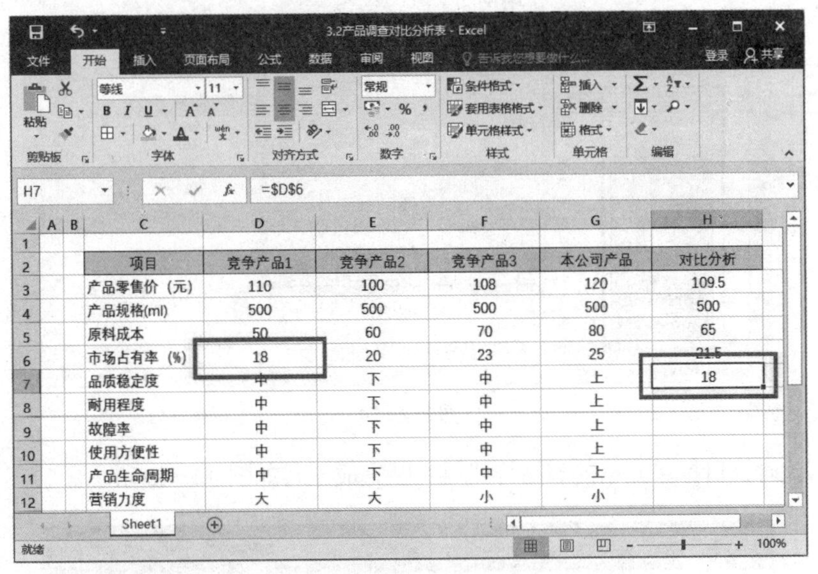

| 项目 | 竞争产品1 | 竞争产品2 | 竞争产品3 | 本公司产品 | 对比分析 |
| --- | --- | --- | --- | --- | --- |
| 产品零售价（元） | 110 | 100 | 108 | 120 | 109.5 |
| 产品规格(ml) | 500 | 500 | 500 | 500 | 500 |
| 原料成本 | 50 | 60 | 70 | 80 | 65 |
| 市场占有率（%） | 18 | 20 | 23 | 25 | 21.5 |
| 品质稳定度 | 中 | 下 | 中 | 上 | 18 |
| 耐用程度 | 中 | 下 | 中 | 上 | |
| 故障率 | 中 | 下 | 中 | 上 | |
| 使用方便性 | 中 | 下 | 中 | 上 | |
| 产品生命周期 | 中 | 下 | 中 | 上 | |
| 营销力度 | 大 | 大 | 小 | 小 | |

图 3.2−13

## 3.2.5 通过粘贴改变格式的便捷操作

想借用别的表格中文字的字体、颜色，或者单元格的背景色、边框等格式时，可以使用粘贴格式功能。在制作相同格式的多个表格时，可以通过粘贴快速实现表格格式的统一。

①打开 Excel 工作表，复制目标单元格区域，然后选择要粘贴的单元格区域，使用快捷键【Ctrl+Alt+V】快速打开【选择性粘贴】对话框。

②在【选择性粘贴】对话框中选择【格式】选项，单击【确定】按钮，如图 3.2−14 所示。

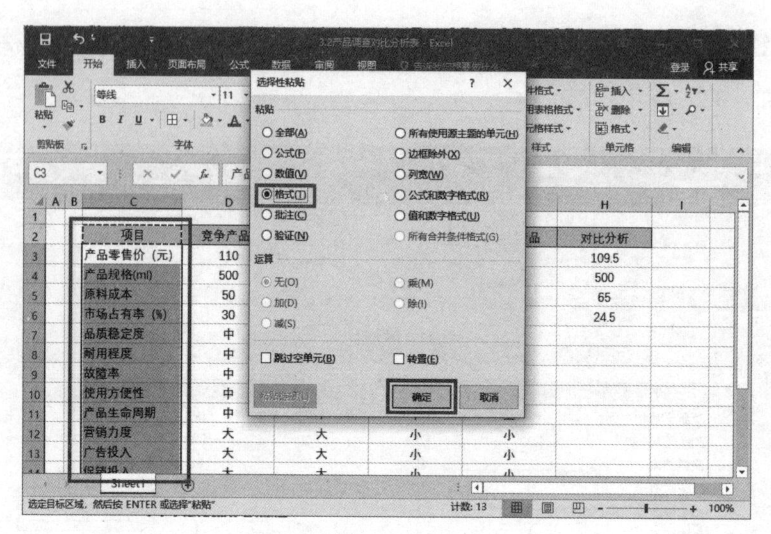


图 3.2-14

此时，目标单元格的表格样式就粘贴完成了，如图 3.2-15 所示。

3.2产品调查对比分析表 - Excel

文件 开始 插入 页面布局 公式 数据 审阅 视图 告诉我你想要做什么… 登录 共享

粘贴 剪贴板 等线 11 字体 对齐方式 常规 数字 条件格式 套用表格格式 单元格样式 样式 插入 删除 格式 单元格 编辑

C2 项目

| | A | B | C | D | E | F | G | H | I |
|---|---|---|---|---|---|---|---|---|---|
| 1 | | | | | | | | | |
| 2 | | | 项目 | 竞争产品1 | 竞争产品2 | 竞争产品3 | 本公司产品 | 对比分析 | |
| 3 | | | 产品零售价（元） | 110 | 100 | 108 | 120 | 109.5 | |
| 4 | | | 产品规格(ml) | 500 | 500 | 500 | 500 | 500 | |
| 5 | | | 原料成本 | 50 | 60 | 70 | 80 | 65 | |
| 6 | | | 市场占有率（%） | 30 | 20 | 23 | 25 | 24.5 | |
| 7 | | | 品质稳定度 | 中 | 下 | 中 | 上 | | |
| 8 | | | 耐用程度 | 中 | 下 | 中 | 上 | | |
| 9 | | | 故障率 | 中 | 下 | 中 | 上 | | |
| 10 | | | 使用方便性 | 中 | 下 | 中 | 上 | | |
| 11 | | | 产品生命周期 | 中 | 下 | 中 | 上 | | |
| 12 | | | 营销力度 | 大 | 大 | 小 | 小 | | |
| 13 | | | 广告投入 | 大 | 大 | 小 | 小 | | |

Sheet1

就绪 100%

图 3.2-15

大家也可以直接单击【粘贴】下拉菜单中的【粘贴格式】按钮对数据进行复制粘贴。

此外，还有一种方法也可以快速复制粘贴表格格式。

①选择要复制的目标单元格，单击【开始】选项卡下的【格式刷】按钮，如图 3.2-16 所示。

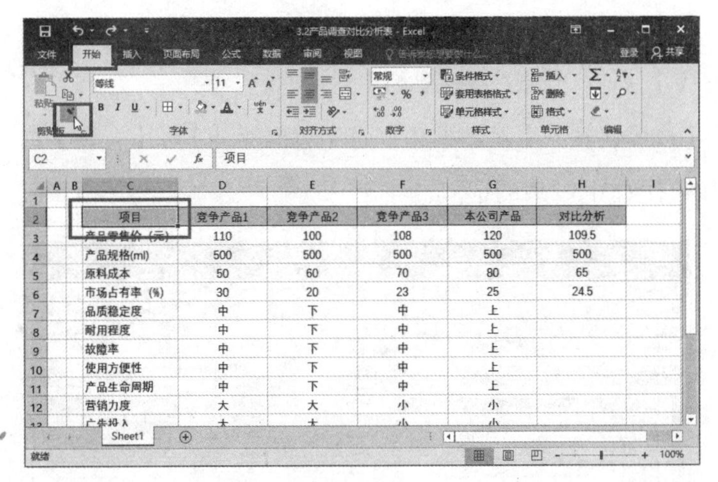


图 3.2-16

②选择想要粘贴的单元格，格式就会快速被粘贴过来了，如图 3.2-17 所示。

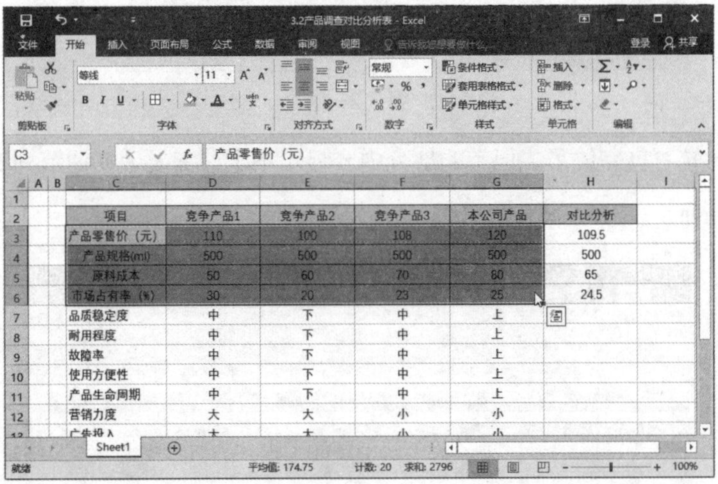

图 3.2-17

格式刷是在复制时单击，粘贴时选择范围，光标选择哪里就粘贴到哪里。

## 3.2.6 学会快速转置行和列

在处理数据文件时，有时需要将表格中的数据进行转置，通过【选择性粘贴】中的转置功能可以快速将行变成列，将列变成行，这样用不同的形式呈现出来的数据，可能会有新的发现或者更容易对比分析。

①打开 Excel 工作表，复制要转置的目标单元格区域，使用快捷键【Ctrl+Alt+V】快速打开【选择性粘贴】对话框。

②在【选择性粘贴】对话框中勾选【边框除外】和【转置】选项，单击【确定】按钮，如图 3.2–18 所示。

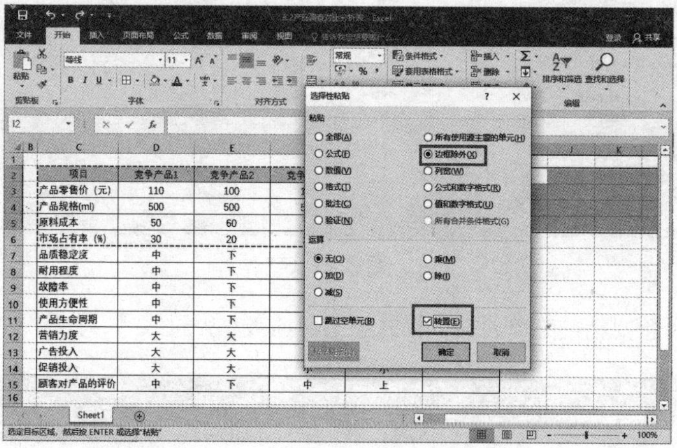

| 项目 | 竞争产品1 | 竞争产品2 |
|---|---|---|
| 产品零售价（元） | 110 | 100 |
| 产品规格(ml) | 500 | 500 |
| 原料成本 | 50 | 60 |
| 市场占有率（%） | 30 | 20 |
| 品质稳定度 | 中 | 下 |
| 耐用程度 | 中 | 下 |
| 故障率 | 中 | 下 |
| 使用方便性 | 中 | 下 |
| 产品生命周期 | 中 | 下 |
| 营销力度 | 大 | 大 |
| 广告投入 | 大 | 大 |
| 促销投入 | 大 | 大 |
| 顾客对产品的评价 | 中 | 下 |

图 3.2–18

这时转置就完成了，但有的部分内容显示不全，需要手动调节列宽，如图 3.2–19 所示。

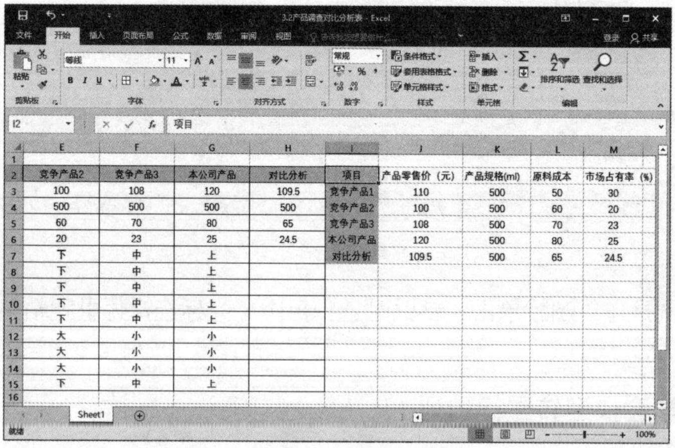

| 竞争产品2 | 竞争产品3 | 本公司产品 | 对比分析 |
|---|---|---|---|
| 100 | 108 | 120 | 109.5 |
| 500 | 500 | 500 | 500 |
| 60 | 70 | 80 | 65 |
| 20 | 23 | 25 | 24.5 |
| 下 | 中 | 上 | |
| 下 | 中 | 上 | |
| 下 | 中 | 上 | |
| 下 | 中 | 上 | |
| 下 | 中 | 上 | |
| 大 | 小 | 小 | |
| 大 | 小 | 小 | |
| 大 | 小 | 小 | |
| 下 | 中 | 上 | |

| 项目 | 产品零售价（元） | 产品规格(ml) | 原料成本 | 市场占有率（%） |
|---|---|---|---|---|
| 竞争产品1 | 110 | 500 | 50 | 30 |
| 竞争产品2 | 100 | 500 | 60 | 20 |
| 竞争产品3 | 108 | 500 | 70 | 23 |
| 本公司产品 | 120 | 500 | 80 | 25 |
| 对比分析 | 109.5 | 500 | 65 | 24.5 |

图 3.2–19

需要注意的是，这样转置的表格数据是没有边框的，粘贴以后再设置格式和边框。

## 3.3 条件格式的熟练应用——以“产品促销计划表”为例

条件格式是指当单元格中的数据满足某个设定的条件时，系统会自动其以设定的格式显示出来。条件格式是一项简单易懂又强大的功能，本节将对编辑条件格式规则、运用条件格式筛选数据、快速标记错误值等进行详细讲解，帮助大家熟练应用 Excel。

### 3.3.1 编辑条件格式规则

在编辑工作表时，可以使用条件格式功能让符合特定的单元格数据突显出来，帮助大家迅速找到重点数据或者错误数据，且有助于优化表格外观，让表格更加清晰易懂。

①打开 Excel 工作表，选择要设置条件的目标单元格范围，单击【开始】选项卡下的【条件格式】下拉按钮，选择【突出显示单元格规则】，单击【大于】选项，如图 3.3-1 所示。

②在【大于】对话框中，比如设置指定值为 5000，设置格式为【绿填充色深绿色文本】，单击【确定】按钮，如图 3.3-2 所示。

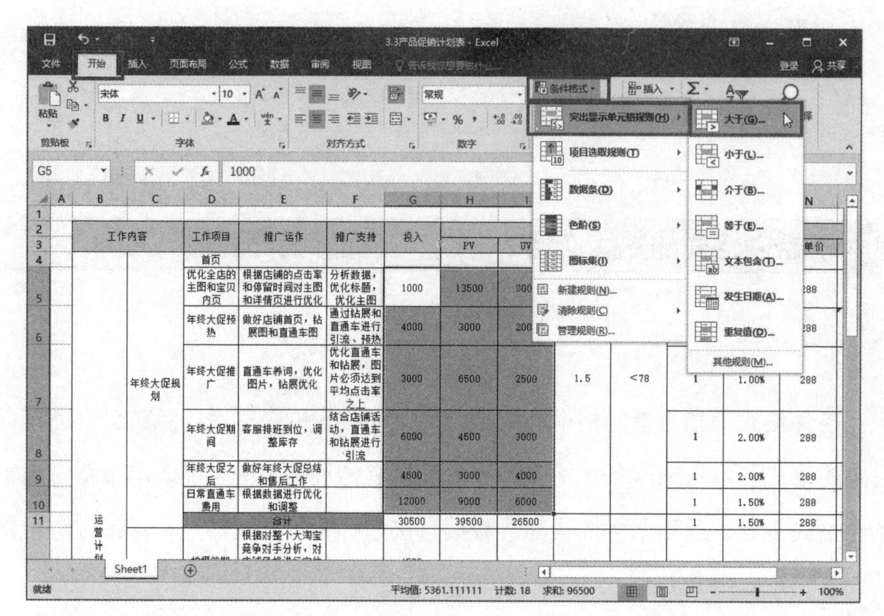

图 3.3-1

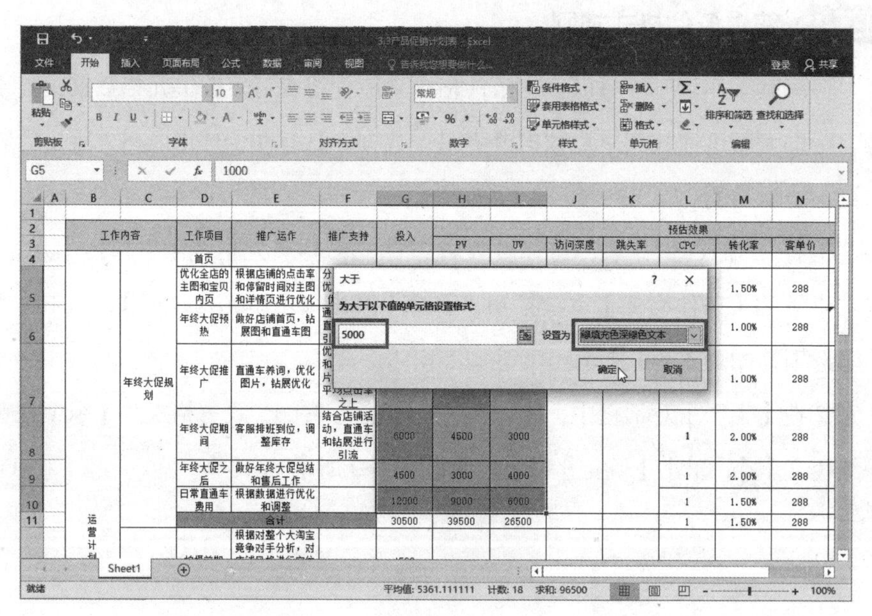

图 3.3-2

此时，数值大于 5000 的单元格就一目了然了，如图 3.3-3 所示。

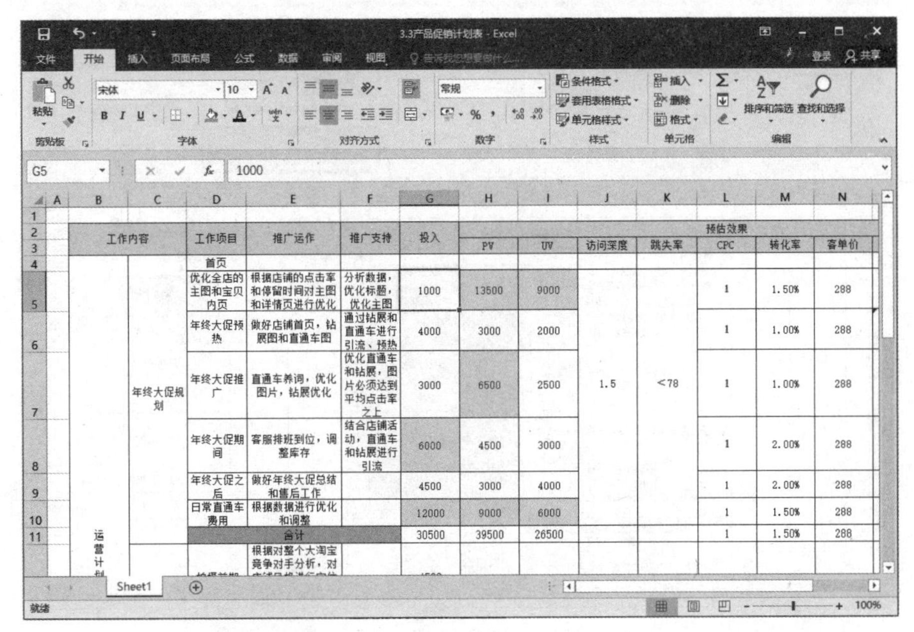

图 3.3-3

这里我们设置的条件是单元格内数值高于 5000，大家可以自行选择合适的条件，如大于、小于、介于、等于、文本包含、发生日期、重复值等，在一个单元格中也可以设置多个条件，并且指定优先顺序。

## 3.3.2 运用条件格式功能筛选数据

运用条件格式功能可以对所选单元格范围内的数值进行算法计算，并显示结果，这样无须输入任何公式就可以确认目标单元格。

①打开 Excel 工作表，选择要设置条件的目标单元格范围，单击【开始】选项卡下的【条件格式】下拉按钮，选择【项目选取规则】，单击【高于平均值】选项，如图 3.3-4 所示。

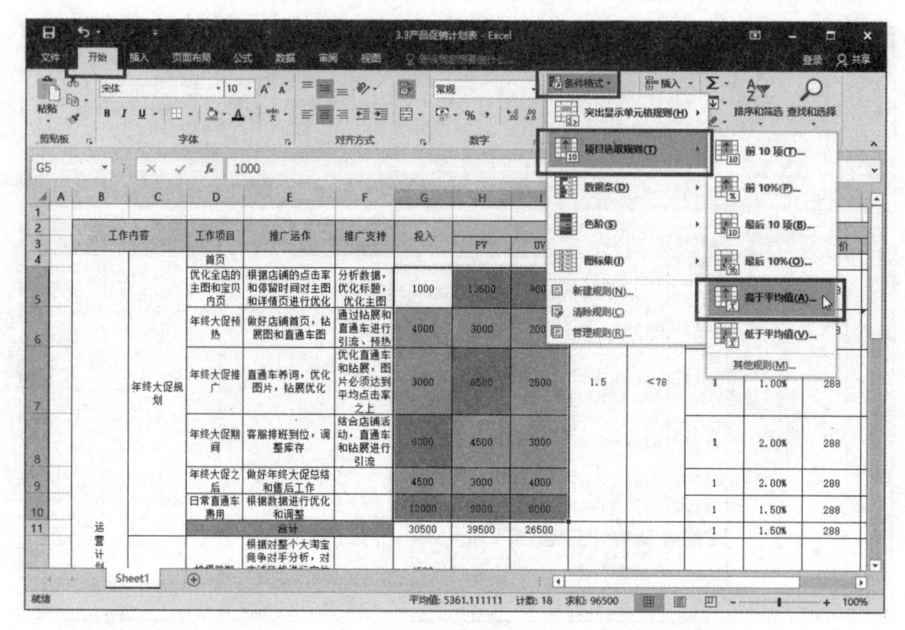


图 3.3-4

②在【高于平均值】对话框中，设置格式为【黄填充色深黄色文本】，点击【确定】按钮，如图 3.3-5 所示。

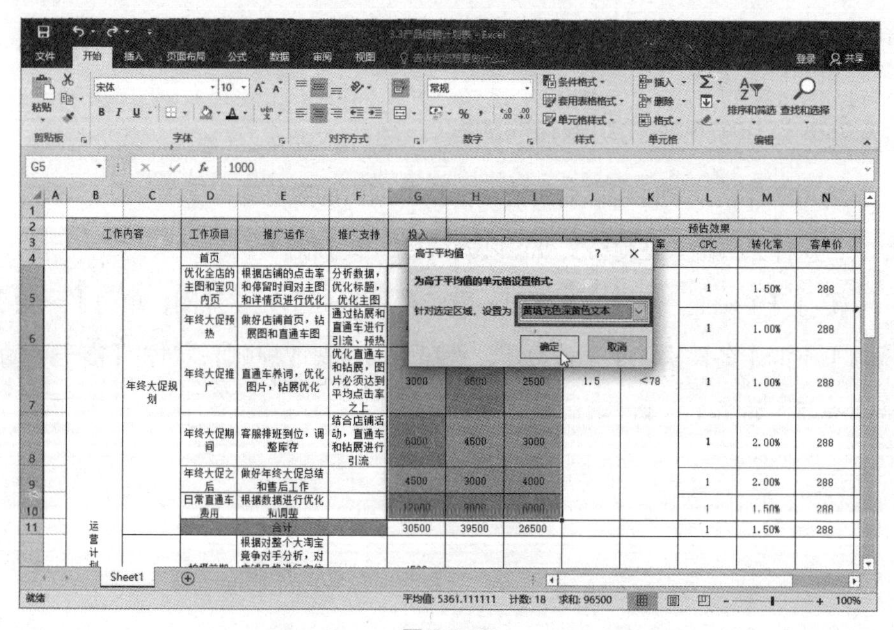


图 3.3-5

此时，高于平均值的单元格已被黄色填充，如图 3.3-6 所示。

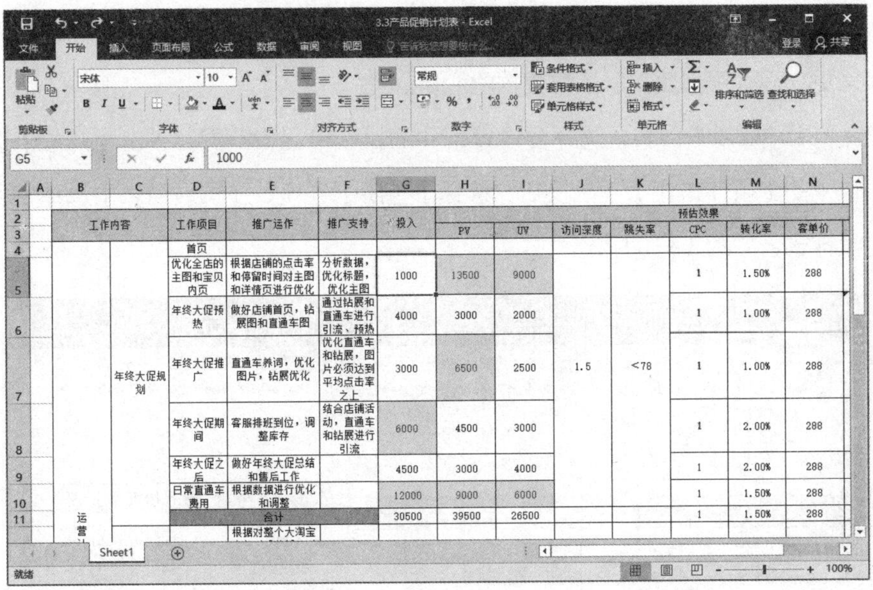

3.3产品促销计划表 - Excel

文件 开始 插入 页面布局 公式 数据 审阅 视图 告诉我您想要做什么... 登录 共享

粘贴 宋体 10 常规 条件格式 套用表格格式 单元格样式 插入 删除 格式 排序和筛选 查找和选择

剪贴板 字体 对齐方式 数字 样式 单元格 编辑

G5 1000

| 工作内容 | | 工作项目 | 推广运作 | 推广支持 | 投入 | 预估效果 | | | | | | |
|---|---|---|---|---|---|---|---|---|---|---|---|---|
| | | | | | | PV | UV | 访问深度 | 跳失率 | CPC | 转化率 | 客单价 |
| | 年终大促规划 | 首页 | | | | | | | | | | |
| | | 优化全店的主图和宝贝内页 | 根据店铺的点击率和停留时间对主图和详情页进行优化 | 分析数据，优化标题，优化主图 | 1000 | 13500 | 9000 | 1.5 | <78 | 1 | 1.50% | 288 |
| | | 年终大促预热 | 做好店铺首页，钻展图和直通车图 | 通过钻展和直通车进行引流、预热 | 4000 | 3000 | 2000 | | | 1 | 1.00% | 288 |
| | | 年终大促推广 | 直通车养词，优化图片，钻展优化 | 优化直通车和钻展，图片必须达到平均点击率之上 | 3000 | 6500 | 2500 | | | 1 | 1.00% | 288 |
| | | 年终大促期间 | 客服排班到位，调整库存 | 结合店铺活动，直通车和钻展进行引流 | 6000 | 4500 | 3000 | | | 1 | 2.00% | 288 |
| | | 年终大促之后 | 做好年终大促总结和售后工作 | | 4500 | 3000 | 4000 | | | 1 | 2.00% | 288 |
| | | 日常直通车费用 | 根据数据进行优化和调整 | | 12000 | 9000 | 6000 | | | 1 | 1.50% | 288 |
| 运营 | | 合计 | | | 30500 | 39500 | 26500 | | | 1 | 1.50% | 288 |
| | | | 根据对整个大淘宝 | | | | | | | | | |

Sheet1

就绪 100%

图 3.3-6

在【项目选取规则】中有【前 10 项】【前 10%】【最后 10 项】【最后 10%】【高于平均值】【低于平均值】六项可以选择，除了这六项，大家还可以单击【条件格式】下拉菜单中的【新建规则】选项，在【新建格式规则】对话框中进行更详细的规则设置，如图 3.3-7 所示。

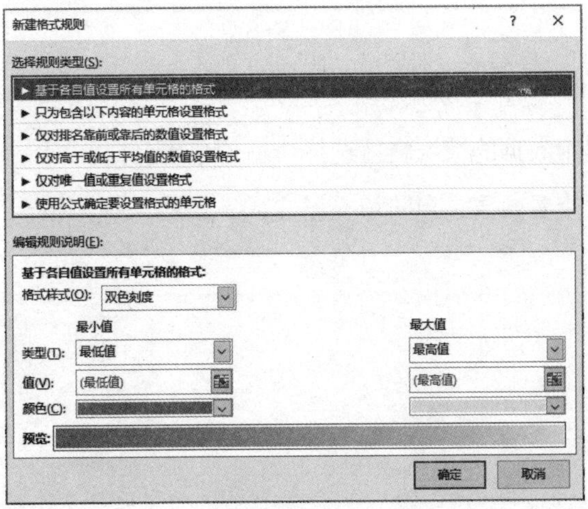

新建格式规则

选择规则类型(S):

- ► 基于各自值设置所有单元格的格式
- ► 只为包含以下内容的单元格设置格式
- ► 仅对排名靠前或靠后的数值设置格式
- ► 仅对高于或低于平均值的数值设置格式
- ► 仅对唯一值或重复值设置格式
- ► 使用公式确定要设置格式的单元格

编辑规则说明(E):

基于各自值设置所有单元格的格式:

格式样式(O): 双色刻度

| | 最小值 | 最大值 |
|---|---|---|
| 类型(T): | 最低值 | 最高值 |
| 值(V): | (最低值) | (最高值) |
| 颜色(C): | | |

预览:

确定 取消

图 3.3-7

## 3.3.3 用颜色和数据条显示数据

条件格式中的色阶功能可以在单元格区域中以颜色渐变填充单元格，帮助大家更直观地观察数据，了解数据的变化。

打开 Excel 工作表，选择要设置条件的目标单元格范围，单击【开始】选项卡下的【条件格式】下拉按钮，选择【色阶】选项，在扩展列表中选择一种色阶样式，如图 3.3-8 所示。

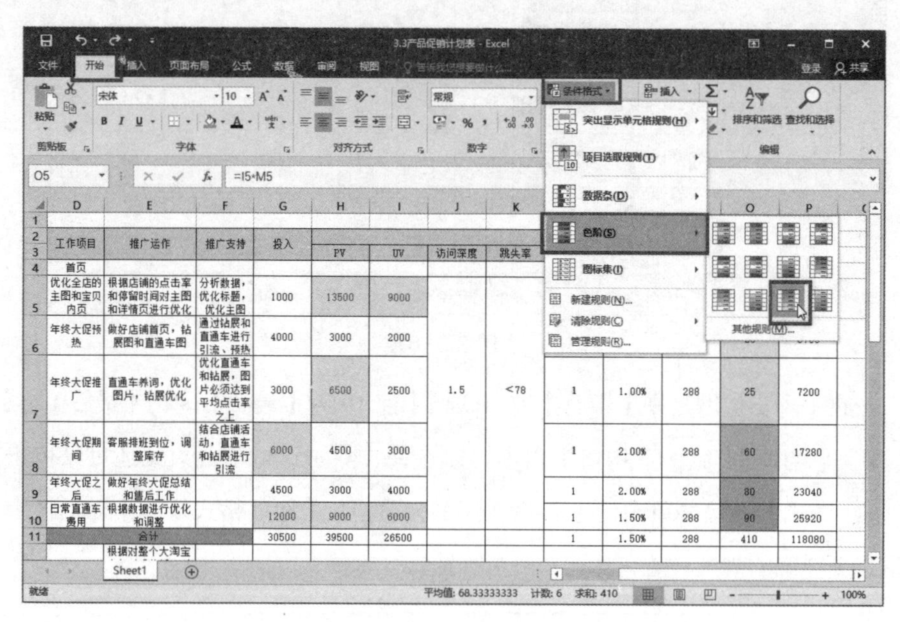


图 3.3-8

条件格式中的色阶分为单色渐变色阶、双色渐变色阶和三色渐变色阶，大家可以根据表格中数据的情况自行选择合适的色阶。

返回工作表查看效果，色阶填充已完成，如图 3.3-9 所示。

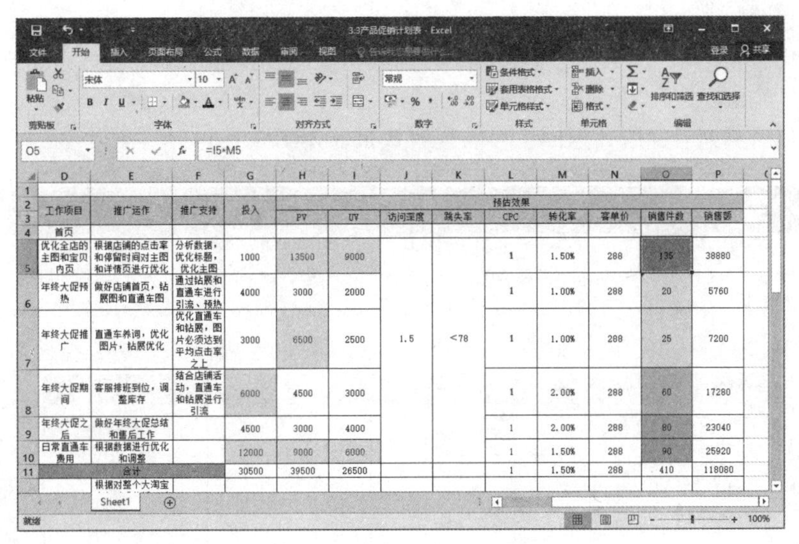

图 3.3-9

想要快速直观地观察数据大小，除了填充渐变色阶，还有一种常用方法就是运用数据条。

打开 Excel 工作表，选择要设置条件的目标单元格范围，单击【开始】选项卡下的【条件格式】下拉按钮，选择【数据条】选项，在扩展列表中选择一种数据条样式，如图 3.3-10 所示。

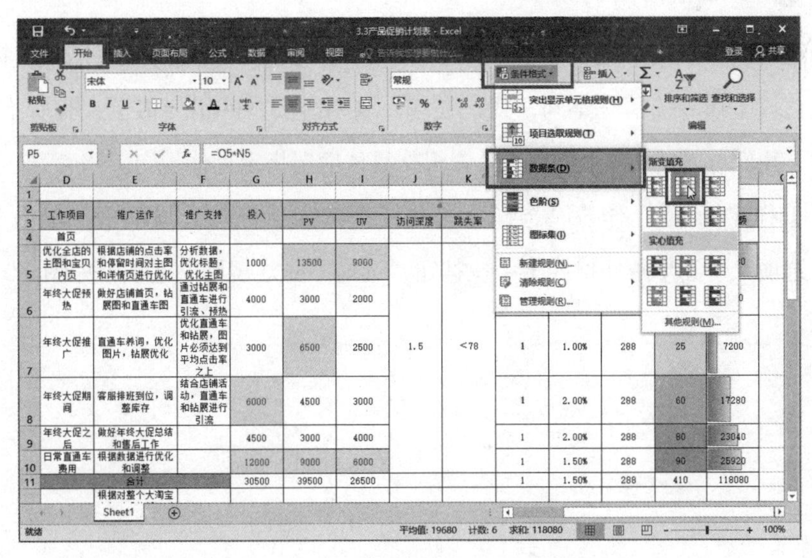

图 3.3-10

扩展列表中有渐变填充和实心填充，大家可以根据情况自行选择合适的数据条样式。

色阶填充已完成，返回工作表查看效果，如图 3.3−11 所示。

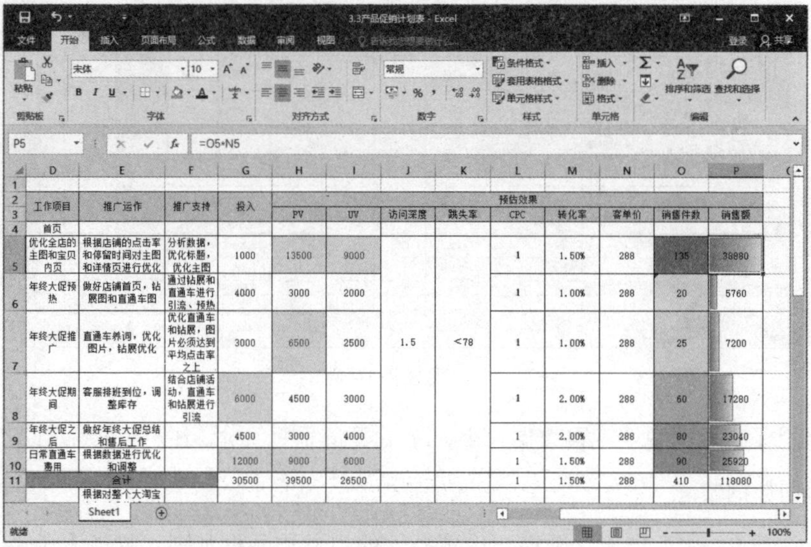

| 工作项目 | 推广运作 | 推广支持 | 投入 | 预估效果 | | | | | | | | |
|---|---|---|---|---|---|---|---|---|---|---|---|---|
| | | | | PV | UV | 访问深度 | 跳失率 | CPC | 转化率 | 客单价 | 销售件数 | 销售额 |
| 首页 | | | | | | | | | | | | |
| 优化全店的主图和宝贝内页 | 根据店铺的点击率和停留时间对主图和详情页进行优化 | 分析数据，优化标题，优化主图 | 1000 | 13500 | 9000 | 1.5 | <78 | 1 | 1.50% | 288 | 135 | 38880 |
| 年终大促预热 | 做好店铺首页，钻展图和直通车图 | 通过钻展和直通车进行引流、预热 | 4000 | 3000 | 2000 | | | 1 | 1.00% | 288 | 20 | 5760 |
| 年终大促推广 | 直通车养词，优化图片，钻展优化 | 优化直通车和钻展，图片必须达到平均点击率之上 | 3000 | 6500 | 2500 | | | 1 | 1.00% | 288 | 25 | 7200 |
| 年终大促期间 | 客服排班到位，调整库存 | 结合店铺活动，直通车和钻展进行引流 | 6000 | 4500 | 3000 | | | 1 | 2.00% | 288 | 60 | 17280 |
| 年终大促之后 | 做好年终大促总结和售后工作 | | 4500 | 3000 | 4000 | | | 1 | 2.00% | 288 | 80 | 23040 |
| 日常直通车费用 | 根据数据进行优化和调整 | | 12000 | 9000 | 6000 | | | 1 | 1.50% | 288 | 90 | 25920 |
| 合计 | | | 30500 | 39500 | 26500 | | | 1 | 1.50% | 288 | 410 | 118080 |

图 3.3−11

## 3.3.4 快速标记错误值

运用条件格式功能，不仅可以快速标记单元格中的数值，还可以快速标记错误值。工作表的情况不同，我们在编辑表格时要找的错误值也会有所不同。对此，我们可以使用【新建规则】，根据具体情况指定具体规则。

①打开 Excel 工作表，选择要查找错误值的目标单元格范围，单击【开始】选项卡下的【条件格式】下拉按钮，选择【新建规则】选项，如图 3.3−12 所示。

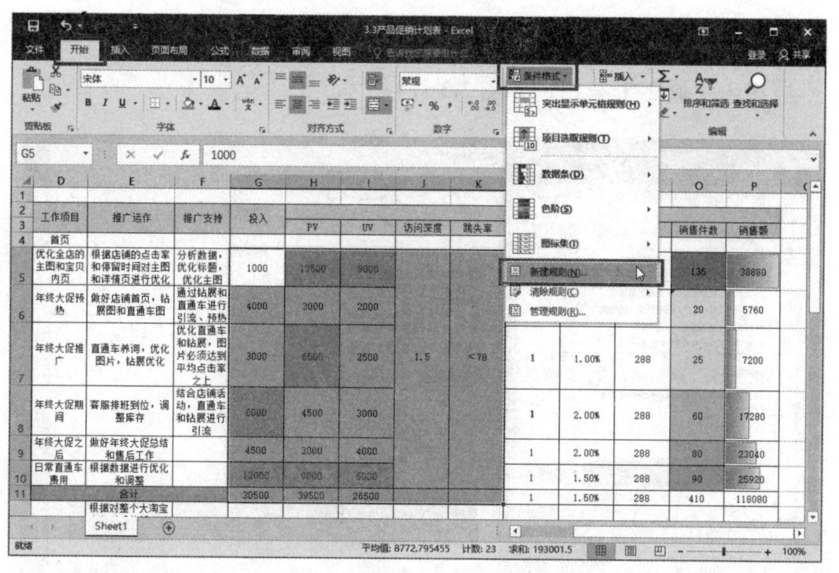


图 3.3-12

②弹出【新建格式规则】对话框，在【选择规则类型】中选择【只为包含以下内容的单元格设置格式】，在【只为满足以下条件的单元格设置格式】中选择【空值】选项，然后单击【格式】按钮，进行标记格式设置，如图 3.3-13 所示。

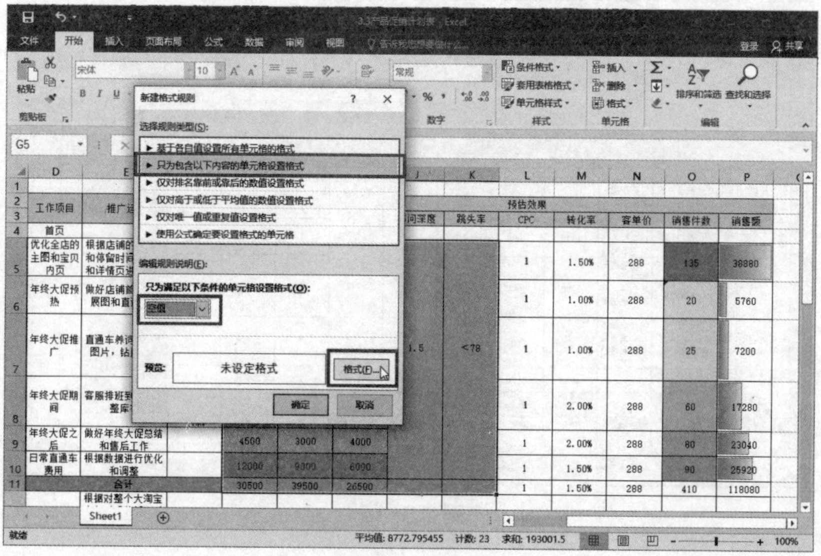

图 3.3-13

③在【设置单元格格式】对话框中，在【填充】选项卡中选择一种填充颜色，然后单击【确定】按钮，如图 3.3-14 所示。

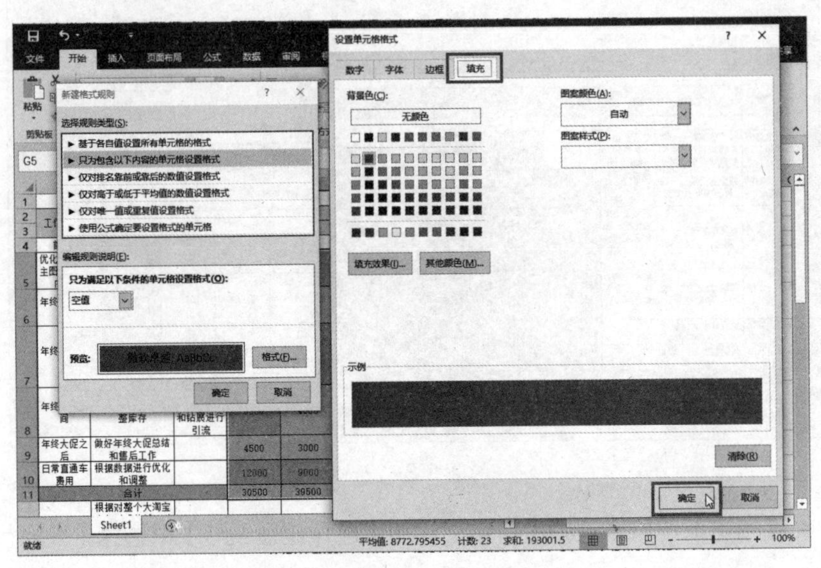


图 3.3-14

此时，错误值标记已完成，返回工作表查看效果，如图 3.3-15 所示。

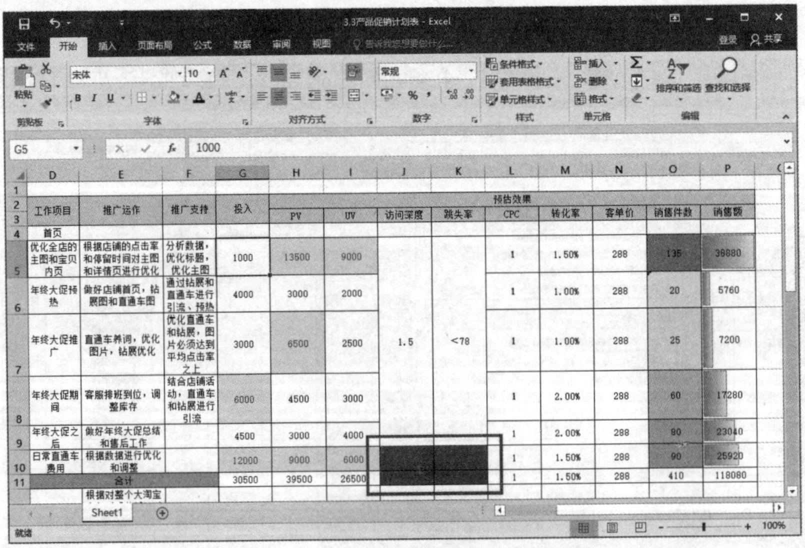

图 3.3-15

除了标记【空值】外，还可以选择【单元格值】【特定文本】【发生日期】

【无空值】【错误】以及【无错误】来编辑规则，帮助大家迅速且无遗漏地查找问题单元格。

## 3.3.5 学会管理条件格式

在设置了多个条件格式后，打开【条件格式规则管理器】，我们可以编辑已有的条件格式和格式内容，还可以设置条件格式的优先顺序。管理好条件格式可以准确认识工作表。

①打开 Excel 工作表，单击【开始】选项卡下的【条件格式】下拉按钮，选择【管理规则】选项，如图 3.3-16 所示。

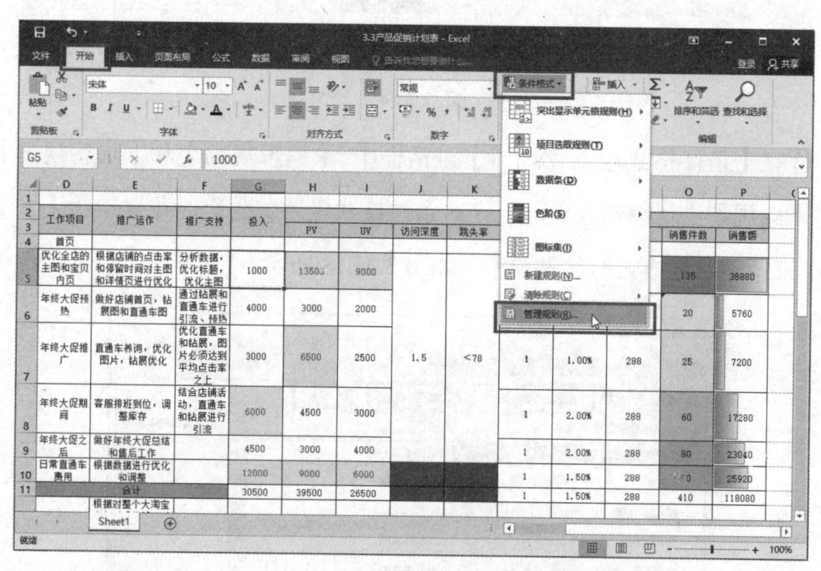


图 3.3-16

②弹出【条件格式规则管理器】对话框，在【显示其格式规则】中选择【当前工作表】，查看当前工作表中的全部条件格式，如图 3.3-17 所示。

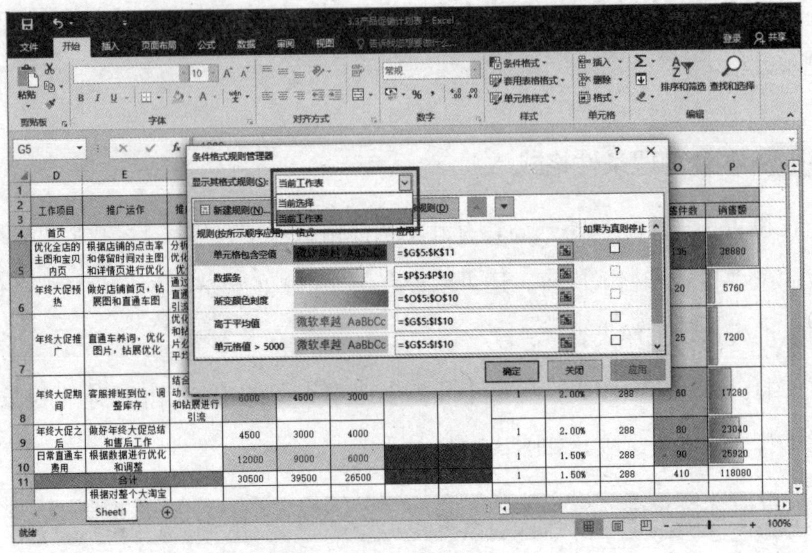


图 3.3-17

③在【条件格式规则管理器】对话框中,【编辑规则】和【删除规则】可以对所选规则进行编辑和删除，在对条件格式设置优先级时可以单击【▲】和【▼】来调整条件格式的优先顺序，如图 3.3-18 所示。

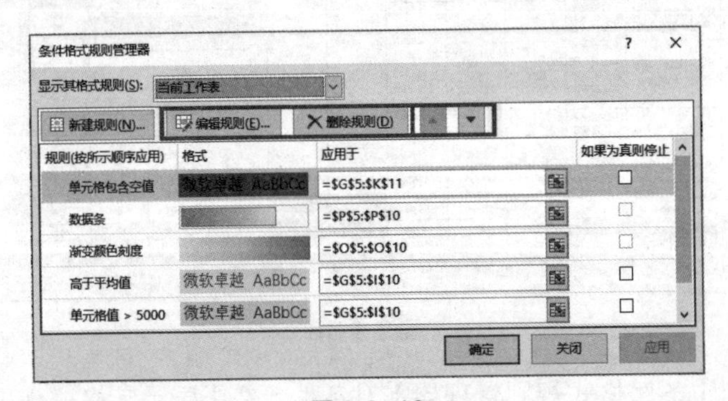


图 3.3-18

如果只想删除工作表中的条件格式，不需要打开【条件格式规则管理器】对话框，单击【开始】选项卡下的【条件格式】下拉按钮，选择【清除规则】选项，在扩展列表中选择【清除所选单元格的规则】或者【清除整个工作表的规则】即可，如图 3.3-19 所示。

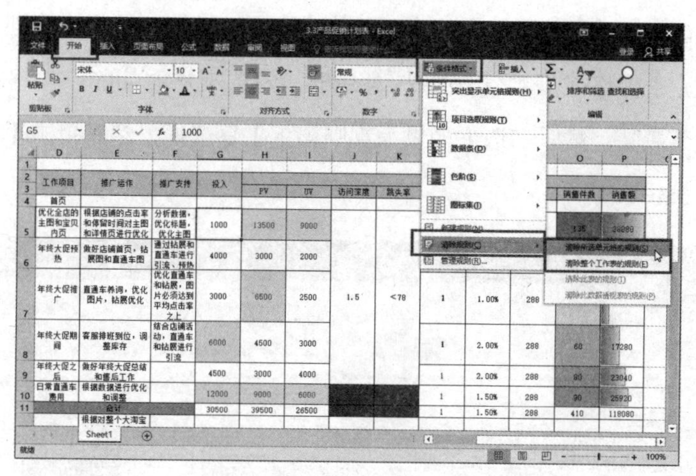


图 3.3-19

## 3.3.6 如果为真则停止

当同一单元格区域中同时存在多个条件格式时，会从优先级开始逐条往下执行至最后一条，但如果设置了【如果为真则停止】规则，一旦优先级较高的规则条件满足后，则不再执行其下的规则。

①打开 Excel 工作表，选择单元格 P5∶P10 区域，在【开始】选项卡中的【条件格式】下拉列表中添加规则【突出显示单元格规则】中的【大于】20000 的数值，格式设置为【浅红填充色深红色文本】，如图 3.3-20 所示。

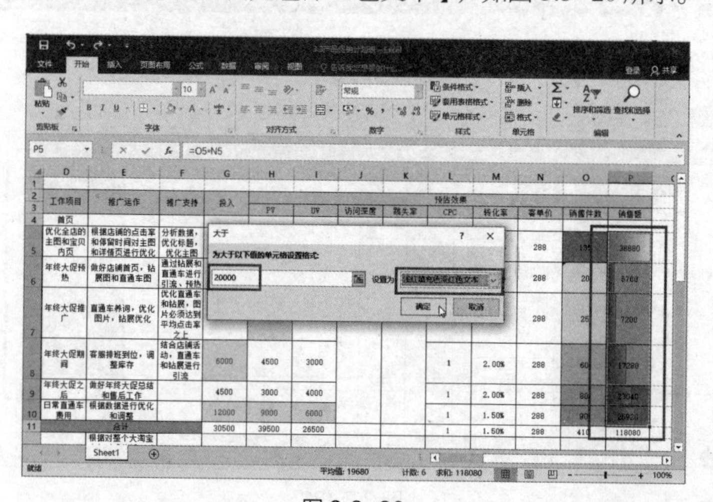


图 3.3-20

②单击【开始】选项卡下的【条件格式】下拉按钮，选择【管理规则】选项，弹出【条件格式规则管理器】对话框，勾选刚才添加的条件格式，将其优先级调至最高，然后勾选【如果为真则停止】复选框，然后单击【确定】按钮，如图 3.3-21 所示。

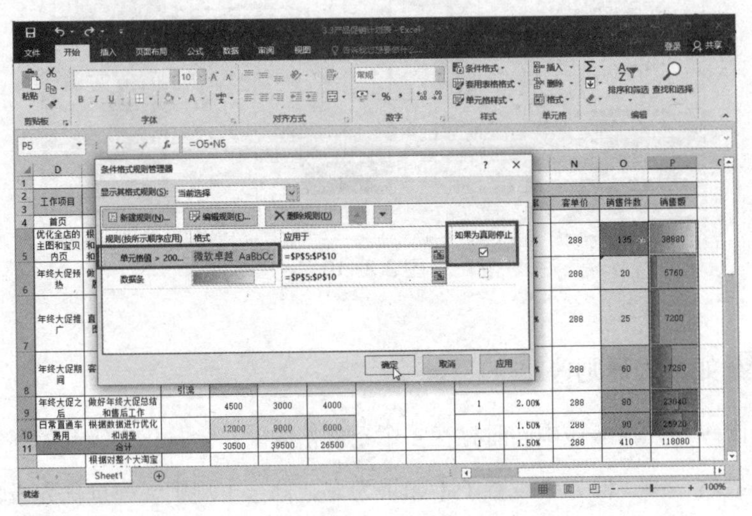


图 3.3-21

可以看到只有数值大于 20000 的单元格应用了刚才添加的条件格式，如图 3.3-22 所示。

P5 =O5*N5

| 内容 | 工作项目 | 推广运作 | 推广支持 | 投入 | 预估效果 | | | | | | | | |
|---|---|---|---|---|---|---|---|---|---|---|---|---|---|
| | | | | | PV | UV | 访问深度 | 跳失率 | CPC | 转化率 | 客单价 | 销售件数 | 销售额 |
| 年终大促规划 | 首页 | | | | | | | | | | | | |
| | 优化全店的主图和宝贝内页 | 根据店铺的点击率和停留时间对主图和详情页进行优化 | 分析数据，优化标题，优化主图 | 1000 | 13500 | 9000 | 1.5 | <78 | 1 | 1.50% | 288 | 135 | 38880 |
| | 年终大促预热 | 做好店铺首页，钻展图和直通车图 | 通过钻展和直通车进行引流、预热 | 4000 | 3000 | 2000 | | | 1 | 1.00% | 288 | 20 | 5760 |
| | 年终大促推广 | 直通车养词，优化图片，钻展优化 | 优化直通车和钻展，图片必须达到平均点击率之上 | 3000 | 6500 | 2500 | | | 1 | 1.00% | 288 | 25 | 7200 |
| | 年终大促期间 | 客服排班到位，调整库存 | 结合店铺活动，直通车和钻展进行引流 | 6000 | 4500 | 3000 | | | 1 | 2.00% | 288 | 60 | 17280 |
| | 年终大促之后 | 做好年终大促总结和售后工作 | | 4500 | 3000 | 4000 | | | 1 | 2.00% | 288 | 80 | 23040 |
| | 日常直通车费用 | 根据数据进行优化和调整 | | 12000 | 9000 | 6000 | | | 1 | 1.50% | 288 | 90 | 25920 |
| | 合计 | | | 30500 | 39500 | 26500 | | | 1 | 1.50% | 288 | 410 | 118080 |
| | 拍摄前期 | 根据对整个大淘宝竞争对手分析，对店铺风格进行定位和分析，提前做好 | | 4500 | | | | | | | | | |

图 3.3-22

## 3.4 快速使用打印功能——以“消费者意见调查表”为例

在使用 Excel 工作时，为了使表格更加出彩，学会设置打印功能也尤为重要，本节将对设置工作表的页眉和页脚、将标题行置顶、打印部分数据、在打印时忽略错误值以及一次打印多个工作表等进行详细讲解，帮助大家快速了解与学会 Excel 中的打印功能。

### 3.4.1 设置工作表的页眉和页脚

当打印多页资料时，建议在表格中添加页眉和页脚。页眉的作用在于显示每一页顶部的信息，通常是表格的名称等；页脚则是用来显示每一页底部的信息，通常是页数和打印时间等。

①打开 Excel 工作表，单击【插入】选项卡下的【文本】下拉按钮，在下拉菜单中选择【页眉和页脚】按钮，如图 3.4−1 所示。

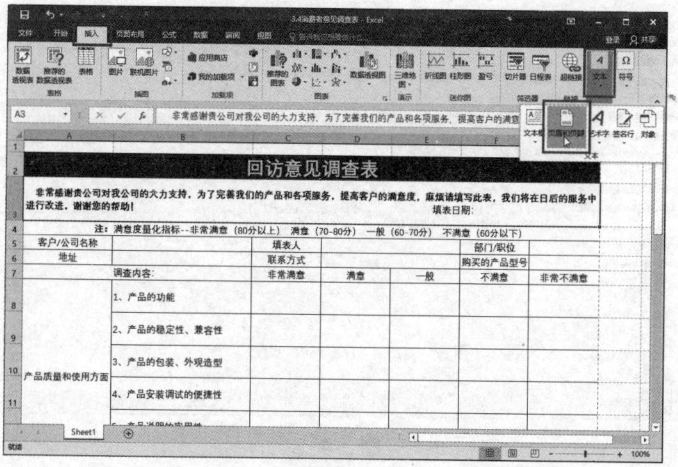

图 3.4−1

②进入页眉、页脚的编辑状态，在页眉编辑框中输入文本，然后单击【设计】选项卡下的【转至页脚】按钮，如图 3.4–2 所示。

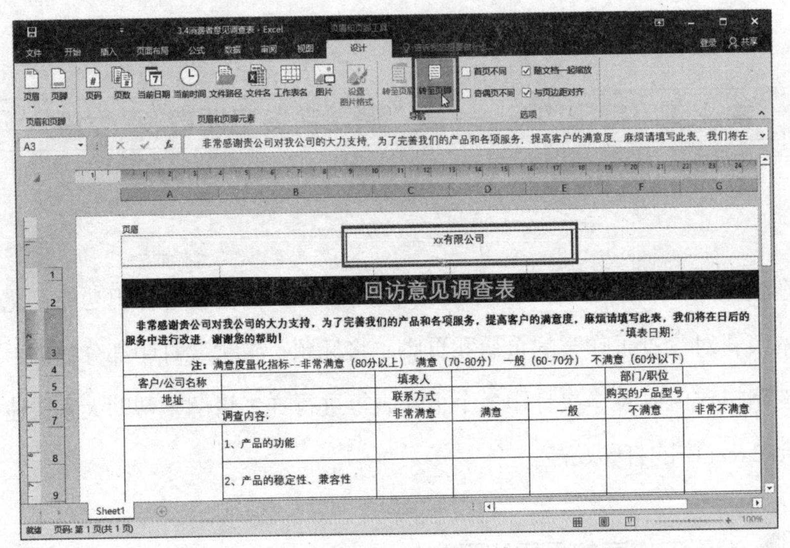


图 3.4–2

③切换到页脚编辑区，单击【设计】选项卡下的【页脚】下拉按钮，在弹出的列表中选择一种页脚样式，如图 3.4–3 所示。

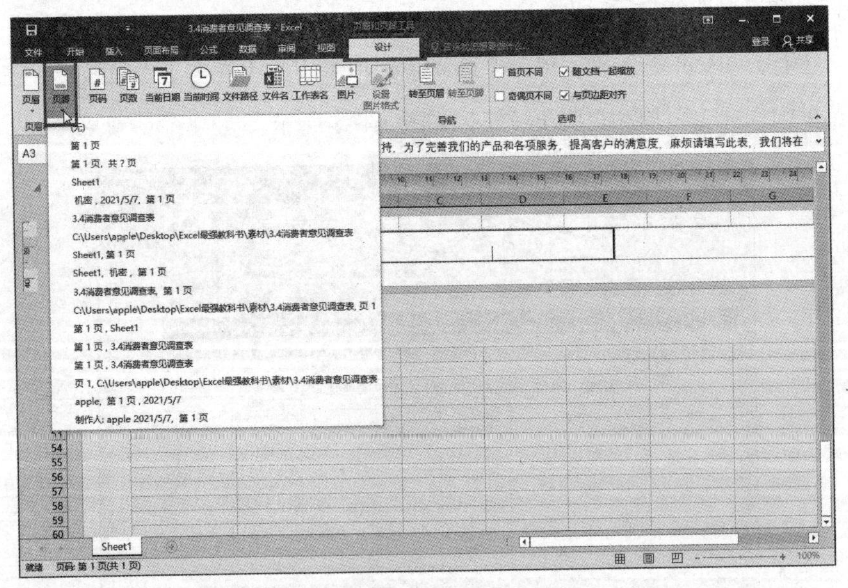


图 3.4–3

④完成页眉、页脚的编辑后，单击任意单元格即可退出编辑状态。选择【视图】选项卡，单击【页面布局】按钮，即可查看页眉、页脚的状态，如图 3.4-4 所示。

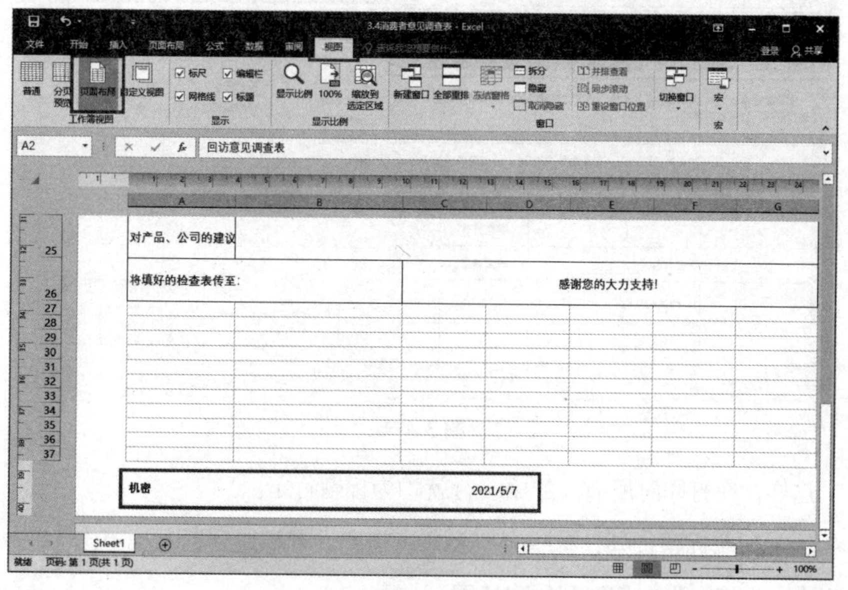


图 3.4-4

## 3.4.2 将标题行置顶

打印大型或内容较多的表格时，为了使每一页的内容清晰明了，建议大家将每一页的第一行设置成标题行，这样就算跨页也可以确保表格的易懂性。

打开 Excel 工作表，单击【页面布局】选项卡下的【打印标题】按钮，在【页面设置】对话框中选择【工作表】选项卡，在【顶端标题行】文本框中指定表中标题行的位置，然后单击【确定】按钮，如图 3.4-5 所示。

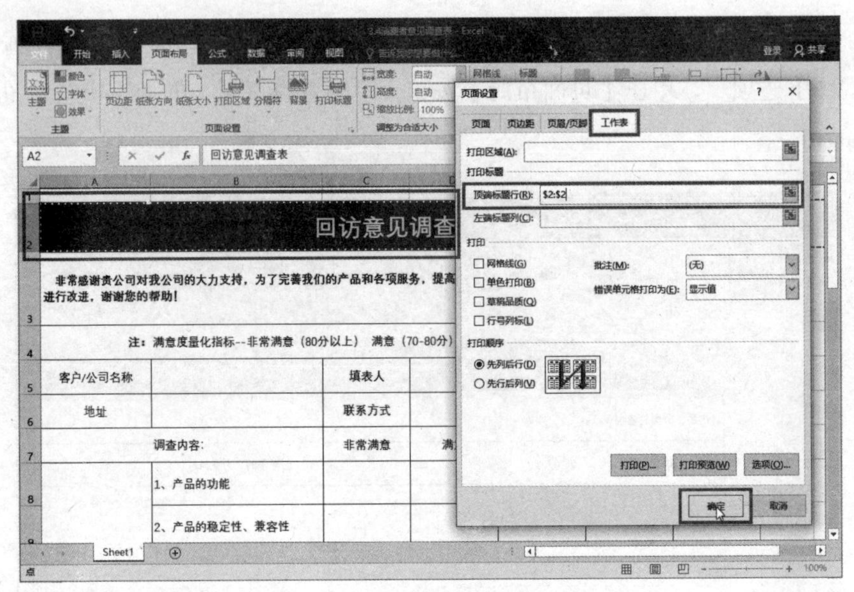

图 3.4-5

这样，在打印时所有页的第一行就均为标题行了。

除了顶端标题行外，有些大型表格还需要设置标题列，光标单击【左端标题列】文本框，指定标题列的列标即可。

## 3.4.3 打印部分数据

若不提前设置打印范围，则默认打印工作表所有单元格，所以出现仅需打印部分表格的情况时，需要对打印范围进行设置。

打开 Excel 工作表，选择要打印的目标单元格区域，单击【页面布局】选项卡下的【打印区域】下拉按钮，选择【设置打印区域】，如图 3.4-6 所示。

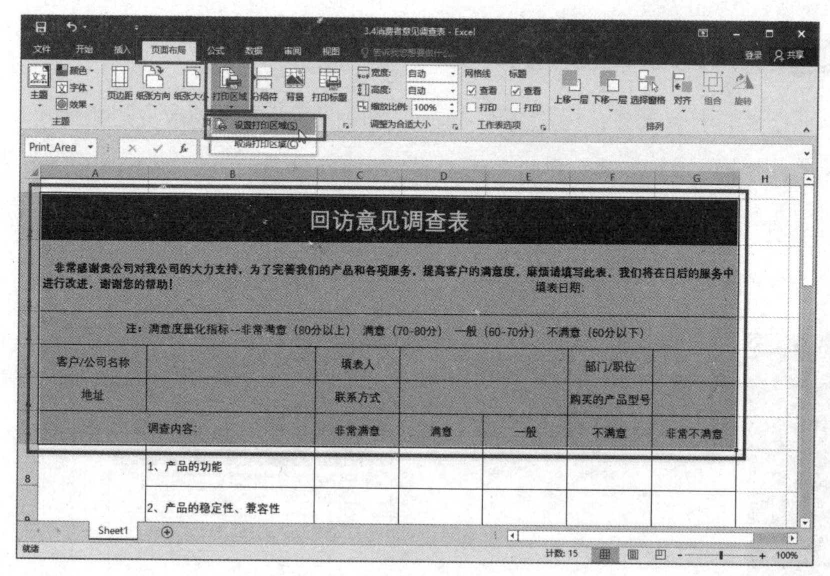


图 3.4-6

设置好打印范围后，所选单元格周围会出现浅色的线，如果想取消这些线，单击【文件】，选择【选项】，在【Excel 选项】对话框中选择【高级】选项，在【此工作表的显示选项】中指定对象工作表，取消勾选【显示分页符】选项，单击【确定】按钮即可，如图 3.4-7 所示。

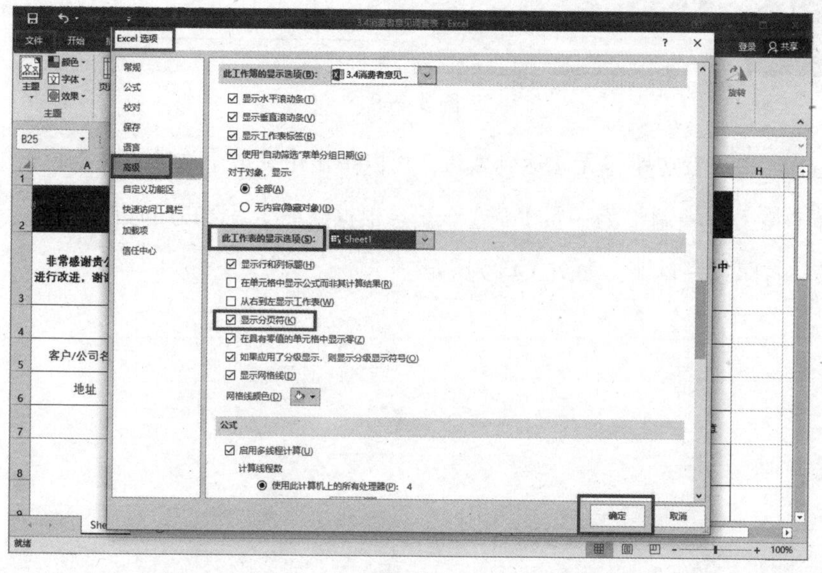


图 3.4-7

## 3.4.4 利用边距和缩放调整比例

工作表的内容太多，无法打印在一页上时，可以先考虑改变边距大小。

①打开 Excel 工作表，利用【Ctrl+P】组合快捷键打开打印页面，单击【边距】选项，在下拉菜单中可以选择【窄】选项，也可以选择【自定义边距】，如图 3.4-8 所示。

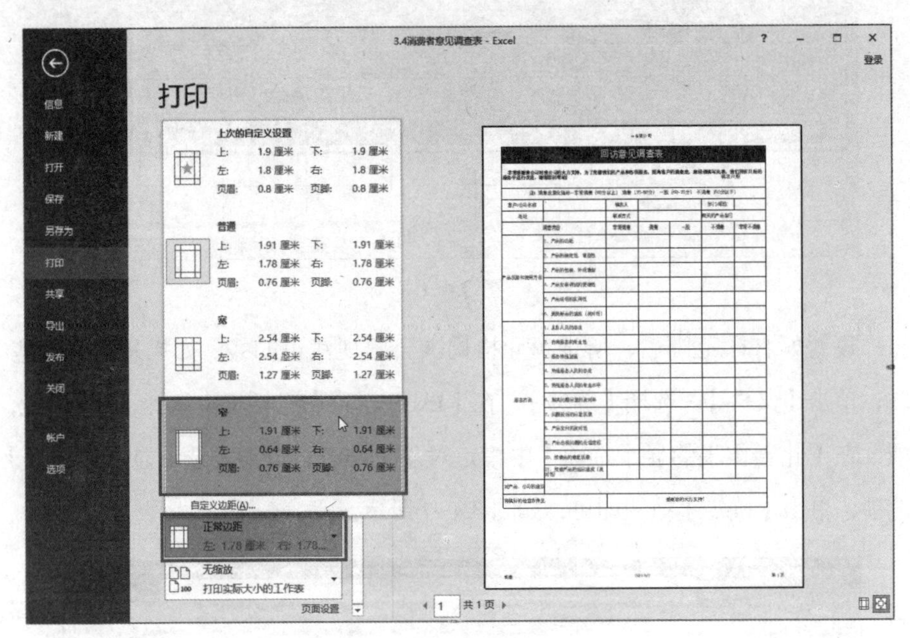


图 3.4-8

②如果改变边距也无法达到效果，可以单击【缩放】选项，在下拉菜单中选择【将工作表调整为一页】，这样就会根据纸张大小和方向自动调节比例，使表格打印在一页上，如图 3.4-9 所示。

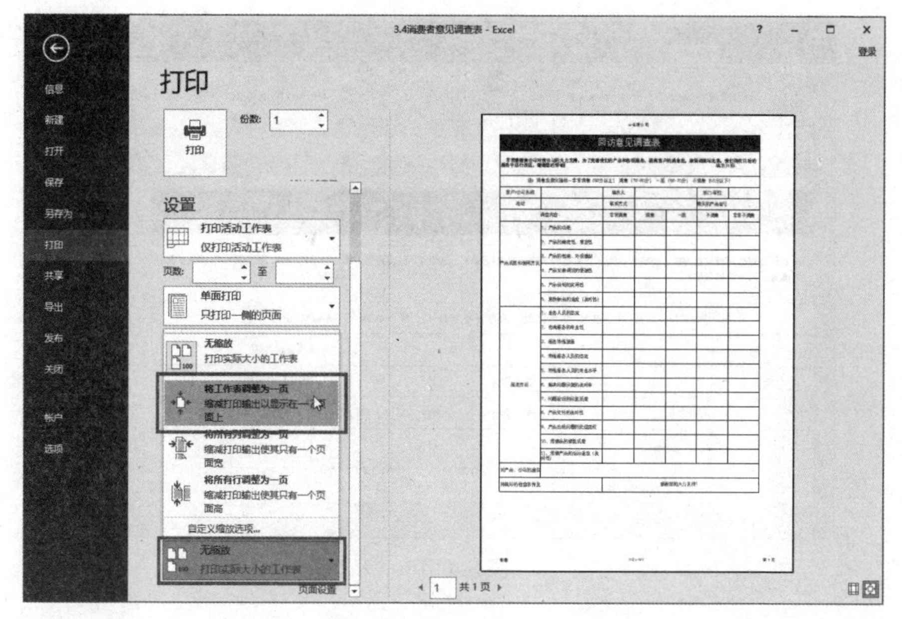


图 3.4-9

需要注意的是，工作表被缩放后，文本内容与数据也会相应缩小，所以大家一定要根据具体情况调整缩放比例。

## 3.4.5 在打印时忽略错误值

在表格中使用公式计算时，常常会发生数据空缺或数据不全等原因导致的错误值，所以，我们在打印时要避免打印错误值。

①打开 Excel 工作表，选择【页面布局】选项卡，单击【页面设置】组中右下角的扩展按钮，如图 3.4-10 所示。

②弹出【页面设置】对话框，选择【工作表】选项卡，在【错误单元格打印为】下拉列表中选择【空白】选项，然后单击【确定】按钮即可，如图 3.4-11 所示。

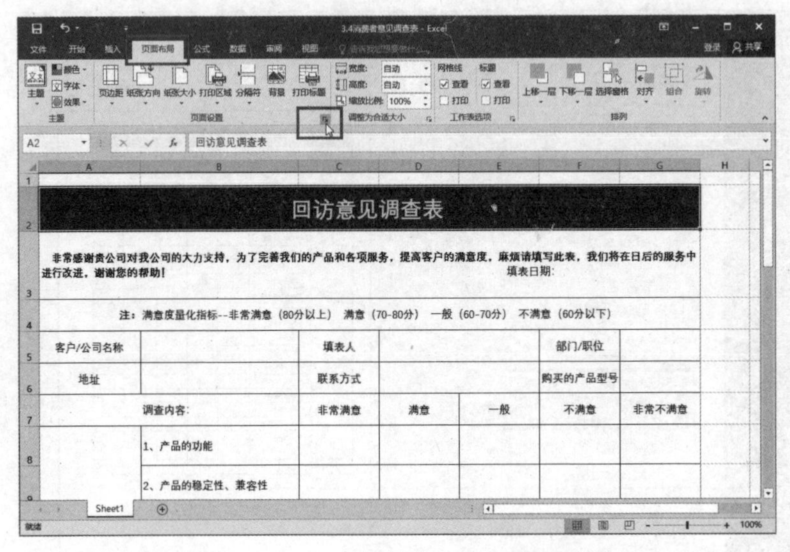


图 3.4-10

图 3.4-11

## 3.4.6 一次打印多个工作表

当制作多个工作表时，逐一打印太麻烦，可以同时打印多个表格，前提是事先设置好每个表的打印参数。

要打印多个工作表，先选择要打印的工作表。首先，打开 Excel 工作表，选择第一个要打印的表格，然后按【Ctrl】键并单击下方选择其他工作表，选择后按组合快捷键【Ctrl+P】，打印即可，如图 3.4–12 所示。

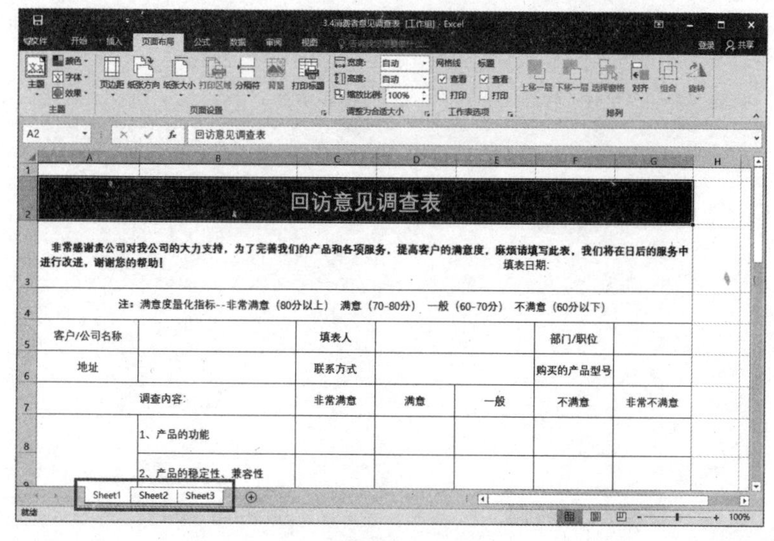


图 3.4–12

想要打印工作簿内的全部表格，不用逐个选择工作表，按组合快捷键【Ctrl+P】打开打印页面，将【设置】中的打印对象设置为【打印整个工作簿】，这时，纸张大小等各个打印参数会自动显示，如图 3.4–13 所示。

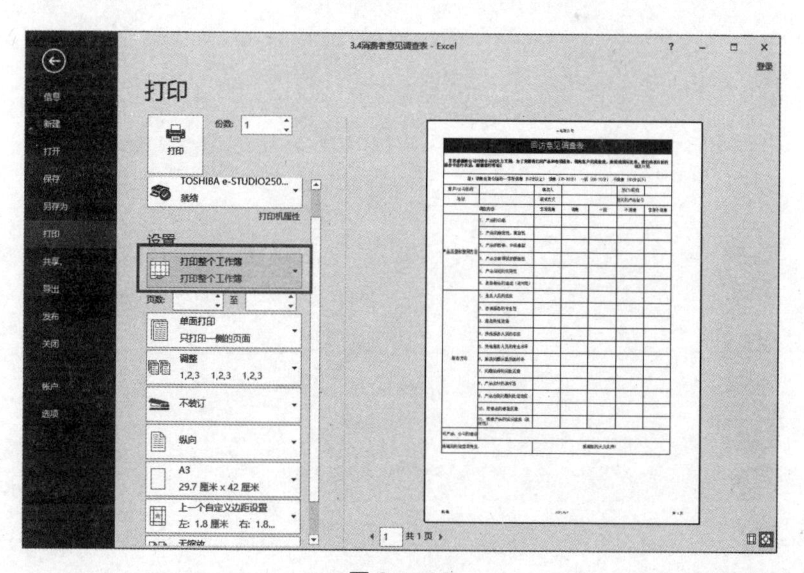


图 3.4–13

# 第4章

# 常用函数技巧与常见函数错误

Excel给使用者提供了不同种类的函数，我们在进行数据计算以及处理大量数据时，可通过函数来实现快速、正确的处理，从而达到比人工计算更快、更准确的效果。

但在工作中我们会遇到不同的工作情况和工作要求，只掌握一类或者常用的几个函数是远远不够的，很多使用者在使用函数时遇到错误不知道该如何处理，所以接下来我们会从函数的输入与使用、数学函数、统计函数、时间函数和常见的函数错误对函数的使用进行详细讲解，从而让大家能够更灵活地运用Excel中的函数处理工作中的数据问题。

## 4.1 函数的输入与使用——以“年度营业额统计表”为例

学习函数的第一步就是要了解什么是函数。Excel 中的函数是系统出厂预先设定的计算公式，能帮助使用者轻松完成对数据的计算和处理，提高工作效率，节省工作时间。然而怎样输入函数呢？直接在单元格中输入函数和在函数库中查找函数并使用是最常见的两种方式。除此之外，还有通过 Excel 中的提示功能输入所需函数，以及通过插入函数对话框插入函数等多种输入函数的方式。下面我们通过在单元格中输入函数和通过函数库输入函数的方法学习函数的输入方法和使用。

### 4.1.1 在单元格中输入函数

一个完整的函数公式是以“=”开头的表达式，包含函数名称和函数参数。如果在计算时知道需要用的函数公式，就可以在工作表中直接输入函数公式进行计算。这也是最方便、最常用的输入方式。

①打开 Excel 工作表，单击选中要计算的单元格首格，这里以 D2 为例，我们在 D2 单元格这里需要计算 B2 和 C2 的乘积，如果事先知道计算乘积的函数公式，就可以直接在编辑栏中输入函数公式“=PRODUCT（B2：C2）”，如图 4.1–1 所示。

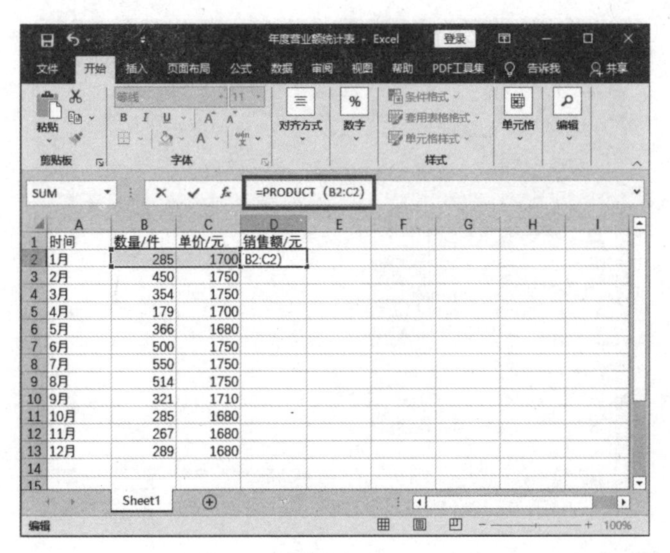



| | A | B | C | D |
|---|---|---|---|---|
| 1 | 时间 | 数量/件 | 单价/元 | 销售额/元 |
| 2 | 1月 | 285 | 1700 | B2:C2) |
| 3 | 2月 | 450 | 1750 | |
| 4 | 3月 | 354 | 1750 | |
| 5 | 4月 | 179 | 1700 | |
| 6 | 5月 | 366 | 1680 | |
| 7 | 6月 | 500 | 1750 | |
| 8 | 7月 | 550 | 1750 | |
| 9 | 8月 | 514 | 1750 | |
| 10 | 9月 | 321 | 1710 | |
| 11 | 10月 | 285 | 1680 | |
| 12 | 11月 | 267 | 1680 | |
| 13 | 12月 | 289 | 1680 | |

图 4.1-1

②输入完成后，单击【Enter】键，乘积结果就会自动显示在D2单元格中，如图 4.1-2 所示。

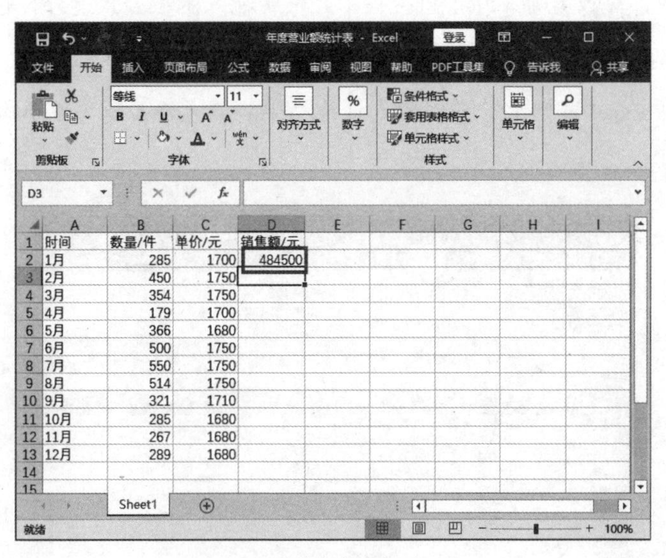



| | A | B | C | D |
|---|---|---|---|---|
| 1 | 时间 | 数量/件 | 单价/元 | 销售额/元 |
| 2 | 1月 | 285 | 1700 | 484500 |
| 3 | 2月 | 450 | 1750 | |
| 4 | 3月 | 354 | 1750 | |
| 5 | 4月 | 179 | 1700 | |
| 6 | 5月 | 366 | 1680 | |
| 7 | 6月 | 500 | 1750 | |
| 8 | 7月 | 550 | 1750 | |
| 9 | 8月 | 514 | 1750 | |
| 10 | 9月 | 321 | 1710 | |
| 11 | 10月 | 285 | 1680 | |
| 12 | 11月 | 267 | 1680 | |
| 13 | 12月 | 289 | 1680 | |

图 4.1-2

③利用 Excel 的下拉自动复制功能向下拉取单元格，其他数据要求的乘积结果就会自动出现，如图 4.1-3 所示。

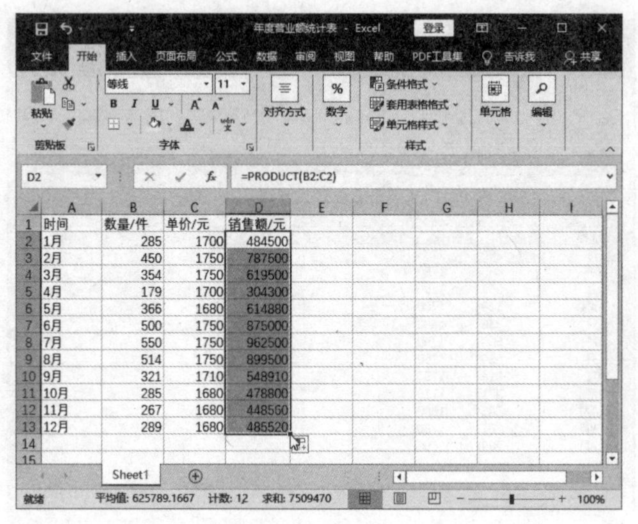


| | A | B | C | D |
|---|---|---|---|---|
| 1 | 时间 | 数量/件 | 单价/元 | 销售额/元 |
| 2 | 1月 | 285 | 1700 | 484500 |
| 3 | 2月 | 450 | 1750 | 787500 |
| 4 | 3月 | 354 | 1750 | 619500 |
| 5 | 4月 | 179 | 1700 | 304300 |
| 6 | 5月 | 366 | 1680 | 614880 |
| 7 | 6月 | 500 | 1750 | 875000 |
| 8 | 7月 | 550 | 1750 | 962500 |
| 9 | 8月 | 514 | 1750 | 899500 |
| 10 | 9月 | 321 | 1710 | 548910 |
| 11 | 10月 | 285 | 1680 | 478800 |
| 12 | 11月 | 267 | 1680 | 448560 |
| 13 | 12月 | 289 | 1680 | 485520 |

图 4.1-3

## 4.1.2 通过函数库输入函数

用函数计算数据时，除了直接在单元格中输入函数公式之外，也可以通过函数库输入函数。具体操作步骤如下。

①打开 Excel 表格，单击要输入计算结果的单元格，这里以 B14 为例，如图 4.1-4 所示。

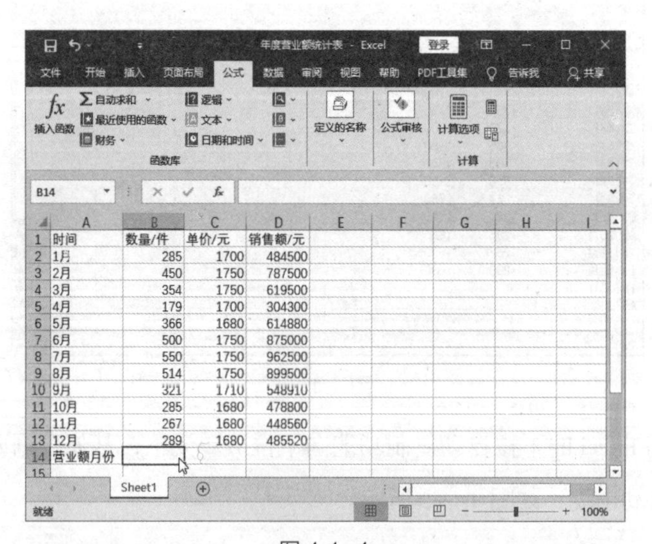


| | A | B | C | D |
|---|---|---|---|---|
| 1 | 时间 | 数量/件 | 单价/元 | 销售额/元 |
| 2 | 1月 | 285 | 1700 | 484500 |
| 3 | 2月 | 450 | 1750 | 787500 |
| 4 | 3月 | 354 | 1750 | 619500 |
| 5 | 4月 | 179 | 1700 | 304300 |
| 6 | 5月 | 366 | 1680 | 614880 |
| 7 | 6月 | 500 | 1750 | 875000 |
| 8 | 7月 | 550 | 1750 | 962500 |
| 9 | 8月 | 514 | 1750 | 899500 |
| 10 | 9月 | 321 | 1710 | 548910 |
| 11 | 10月 | 285 | 1680 | 478800 |
| 12 | 11月 | 267 | 1680 | 448560 |
| 13 | 12月 | 289 | 1680 | 485520 |
| 14 | 营业额月份 | | | |

图 4.1-4

②单击【公式】选项卡下【函数库】组中的【其他函数】选项，图标为，选择【统计】，由于我们是要统计“营业额月份”，所以选择【COUNTA】函数，如图 4.1-5 所示。（常用函数的含义和使用方法在下一节中有详细介绍）

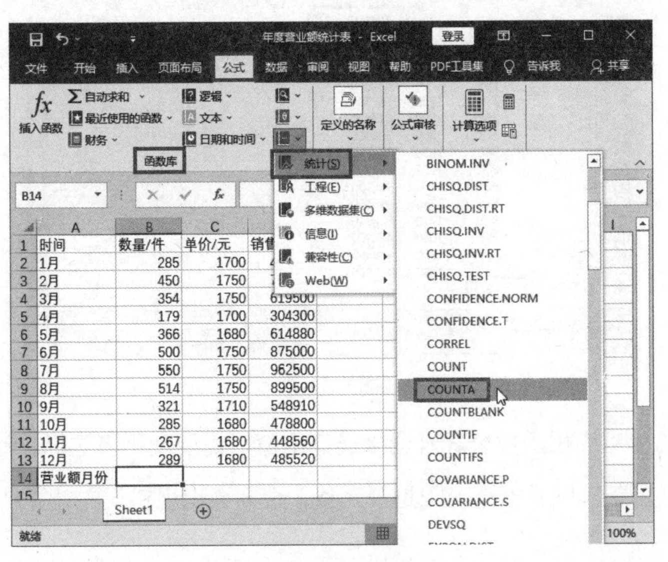


图 4.1-5

③在弹出的名为【函数参数】窗口中的【Value1】文本框内输入要计算的数据范围，这里以 B2 : B13 为例，输入后单击【确定】，如图 4.1-6 所示。

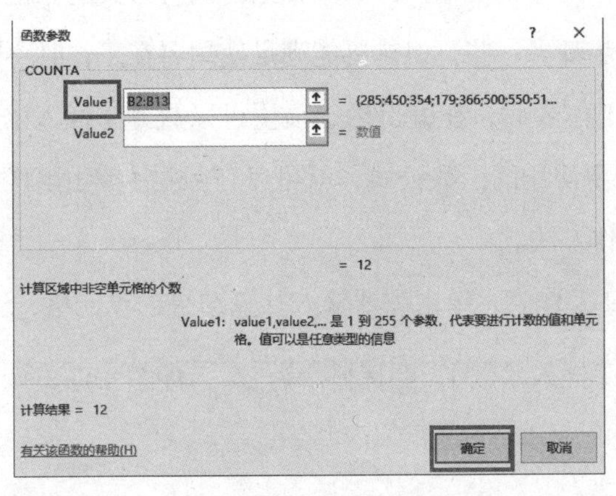


图 4.1-6

④返回 Excel 工作表中会发现选中的单元格 B14 已经出现了计算的数据，如图 4.1-7 所示。

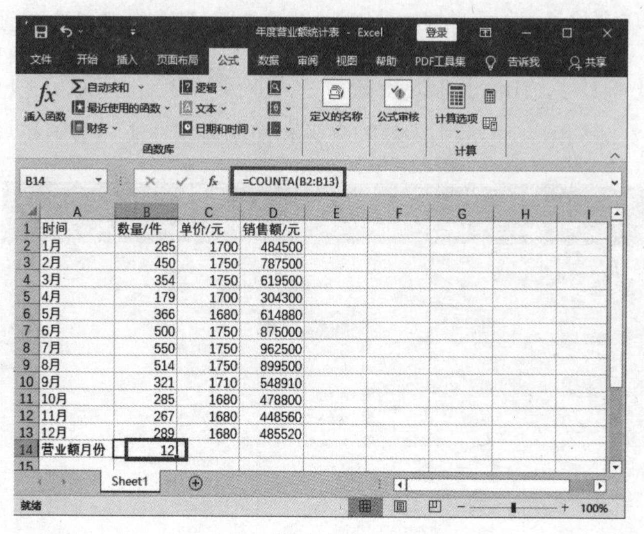


| | A | B | C | D |
|---|---|---|---|---|
| 1 | 时间 | 数量/件 | 单价/元 | 销售额/元 |
| 2 | 1月 | 285 | 1700 | 484500 |
| 3 | 2月 | 450 | 1750 | 787500 |
| 4 | 3月 | 354 | 1750 | 619500 |
| 5 | 4月 | 179 | 1700 | 304300 |
| 6 | 5月 | 366 | 1680 | 614880 |
| 7 | 6月 | 500 | 1750 | 875000 |
| 8 | 7月 | 550 | 1750 | 962500 |
| 9 | 8月 | 514 | 1750 | 899500 |
| 10 | 9月 | 321 | 1710 | 548910 |
| 11 | 10月 | 285 | 1680 | 478800 |
| 12 | 11月 | 267 | 1680 | 448560 |
| 13 | 12月 | 289 | 1680 | 485520 |
| 14 | 营业额月份 | 12 | | |

图 4.1–7

通过函数库应用函数公式时会接连弹出窗口需要使用者选择，注意选择的函数公式是否正确以及框选范围是否完整，否则会出现错误的计算结果。

## 4.1.3 通过插入对话框输入函数

除了直接在单元格中输入函数公式、通过函数库输入函数之外，还有一种方式就是通过插入对话框输入函数。相比前两种方式的方便快捷，插入对话框输入函数虽然步骤多一些，但是更能满足使用者在工作时不同情况的计算需求。打开 Excel 工作表后，在编辑栏选项里可以找到【插入函数】，在弹出的对话框中选择需要使用的函数公式，就可以在数据上应用函数公式进行计算，下面是具体的操作方法。

①打开 Excel 工作表，单击需要输入计算结果的单元格，这里以 D2 为例，在编辑栏中单击【插入函数】，图标显示为 *fx* ，如图 4.1–8 所示。

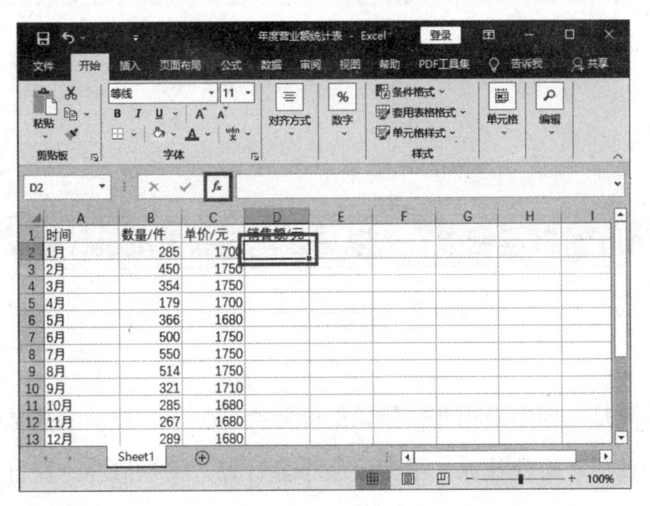

图 4.1-8

②在弹出的对话框中，在【或选择类别】选项中选择【数学与三角函数】，在【选择函数】列表框中选择需要用到的函数公式，这里以 PRODUCT 函数为例，选中 PRODUCT 函数之后单击【确定】按钮使函数公式生效，如图 4.1-9 所示。

③弹出【函数参数】窗口，在【Number1】文本框中设置要计算的数据，设置后单击【确定】按钮，如图 4.1-10 所示。

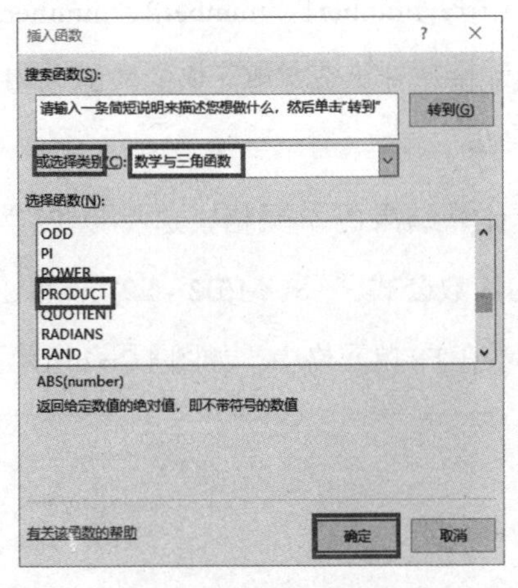

图 4.1-9

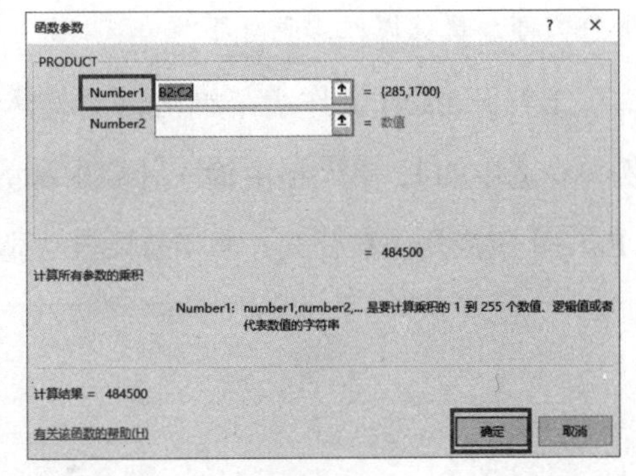

图 4.1-10

④返回到工作表中，数据的计算结果就会出现在单元格里了。

## 4.2 深入了解数学函数——以“去年销售情况统计表”为例

数学函数是工作中使用非常频繁的函数类型之一，复杂的数学函数囊括了数据的求和计算、乘除计算、最大值最小值计算、平均值等。在日常工作中最常用的包括求和的SUM函数、计算乘积的PRODUCT函数、计算最大值的MAX等，我们不仅要了解这些函数的作用，还要学会使用函数。数学函数能够帮助我们处理和计算数据，提高工作效率。接下来就让我们一起学习一下数学函数吧！

### 4.2.1 SUM函数：指定区域求和

Excel函数中的SUM函数是使用非常频繁的函数。SUM函数的公式为“SUM（number1,number2,number3,...）”，其中，number1、number2、number3等为1—255的255个参数。使用SUM函数能快速计算选定单元格的数据之和，十分方便。具体操作步骤如下。

①打开Excel工作表，单击需要输入计算结果的单元格，这里以F2为例，在选中的F2单元格中输入计算求和的函数公式“=SUM(B2：E2)”，单击【Enter】键应用函数公式，求和结果自动显示在F2单元格中，如图4.2−1所示。

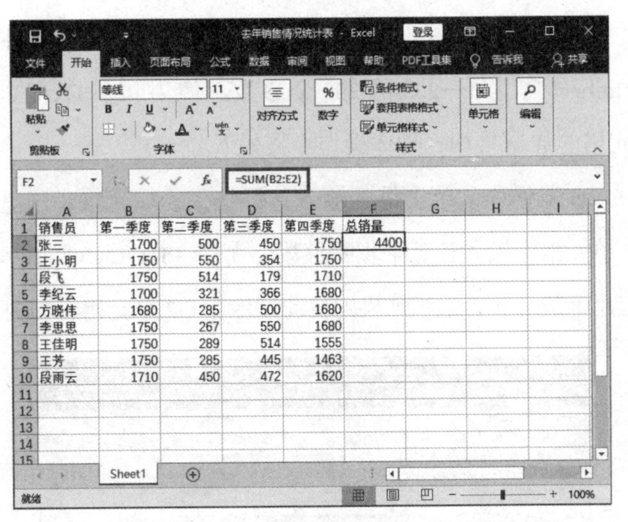

| 销售员 | 第一季度 | 第二季度 | 第三季度 | 第四季度 | 总销量 |
|---|---|---|---|---|---|
| 张三 | 1700 | 500 | 450 | 1750 | 4400 |
| 王小明 | 1750 | 550 | 354 | 1750 | |
| 段飞 | 1750 | 514 | 179 | 1710 | |
| 李纪云 | 1700 | 321 | 366 | 1680 | |
| 方晓伟 | 1680 | 285 | 500 | 1680 | |
| 李思思 | 1750 | 267 | 550 | 1680 | |
| 王佳明 | 1750 | 289 | 514 | 1555 | |
| 王芳 | 1750 | 285 | 445 | 1463 | |
| 段雨云 | 1710 | 450 | 472 | 1620 | |

图 4.2-1

②利用 Excel 的下拉自动复制功能向下拉取单元格，其他数据要求的求和结果会自动出现，如图 4.2-2 所示。

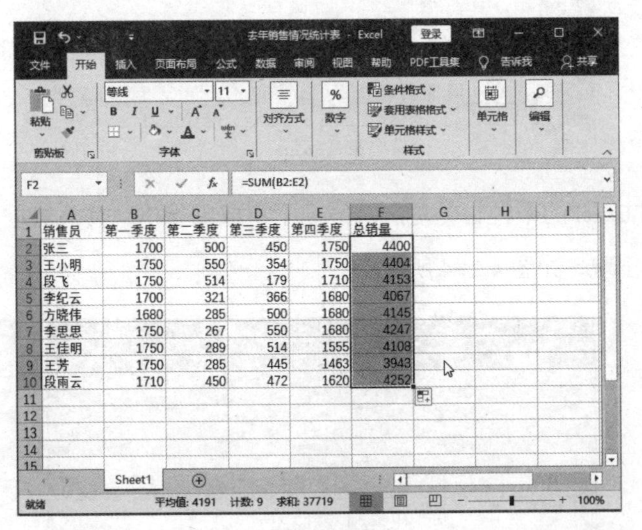

| 销售员 | 第一季度 | 第二季度 | 第三季度 | 第四季度 | 总销量 |
|---|---|---|---|---|---|
| 张三 | 1700 | 500 | 450 | 1750 | 4400 |
| 王小明 | 1750 | 550 | 354 | 1750 | 4404 |
| 段飞 | 1750 | 514 | 179 | 1710 | 4153 |
| 李纪云 | 1700 | 321 | 366 | 1680 | 4067 |
| 方晓伟 | 1680 | 285 | 500 | 1680 | 4145 |
| 李思思 | 1750 | 267 | 550 | 1680 | 4247 |
| 王佳明 | 1750 | 289 | 514 | 1555 | 4108 |
| 王芳 | 1750 | 285 | 445 | 1463 | 3943 |
| 段雨云 | 1710 | 450 | 472 | 1620 | 4252 |

图 4.2-2

## 4.2.2 使用 PRODUCT 函数计算乘积

与 SUM 函数的理念相似，PRODUCT 函数同样也是使用非常频繁的函数。PRODUCT 函数负责快速计算选定单元格的数据的乘积。PRODUCT 函数的公式为“PRODUCT（number1,number2,number3,...）”，其中，number1、number2、number3 等为 1—255 的 255 个参数。使用 PRODUCT 函数能快速计算选定单元格的数据乘积。具体操作步骤如下。

①打开 Excel 工作表，单击需要输入计算结果的单元格，这里以 D2 为例，在选中的 D2 单元格中输入计算乘积的函数公式“=PRODUCT(B2：C2)”，单击【Enter】键应用函数公式，乘积结果则自动显示在 D2 单元格，如图 4.2-3 所示。

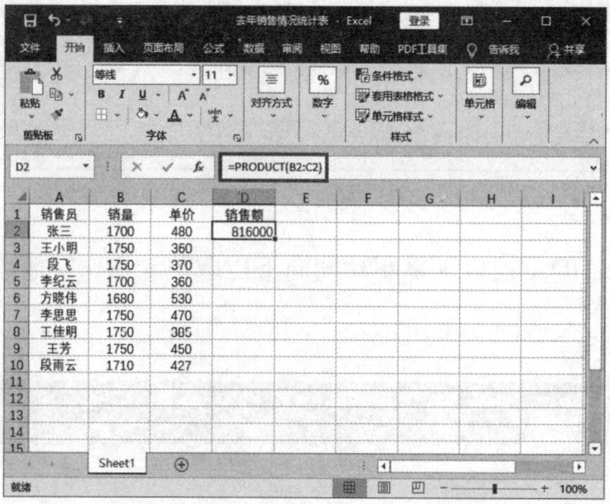

图 4.2-3

②利用 Excel 的下拉自动复制功能向下拉取单元格，其他数据要求的乘积结果会自动出现，如图 4.2-4 所示。

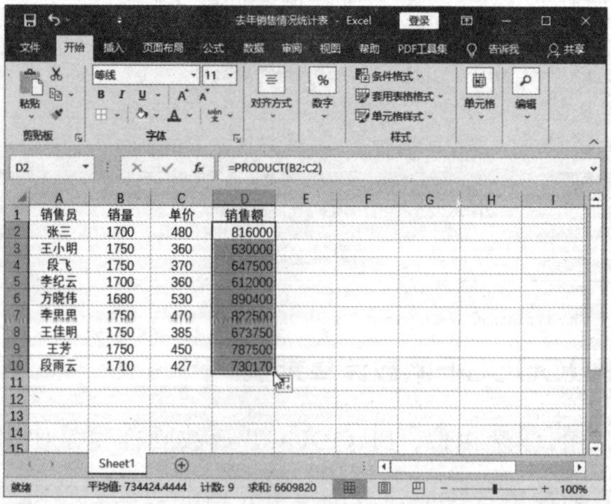

图 4.2-4

## 4.2.3 使用 MAX 函数计算最大值

如何在众多数据中快速找到最大值呢？这就需要用到 Excel 中的 MAX 函数了。MAX 函数的公式为“MAX（number1,number2,number3,...）”，其中，number1、number2、number3 等为 1—255 的 255 个参数。使用 MAX 函数能对数据进行快速比较从而找出最大值。具体操作步骤如下。

①打开 Excel 工作表，单击需要输入最大值结果的单元格，这里以 B11 为例，在选中的 B11 单元格中输入计算最大值的函数公式“=MAX(B2：B10)”，单击【Enter】键，最大值结果自动显示在 B11 单元格中，如图 4.2-5 所示。

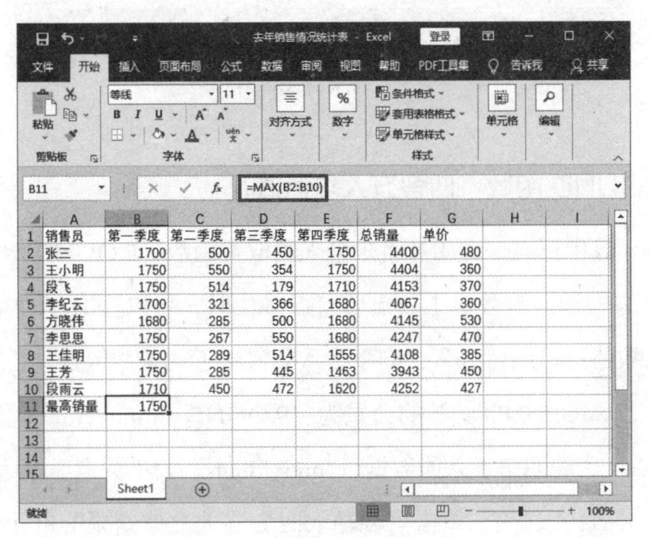

| | A | B | C | D | E | F | G |
|---|---|---|---|---|---|---|---|
| 1 | 销售员 | 第一季度 | 第二季度 | 第三季度 | 第四季度 | 总销量 | 单价 |
| 2 | 张三 | 1700 | 500 | 450 | 1750 | 4400 | 480 |
| 3 | 王小明 | 1750 | 550 | 354 | 1750 | 4404 | 360 |
| 4 | 段飞 | 1750 | 514 | 179 | 1710 | 4153 | 370 |
| 5 | 李纪云 | 1700 | 321 | 366 | 1680 | 4067 | 360 |
| 6 | 方晓伟 | 1680 | 285 | 500 | 1680 | 4145 | 530 |
| 7 | 李思思 | 1750 | 267 | 550 | 1680 | 4247 | 470 |
| 8 | 王佳明 | 1750 | 289 | 514 | 1555 | 4108 | 385 |
| 9 | 王芳 | 1750 | 285 | 445 | 1463 | 3943 | 450 |
| 10 | 段雨云 | 1710 | 450 | 472 | 1620 | 4252 | 427 |
| 11 | 最高销量 | 1750 | | | | | |



图 4.2-5

②利用 Excel 的自动填充功能向右拉取，其他数据最大值结果就会被自动填入单元格内，如图 4.2-6 所示。

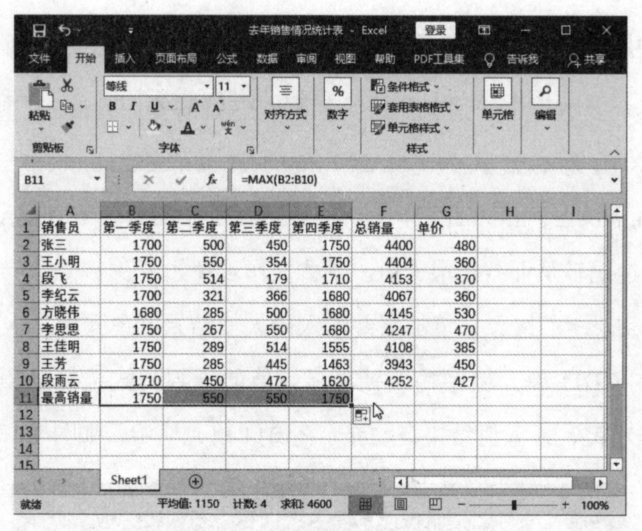


| | A | B | C | D | E | F | G | H | I |
|---|---|---|---|---|---|---|---|---|---|
| 1 | 销售员 | 第一季度 | 第二季度 | 第三季度 | 第四季度 | 总销量 | 单价 | | |
| 2 | 张三 | 1700 | 500 | 450 | 1750 | 4400 | 480 | | |
| 3 | 王小明 | 1750 | 550 | 354 | 1750 | 4404 | 360 | | |
| 4 | 段飞 | 1750 | 514 | 179 | 1710 | 4153 | 370 | | |
| 5 | 李纪云 | 1700 | 321 | 366 | 1680 | 4067 | 360 | | |
| 6 | 方晓伟 | 1680 | 285 | 500 | 1680 | 4145 | 530 | | |
| 7 | 李思思 | 1750 | 267 | 550 | 1680 | 4247 | 470 | | |
| 8 | 王佳明 | 1750 | 289 | 514 | 1555 | 4108 | 385 | | |
| 9 | 王芳 | 1750 | 285 | 445 | 1463 | 3943 | 450 | | |
| 10 | 段雨云 | 1710 | 450 | 472 | 1620 | 4252 | 427 | | |
| 11 | 最高销量 | 1750 | 550 | 550 | 1750 | | | | |
| 12 | | | | | | | | | |
| 13 | | | | | | | | | |
| 14 | | | | | | | | | |
| 15 | | | | | | | | | |

图 4.2-6

## 4.2.4 ROUND 函数：四舍五入求值法

在数值计算中还有一类函数就是舍入整取类函数，ROUND 函数是舍入整取类函数中的一种。当数值小数点后有很多位时，可以用 ROUND 函数对指定区域内的数值进行四舍五入，向下舍入到最接近的整数等操作，并按照工作要求保留小数。ROUND 函数的公式为“ROUND（number,num_digits）”，其中，“number”为要四舍五入的数据，“num_digits”为小数点后保留的位数。

①打开 Excel 工作表，单击需要输入四舍五入数值结果的单元格，这里以 B2 为例，在选中的 B2 单元格中输入舍入整取类的函数公式“=ROUND(A2,2)”，单击【Enter】键，四舍五入的结果自动显示在 B2 单元格中，如图 4.2-7 所示。

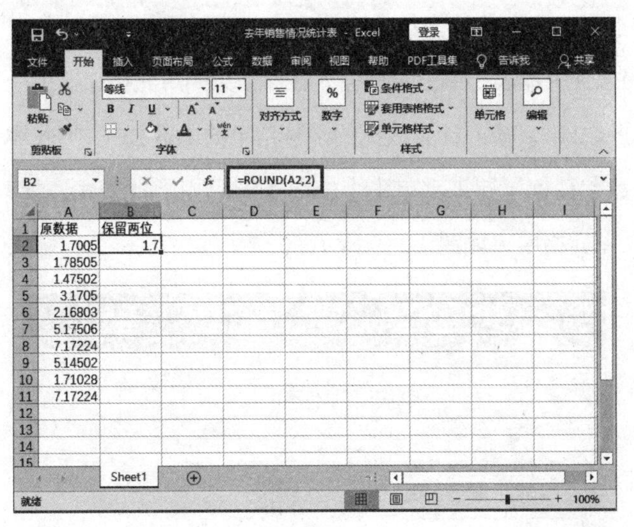


图 4.2-7

②利用 Excel 的自动填充功能向下拉取，其他数据四舍五入保留两位小数的结果会自动填入单元格内，如图 4.2-8 所示。

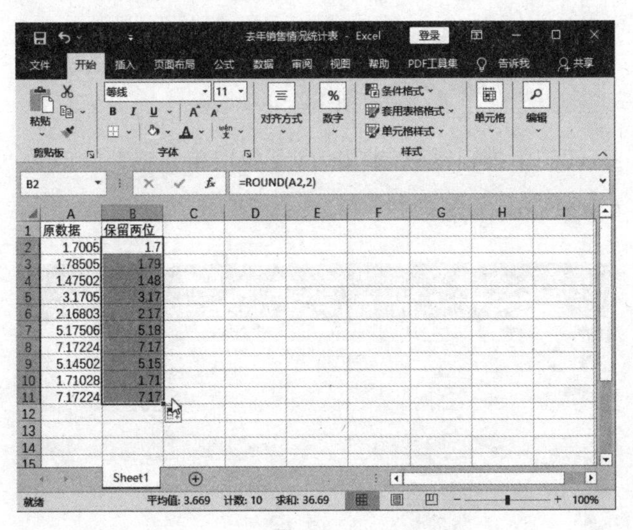


图 4.2-8

## 4.2.5 POWER 函数：计算数据的乘幂结果

在数值计算中，POWER 函数主要应用于计算指定单元格内数字的乘幂。POWER 函数的公式为“POWER（number,power）”，其中，“number”为底数，

“power”为指数，底数按该指数的次幂乘方进行计算。

①打开 Excel 工作表，单击需要输入计算结果的单元格，这里以 C2 为例，在选中的单元格 C2 中，输入计算数据的乘幂结果的函数公式“=POWER(A2,B2)”，需要计算的数字被框了起来，单击【Enter】键应用函数公式，乘幂结果就会自动显示在 C2 单元格中，如图 4.2-9 所示。

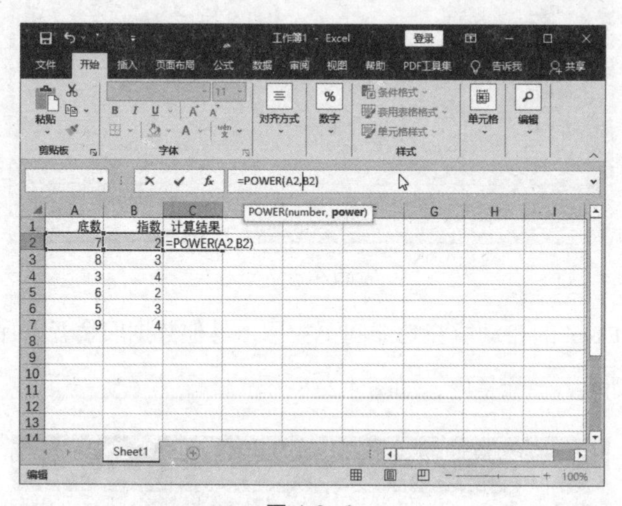


图 4.2-9

②利用 Excel 的下拉自动复制功能向下拉取单元格，其他数据的乘幂结果会自动出现，如图 4.2-10 所示。

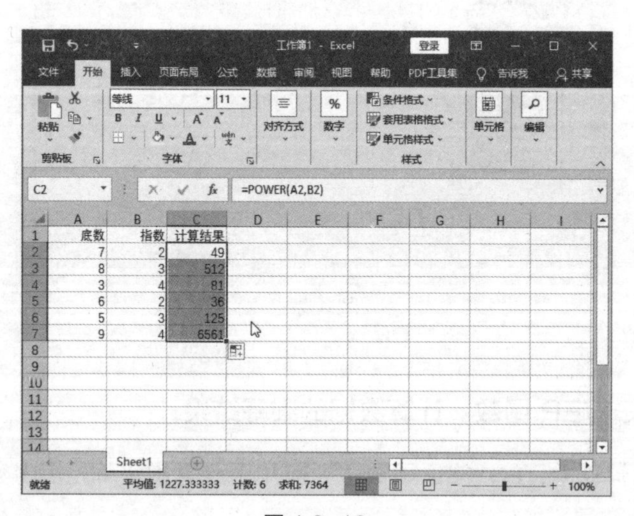


图 4.2-10

## 4.2.6 SIGN 函数：确定数据正负值符号

在数值计算中，SIGN 函数主要应用于确定指定单元格内数字的正负值符号。使用者在遇到数据问题时，比如数据是否达标、本月是盈利还是亏损等都可以通过 SIGN 函数进行计算。SIGN 函数的公式为“SIGN（number）”，在公式中“number”为需要计算的任意实数。

①打开 Excel 工作表，单击需要输入计算结果的单元格，这里以 E2 为例，在选中的 E2 单元格中，输入确定数据正负值符号的函数公式“=SIGN(D2)”，单击【Enter】键应用函数公式，结果会自动显示在 E2 单元格中，如图 4.2–11 所示。

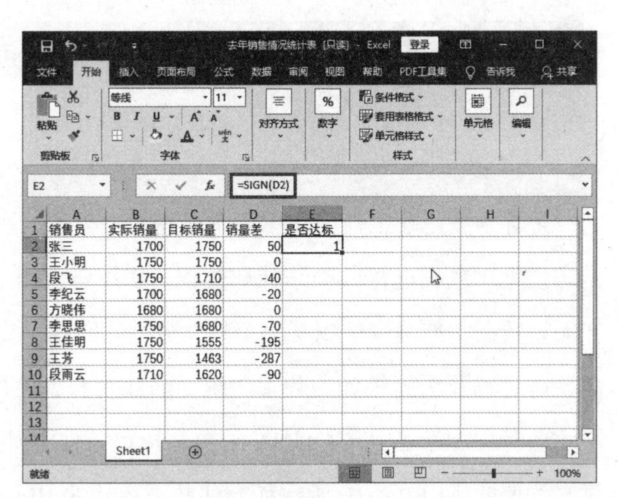


图 4.2–11

②利用 Excel 的下拉自动复制功能向下拉取单元格，其他数据要求的结果会自动出现，如图 4.2–12 所示。

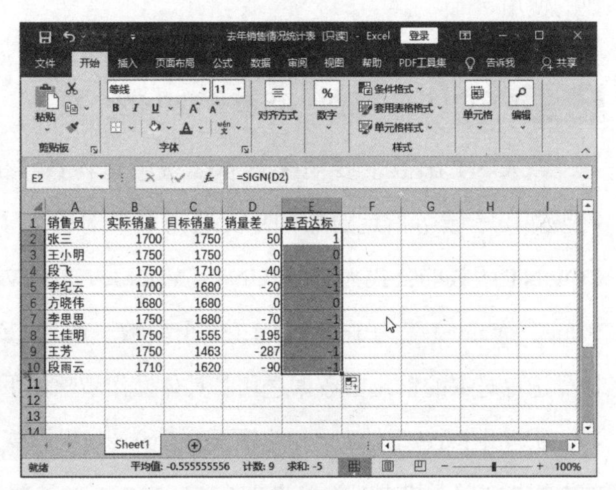


图 4.2–12

## 4.3 统计函数的使用方法——以“现有商品库存统计表”为例

统计函数是在工作中使用频率很高的一类函数。灵活运用统计函数能够非常方便地对数据进行分类统计和查找。使用者使用 Excel 处理数据会遇到需要在大量数据中准确定位到某一个具体数据的问题，或者计算数据表中的参数个数，这时就要用到统计函数了。统计函数有利于使用者快速处理数据的个数、平均值等。本节会从 COUNT 函数、特定条件下计数的 COUNTIF 函数、计算平均值的 AVERAGE 函数和方便数据查找的 VLOOKUP 函数来学习统计函数的使用。

### 4.3.1 COUNT 函数：巧查参数中的个数

COUNT 函数主要用来计算区域中包含数字的单元格个数，达到统计效果。在区域中指定对象的单元格总和，对输入了数值的单元格进行计数。COUNT 函数的公式为“COUNT ( Value1,Value2,Value3,... )”，其中，Value1、Value2、Value3 等为 1—255 的 255 个参数。通过 COUNT 函数的使用能快速计算选定对象的单元格数据之和。具体操作步骤如下。

①打开 Excel 工作表，单击需要输入统计结果的单元格，这里以 B14 为例，在选中的 B14 单元格中，输入统计函数 COUNT 的函数公式“=COUNT(A2：A13)”后，要统计的范围就被框了起来，如图 4.3-1 所示。

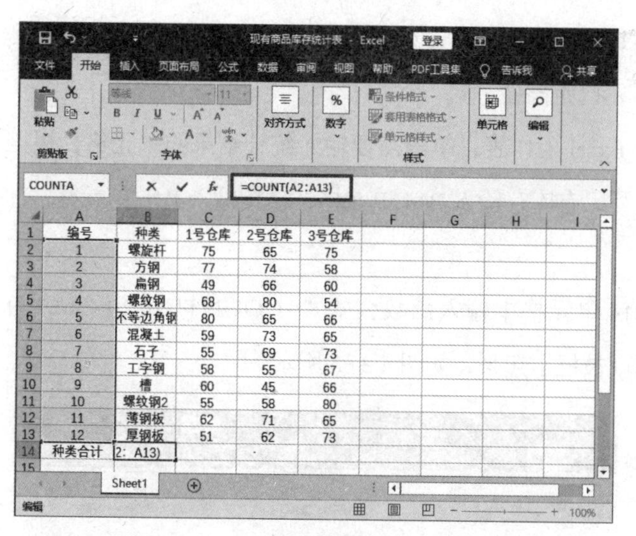


|  | A | B | C | D | E |
|---|---|---|---|---|---|
| 1 | 编号 | 种类 | 1号仓库 | 2号仓库 | 3号仓库 |
| 2 | 1 | 螺旋杆 | 75 | 65 | 75 |
| 3 | 2 | 方钢 | 77 | 74 | 58 |
| 4 | 3 | 扁钢 | 49 | 66 | 60 |
| 5 | 4 | 螺纹钢 | 68 | 80 | 54 |
| 6 | 5 | 不等边角钢 | 80 | 65 | 66 |
| 7 | 6 | 混凝土 | 59 | 73 | 65 |
| 8 | 7 | 石子 | 55 | 69 | 73 |
| 9 | 8 | 工字钢 | 58 | 55 | 67 |
| 10 | 9 | 槽 | 60 | 45 | 66 |
| 11 | 10 | 螺纹钢2 | 55 | 58 | 80 |
| 12 | 11 | 薄钢板 | 62 | 71 | 65 |
| 13 | 12 | 厚钢板 | 51 | 62 | 73 |
| 14 | 种类合计 | 2: A13) |  |  |  |

图 4.3–1

②单击【Enter】键应用函数公式，统计的结果会自动显示在 B14 单元格内，如图 4.3–2 所示。

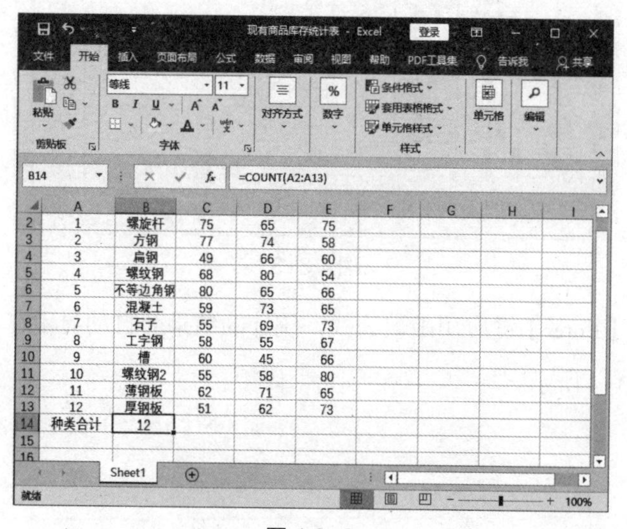


|  | A | B | C | D | E |
|---|---|---|---|---|---|
| 2 | 1 | 螺旋杆 | 75 | 65 | 75 |
| 3 | 2 | 方钢 | 77 | 74 | 58 |
| 4 | 3 | 扁钢 | 49 | 66 | 60 |
| 5 | 4 | 螺纹钢 | 68 | 80 | 54 |
| 6 | 5 | 不等边角钢 | 80 | 65 | 66 |
| 7 | 6 | 混凝土 | 59 | 73 | 65 |
| 8 | 7 | 石子 | 55 | 69 | 73 |
| 9 | 8 | 工字钢 | 58 | 55 | 67 |
| 10 | 9 | 槽 | 60 | 45 | 66 |
| 11 | 10 | 螺纹钢2 | 55 | 58 | 80 |
| 12 | 11 | 薄钢板 | 62 | 71 | 65 |
| 13 | 12 | 厚钢板 | 51 | 62 | 73 |
| 14 | 种类合计 | 12 |  |  |  |

图 4.3–2

## 4.3.2 COUNTIF 函数：特定条件下的计数

COUNTIF 函数负责统计固定区域中的单元格数量，对商品是否有库存、出席、缺席等这类限定种类的求值问题非常有用。COUNTIF 函数的公式为“COUNTIF(range,criteria)”，其中，“range”表示要统计的单元格范围，“criteria”表示已定条件。

①打开 Excel 工作表，单击需要输入统计结果的单元格，根据不同的库存情况进行填写，有库存输入 B14 单元格，缺货输入 B15 单元格，注意区分不要填错。

②在 B14 单元格中输入函数公式“=COUNTIF(C2：C13," 有 ")”后，要统计的范围就被框了起来，如图 4.3-3 所示。

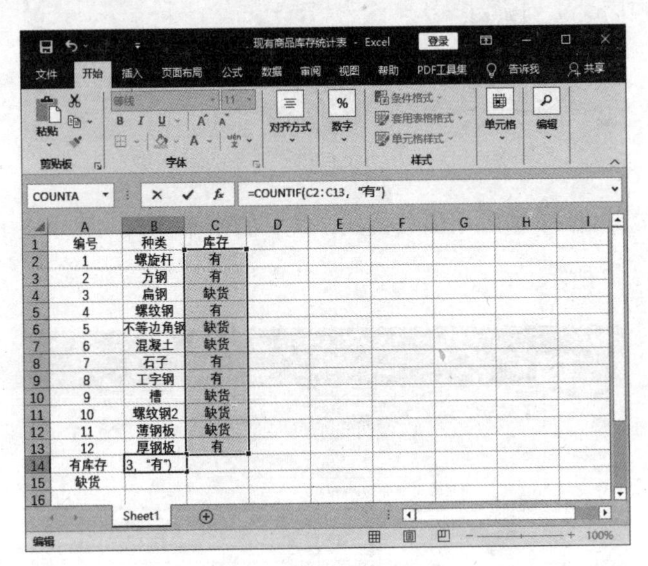


图 4.3-3

③单击【Enter】键应用函数公式，统计的结果会自动显示在 B14 单元格内，如图 4.3-4 所示。

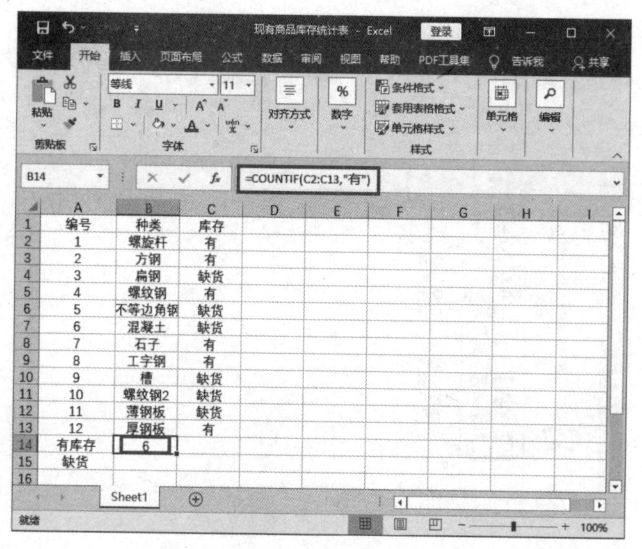


图 4.3-4

④以同样的操作方法进行函数公式的输入，在 B15 单元格中输入函数公式“=COUNTIF(C2：C13," 缺货 ")”，如图 4.3-5 所示。

图 4.3-5

⑤单击【Enter】键应用函数公式，统计的结果就自动显示在 B15 单元格内，如图 4.3-6 所示。

图 4.3-6

## 4.3.3 AVERAGE 函数：巧算平均值

AVERAGE 函数负责计算固定区域内数值的平均值。但是 AVERAGE 函数的使用前提是只能计算选定区域内有数值的单元格，不能计算空白单元格。AVERAGE 函数的公式为“AVERAGE（Value1,Value2,Value3,...）”，其中，Value1、Value2、Value3 等为需要计算平均值的 1—30 个数据。通过 AVERAGE 函数的使用能快速计算选定单元格的数据的平均值。

①打开 Excel 工作表，单击需要输入统计库存平均值结果的单元格，这里以 C14 为例，在选中的 C14 单元格中，输入 AVERAGE 函数公式“=AVERAGE(C2：C13)”后，要统计的范围就被框了起来，如图 4.3–7 所示。

图 4.3-7

②单击【Enter】键应用函数公式，平均值的结果会自动显示在 C14 单元格内，如图 4.3-8 所示。

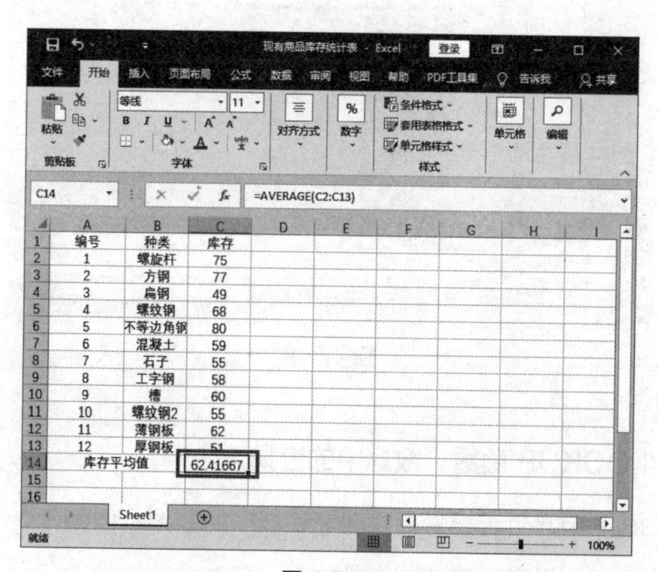


图 4.3-8

## 4.3.4 AVERAGEIF 函数：巧算给定条件下数值的平均值

AVERAGE 函数仅能满足在工作中需要计算的固定区域内数值的平均值。

但是有时候使用者需要处理给定条件下数值的平均值，这样应该如何计算呢？这就需要用到AVERAGEIF函数了。AVERAGEIF函数的公式为“AVERAGEIF(range,criteria,average_range)”，在公式中：“range”代表需要计算平均值的单元格范围；“criteria”表示给定的计算平均值的条件，可以是数字或者表达式等；而“average_range”指的是要计算平均数的单元格。具体操作步骤如下。

打开Excel工作表，在工作表中单击需要输入计算结果的单元格，这里以D12为例，在选中的D12单元格中，输入计算规定条件下数据的平均值的函数公式“=AVERAGEIF(D2：D10,">1700000")”，要统计的范围就被框了起来，单击【Enter】键应用函数公式即可，如图4.3-9所示。

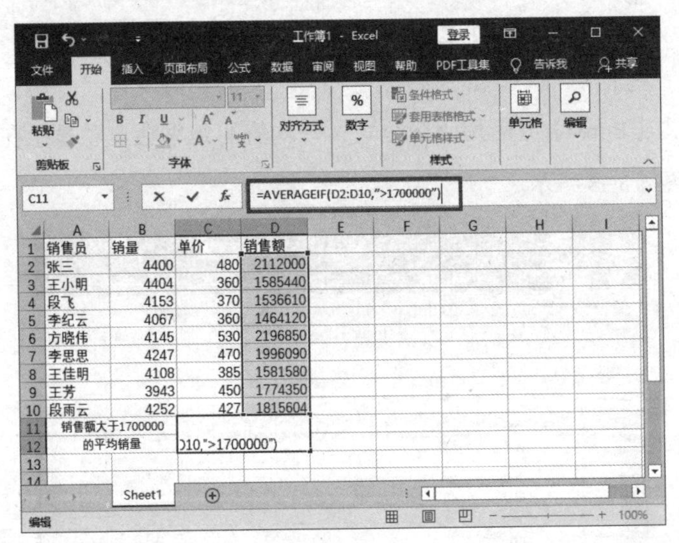


| | A | B | C | D |
|---|---|---|---|---|
| 1 | 销售员 | 销量 | 单价 | 销售额 |
| 2 | 张三 | 4400 | 480 | 2112000 |
| 3 | 王小明 | 4404 | 360 | 1585440 |
| 4 | 段飞 | 4153 | 370 | 1536610 |
| 5 | 李纪云 | 4067 | 360 | 1464120 |
| 6 | 方晓伟 | 4145 | 530 | 2196850 |
| 7 | 李思思 | 4247 | 470 | 1996090 |
| 8 | 王佳明 | 4108 | 385 | 1581580 |
| 9 | 王芳 | 3943 | 450 | 1774350 |
| 10 | 段雨云 | 4252 | 427 | 1815604 |
| 11 | 销售额大于1700000 | | | |
| 12 | 的平均销量 | | D10,">1700000") | |

图4.3-9

## 4.3.5 VLOOKUP函数：数据中的查找

VLOOKUP函数负责搜索查找固定区域内的数据，例如在商品库存表中输入商品名称后可以准确查找到商品的其余信息，在商品库存表中利用产品名查找产品库存等情况，是工作中使用频繁的函数工具之一。但是，在使用VLOOKUP函数进行统计时，需要注意工作表中被查找的数据对象要以升序的排列方式进行排列，否则有可能会出现错误的统计结果。VLOOKUP函数的公式为“lookup_value,table_array,col_index_num,［range_lookup］)”。在公式中，“lookup_value”指的是工作表中要查找的数值，并且要查找的数值需要位于“table_array”中选中的单元格区域第一竖列的位置之中。“table_array”指的是工作表中要查找的数值范围，VLOOKUP 在“table_array”中搜索“lookup_value”的单元格范围。“col_index_num”是指“table_array”数值中需要返回的匹配对象的数列号，更进一步的解释为：当数值为 1 时，返回到“table_array”中第一列的值；当数值为 2 时，返回到“table_array”中第二列的值等，以此类推。“range_lookup”指的是一个逻辑值，VLOOKUP 函数能够通过不同的匹配需求进行查找筛选。如果要查找精确匹配，那么参数“range_lookup”为“TRUE”或被省略；如果要查找大致匹配参数，那么参数“range_lookup”则为“ FALSE”。具体操作步骤如下。

①打开 Excel 工作表，在工作表中单击需要输入查找结果的单元格，这里以 B16 为例，在选中的 B16 单元格中，输入函数公式“=VLOOKUP(A16,A2：D13,4,0)”后，要统计的范围就被框了起来，如图 4.3-10 所示。

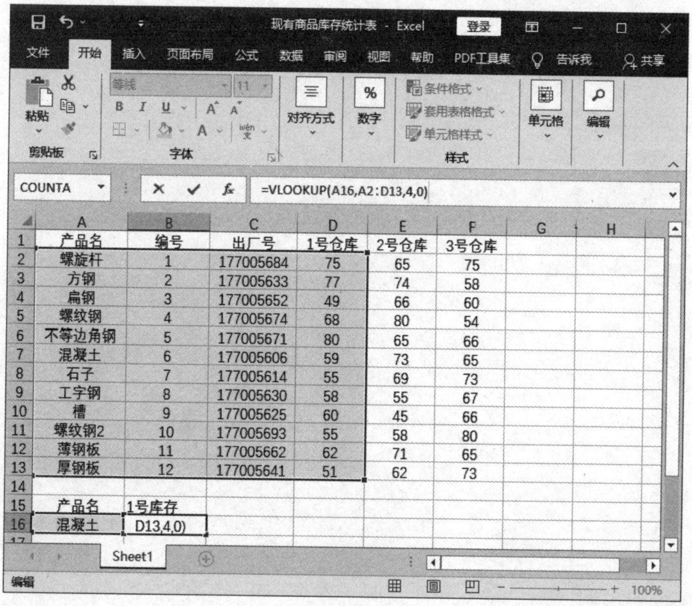

=VLOOKUP(A16,A2:D13,4,0)

| | A | B | C | D | E | F |
|---|---|---|---|---|---|---|
| 1 | 产品名 | 编号 | 出厂号 | 1号仓库 | 2号仓库 | 3号仓库 |
| 2 | 螺旋杆 | 1 | 177005684 | 75 | 65 | 75 |
| 3 | 方钢 | 2 | 177005633 | 77 | 74 | 58 |
| 4 | 扁钢 | 3 | 177005652 | 49 | 66 | 60 |
| 5 | 螺纹钢 | 4 | 177005674 | 68 | 80 | 54 |
| 6 | 不等边角钢 | 5 | 177005671 | 80 | 65 | 66 |
| 7 | 混凝土 | 6 | 177005606 | 59 | 73 | 65 |
| 8 | 石子 | 7 | 177005614 | 55 | 69 | 73 |
| 9 | 工字钢 | 8 | 177005630 | 58 | 55 | 67 |
| 10 | 槽 | 9 | 177005625 | 60 | 45 | 66 |
| 11 | 螺纹钢2 | 10 | 177005693 | 55 | 58 | 80 |
| 12 | 薄钢板 | 11 | 177005662 | 62 | 71 | 65 |
| 13 | 厚钢板 | 12 | 177005641 | 51 | 62 | 73 |
| 14 | | | | | | |
| 15 | 产品名 | 1号库存 | | | | |
| 16 | 混凝土 | D13,4,0) | | | | |

图 4.3-10

②单击【Enter】键应用函数公式，需要查找的 1 号库存的结果会自动显示在 B16 单元格里，如图 4.3-11 所示。

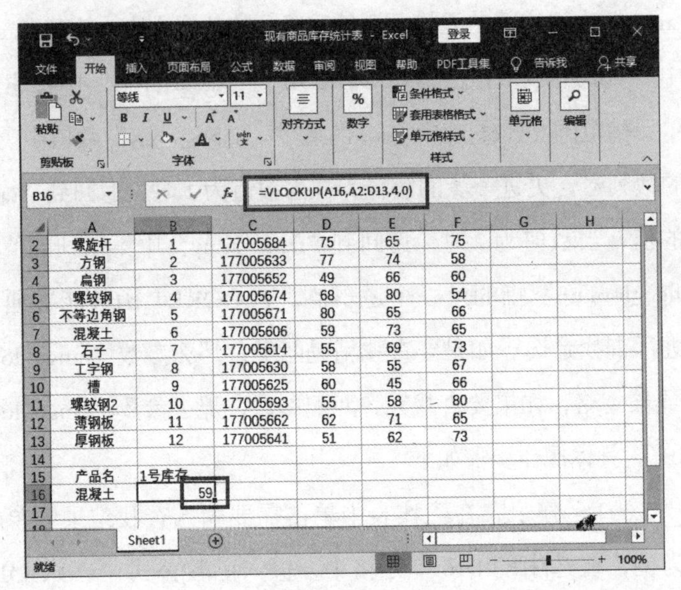


| | A | B | C | D | E | F | G | H |
|---|---|---|---|---|---|---|---|---|
| 2 | 螺旋杆 | 1 | 177005684 | 75 | 65 | 75 | | |
| 3 | 方钢 | 2 | 177005633 | 77 | 74 | 58 | | |
| 4 | 扁钢 | 3 | 177005652 | 49 | 66 | 60 | | |
| 5 | 螺纹钢 | 4 | 177005674 | 68 | 80 | 54 | | |
| 6 | 不等边角钢 | 5 | 177005671 | 80 | 65 | 66 | | |
| 7 | 混凝土 | 6 | 177005606 | 59 | 73 | 65 | | |
| 8 | 石子 | 7 | 177005614 | 55 | 69 | 73 | | |
| 9 | 工字钢 | 8 | 177005630 | 58 | 55 | 67 | | |
| 10 | 槽 | 9 | 177005625 | 60 | 45 | 66 | | |
| 11 | 螺纹钢2 | 10 | 177005693 | 55 | 58 | 80 | | |
| 12 | 薄钢板 | 11 | 177005662 | 62 | 71 | 65 | | |
| 13 | 厚钢板 | 12 | 177005641 | 51 | 62 | 73 | | |
| 14 | | | | | | | | |
| 15 | 产品名 | 1号库存 | | | | | | |
| 16 | 混凝土 | 59 | | | | | | |
| 17 | | | | | | | | |

图 4.3-11

## 4.4 常用的时间函数——以“商品入库时间表”为例

学习时间函数之前，我们首先要知道什么是时间函数。日期时间函数是处理日期型或日期时间型数据的函数，其自变量为日期型表达式 dExp 或日期时间型表达式 tExp，格式为 DATE( )。在工作中经常会使用时间函数给工作表添加年份、月份和日期等，还能在工作表中输入小时、分钟等更为精确的时间。在工作中，确定产品的入库时间、公司人员入职与调动等问题时，时间函数的使用就显得尤为重要。熟练运用时间函数能够快速处理 Excel 中的时间问题，提高工作效率。

### 4.4.1 通过 YEAR 函数设置年份

YEAR 函数负责提取日期中的年份，YEAR 函数的公式为“YEAR（serial_number）”，在公式中，“number”为 1900—9999 中的固定数字。通过 YEAR 函数能够快速准确地定位数据的年份，十分方便实用。

①打开 Excel 工作表（商品入库时间表），在工作表中单击需要输入年份的单元格，这里以 C2 为例，在选中的 C2 单元格中，输入设置年份的函数公式“=YEAR(B2)”后，这时要检索年份的单元格就被框了起来，如图 4.4-1 所示。

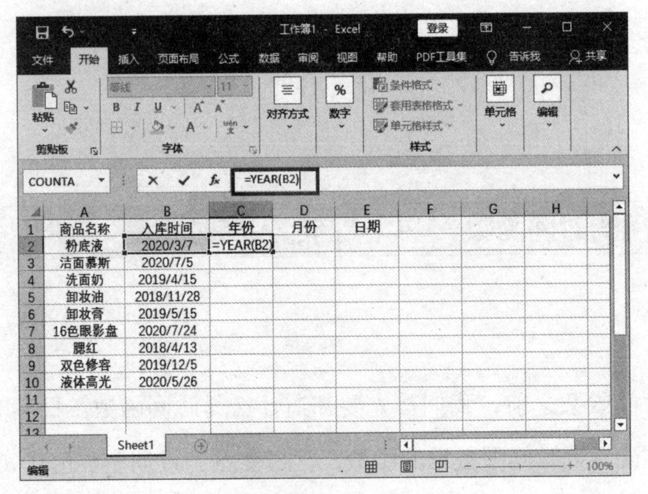


图 4.4-1

②单击【Enter】键应用函数公式，需要筛选的年份结果会自动显示在 C2 单元格里，如图 4.4-2 所示。

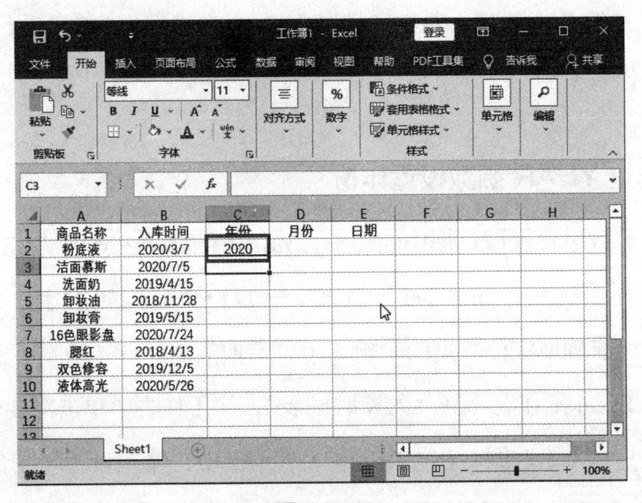


图 4.4-2

③利用 Excel 的下拉自动复制功能向下拉取单元格，其他数据的年份筛选结果会自动填入单元格里，不需要再一一输入公式进行计算，十分方便。

## 4.4.2 使用 MONTH 函数设置月份

MONTH 函数负责提取日期中的月份，通过 MONTH 函数能够快速准确地定位数据的月份，MONTH 函数的公式为“MONTH（serial_number）”，在公式中，“number”为 1—12 中的固定数字。

①打开 Excel 工作表，在工作表中单击需要输入月份的单元格，这里以 D2 为例，在选中的 D2 单元格中，输入设置月份的函数公式“=MONTH(B2)”后，这时要检索月份的单元格就被框了起来，如图 4.4–3 所示。

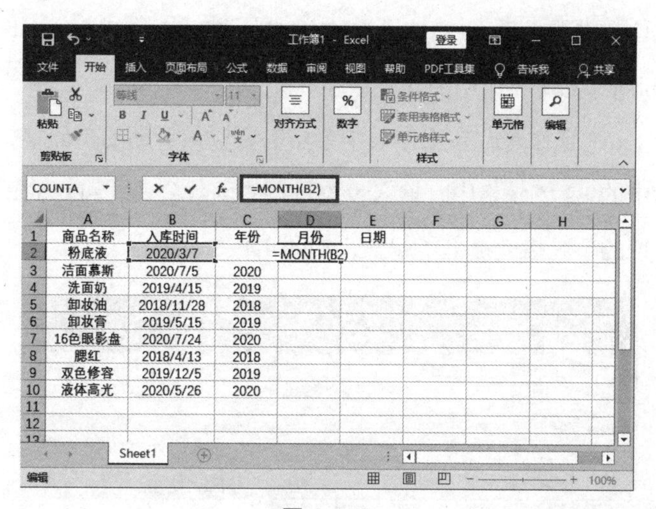

| | A | B | C | D | E |
|---|---|---|---|---|---|
| 1 | 商品名称 | 入库时间 | 年份 | 月份 | 日期 |
| 2 | 粉底液 | 2020/3/7 | | =MONTH(B2) | |
| 3 | 洁面慕斯 | 2020/7/5 | 2020 | | |
| 4 | 洗面奶 | 2019/4/15 | 2019 | | |
| 5 | 卸妆油 | 2018/11/28 | 2018 | | |
| 6 | 卸妆膏 | 2019/5/15 | 2019 | | |
| 7 | 16色眼影盘 | 2020/7/24 | 2020 | | |
| 8 | 腮红 | 2018/4/13 | 2018 | | |
| 9 | 双色修容 | 2019/12/5 | 2019 | | |
| 10 | 液体高光 | 2020/5/26 | 2020 | | |

图 4.4–3

②单击【Enter】键应用函数公式，需要筛选的月份结果会自动显示在 D2 单元格里，如图 4.4–4 所示。

| | A | B | C | D | E |
|---|---|---|---|---|---|
| 1 | 商品名称 | 入库时间 | 年份 | 月份 | 日期 |
| 2 | 粉底液 | 2020/3/7 | 2020 | 3 | |
| 3 | 洁面慕斯 | 2020/7/5 | 2020 | | |
| 4 | 洗面奶 | 2019/4/15 | 2019 | | |
| 5 | 卸妆油 | 2018/11/28 | 2018 | | |
| 6 | 卸妆膏 | 2019/5/15 | 2019 | | |
| 7 | 16色眼影盘 | 2020/7/24 | 2020 | | |
| 8 | 腮红 | 2018/4/13 | 2018 | | |
| 9 | 双色修容 | 2019/12/5 | 2019 | | |
| 10 | 液体高光 | 2020/5/26 | 2020 | | |

图 4.4–4

③利用 Excel 的下拉自动复制功能向下拉取单元格，其他数据的月份筛选结果会自动填入单元格里，从而完成对月份的设置。

## 4.4.3 使用 DAY 函数设置天数

DAY 函数负责提取时间中的日期，也就是第几天，通过 DAY 函数能够快速准确地定位数据的日期。DAY 函数的公式为“DAY（serial_number）”，在公式中，“number”为 1—31 中的固定数字。

①打开 Excel 工作表，在工作表中单击需要输入日期的单元格，这里以 E2 为例，在选中的 E2 单元格中，输入设置日期的函数公式“=DAY(B2)”后，这时要检索日期的单元格就被框了起来，如图 4.4–5 所示。

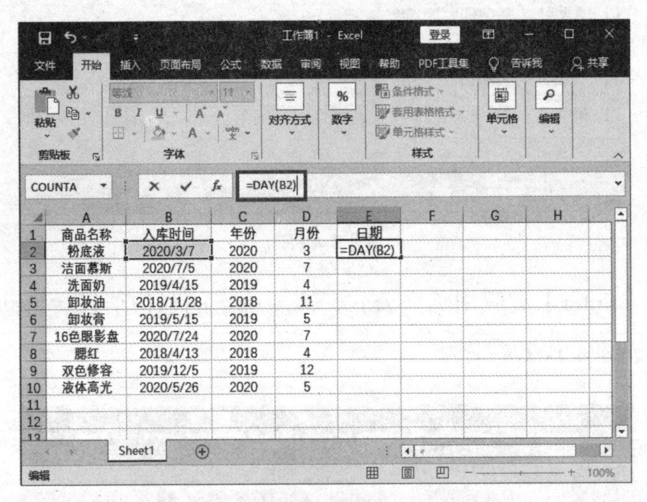

| | A | B | C | D | E |
|---|---|---|---|---|---|
| 1 | 商品名称 | 入库时间 | 年份 | 月份 | 日期 |
| 2 | 粉底液 | 2020/3/7 | 2020 | 3 | =DAY(B2) |
| 3 | 洁面慕斯 | 2020/7/5 | 2020 | 7 | |
| 4 | 洗面奶 | 2019/4/15 | 2019 | 4 | |
| 5 | 卸妆油 | 2018/11/28 | 2018 | 11 | |
| 6 | 卸妆膏 | 2019/5/15 | 2019 | 5 | |
| 7 | 16色眼影盘 | 2020/7/24 | 2020 | 7 | |
| 8 | 腮红 | 2018/4/13 | 2018 | 4 | |
| 9 | 双色修容 | 2019/12/5 | 2019 | 12 | |
| 10 | 液体高光 | 2020/5/26 | 2020 | 5 | |

图 4.4–5

②单击【Enter】键应用函数公式，需要筛选的日期结果会自动显示在 E2 单元格里，如图 4.4–6 所示。

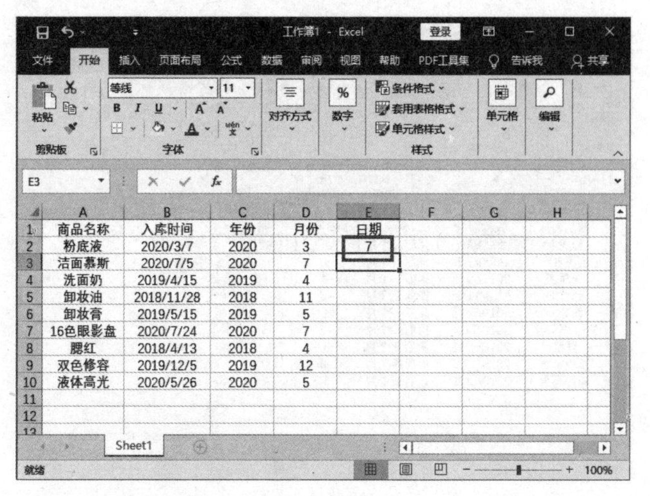

| | A | B | C | D | E |
|---|---|---|---|---|---|
| 1 | 商品名称 | 入库时间 | 年份 | 月份 | 日期 |
| 2 | 粉底液 | 2020/3/7 | 2020 | 3 | 7 |
| 3 | 洁面慕斯 | 2020/7/5 | 2020 | 7 | |
| 4 | 洗面奶 | 2019/4/15 | 2019 | 4 | |
| 5 | 卸妆油 | 2018/11/28 | 2018 | 11 | |
| 6 | 卸妆膏 | 2019/5/15 | 2019 | 5 | |
| 7 | 16色眼影盘 | 2020/7/24 | 2020 | 7 | |
| 8 | 腮红 | 2018/4/13 | 2018 | 4 | |
| 9 | 双色修容 | 2019/12/5 | 2019 | 12 | |
| 10 | 液体高光 | 2020/5/26 | 2020 | 5 | |

图 4.4-6

③利用 Excel 的下拉自动复制功能向下拉取单元格，其他数据的日期筛选结果会自动填入单元格里，完成对日期的设置。

## 4.4.4 使用 EDATE 函数设置指定时间

EDATE 函数能够在既定时间按照要求进行加减运算，返回到要求的日期。在 Months 一栏中，正数即为给定时间的未来月份，也可以说是预定月份，负数表示返回到之前的某一月份。EDATE 函数的公式为“EDATE（start_date,months）”，其中，“start_date”指的是开始日期，“months”为开始日期之前或之后的月份。具体操作步骤如下。

①打开 Excel 工作表，在工作表中单击需要设置指定时间的单元格，这里以 E2 为例，在 E2 单元格中，输入设置指定时间的函数公式“=EDATE(B2,D2)”后，这时要设置指定时间的单元格就被框了起来，如图 4.4-7 所示。

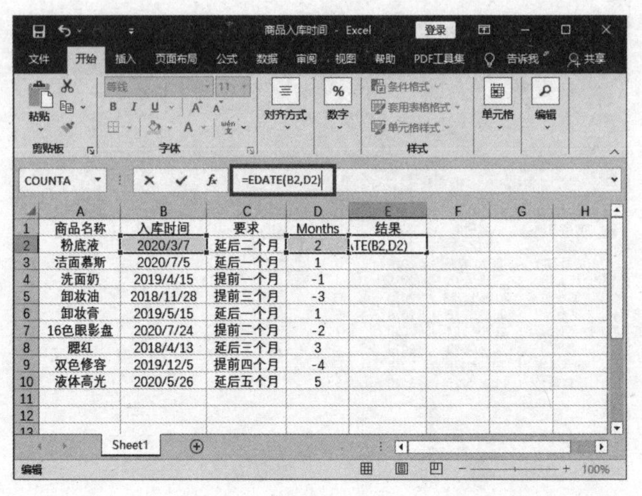


| | A | B | C | D | E |
|---|---|---|---|---|---|
| 1 | 商品名称 | 入库时间 | 要求 | Months | 结果 |
| 2 | 粉底液 | 2020/3/7 | 延后二个月 | 2 | TE(B2,D2) |
| 3 | 洁面慕斯 | 2020/7/5 | 延后一个月 | 1 | |
| 4 | 洗面奶 | 2019/4/15 | 提前一个月 | -1 | |
| 5 | 卸妆油 | 2018/11/28 | 提前三个月 | -3 | |
| 6 | 卸妆膏 | 2019/5/15 | 延后一个月 | 1 | |
| 7 | 16色眼影盘 | 2020/7/24 | 提前二个月 | -2 | |
| 8 | 腮红 | 2018/4/13 | 延后三个月 | 3 | |
| 9 | 双色修容 | 2019/12/5 | 提前四个月 | -4 | |
| 10 | 液体高光 | 2020/5/26 | 延后五个月 | 5 | |

图 4.4-7

②单击【Enter】键应用公式，设置的时间结果会自动显示在 E2 单元格里，利用 Excel 的下拉自动复制功能向下拉取单元格，其他数据设置的时间结果会自动填入，如图 4.4-8 所示。

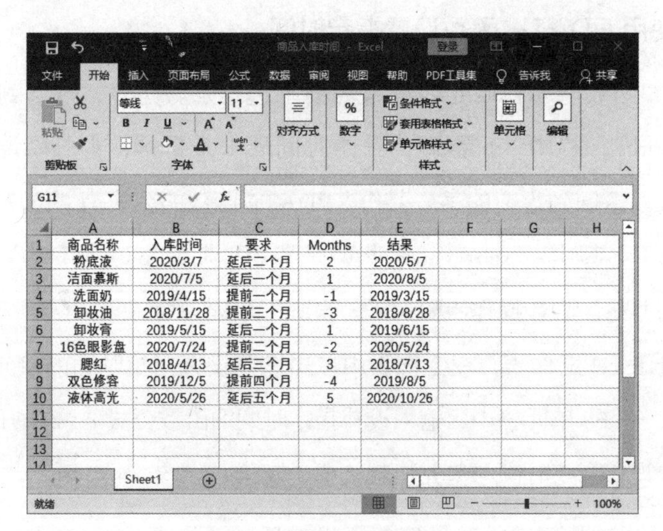

| | A | B | C | D | E |
|---|---|---|---|---|---|
| 1 | 商品名称 | 入库时间 | 要求 | Months | 结果 |
| 2 | 粉底液 | 2020/3/7 | 延后二个月 | 2 | 2020/5/7 |
| 3 | 洁面慕斯 | 2020/7/5 | 延后一个月 | 1 | 2020/8/5 |
| 4 | 洗面奶 | 2019/4/15 | 提前一个月 | -1 | 2019/3/15 |
| 5 | 卸妆油 | 2018/11/28 | 提前三个月 | -3 | 2018/8/28 |
| 6 | 卸妆膏 | 2019/5/15 | 延后一个月 | 1 | 2019/6/15 |
| 7 | 16色眼影盘 | 2020/7/24 | 提前二个月 | -2 | 2020/5/24 |
| 8 | 腮红 | 2018/4/13 | 延后三个月 | 3 | 2018/7/13 |
| 9 | 双色修容 | 2019/12/5 | 提前四个月 | -4 | 2019/8/5 |
| 10 | 液体高光 | 2020/5/26 | 延后五个月 | 5 | 2020/10/26 |

图 4.4-8

## 4.4.5 使用 NOW 函数显示当前时间

在制作工作表的过程中，如果需要显示当前的时间和日期，就可以使用 NOW 函数。NOW 函数能够在单元格中直接输入当前的时间和日期并保存，具体操作方法如下。

打开 Excel 工作表，在工作表中单击需要显示当前时间和日期的单元格，这里以 B12 为例，在选中的 B12 单元格中，输入显示当前时间和日期的函数公式“=NOW()”，单击【Enter】键应用函数公式，当前时间和日期会自动显示在 B12 单元格里，如图 4.4-9 所示。

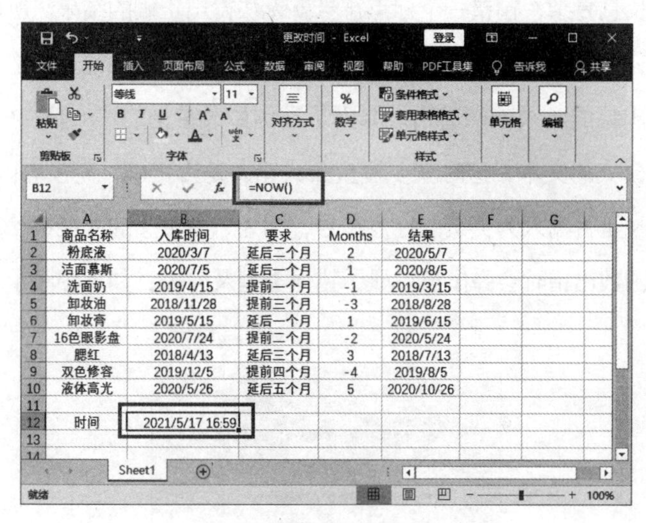

| | A | B | C | D | E |
|---|---|---|---|---|---|
| 1 | 商品名称 | 入库时间 | 要求 | Months | 结果 |
| 2 | 粉底液 | 2020/3/7 | 延后二个月 | 2 | 2020/5/7 |
| 3 | 洁面慕斯 | 2020/7/5 | 延后一个月 | 1 | 2020/8/5 |
| 4 | 洗面奶 | 2019/4/15 | 提前一个月 | -1 | 2019/3/15 |
| 5 | 卸妆油 | 2018/11/28 | 提前三个月 | -3 | 2018/8/28 |
| 6 | 卸妆膏 | 2019/5/15 | 延后一个月 | 1 | 2019/6/15 |
| 7 | 16色眼影盘 | 2020/7/24 | 提前二个月 | -2 | 2020/5/24 |
| 8 | 腮红 | 2018/4/13 | 延后三个月 | 3 | 2018/7/13 |
| 9 | 双色修容 | 2019/12/5 | 提前四个月 | -4 | 2019/8/5 |
| 10 | 液体高光 | 2020/5/26 | 延后五个月 | 5 | 2020/10/26 |
| 11 | | | | | |
| 12 | 时间 | 2021/5/17 16:59 | | | |

图 4.4-9

## 4.5 常见的函数错误类型

用函数公式处理 Excel 中数据之间的计算是非常方便的一种方式，但是有很多函数公式长且复杂，输错一个标点符号就无法得出正确的结果。所以我们不仅要学习函数公式的运用，还要了解在计算时出现的错误代码都是什么意思，这样我们在计算出错的时候就知道错误原因了。例如最常见的“#NAME？”符号表示无法识别公式的文本，这时就要检查公式输入是否正确，有没有区分大小写，或者标点符号是否输入为英文的标点符号，因为只有英文的才能被检测出来。通常情况下，函数出错时会弹出窗口显示错误类型及原因，如下图所示。

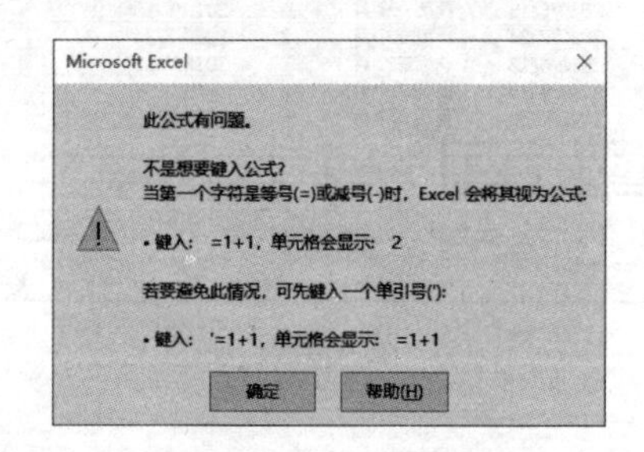


### 4.5.1 #DIV/0！

“#DIV/0！”错误类型是指选中的单元格计算除法时，除数中有 0 值的出现，显示计算结果为“#DIV/0！”。

解决方法如下。

①重新检查计算数据，除数中不能有 0 值出现。

②检查被除数的单元格是否为无效的空白单元格，在空白单元格中输入数据。

## 4.5.2 #NAME?

“#NAME？”错误类型是指在单元格中输入的函数公式有错误，无法被全部识别并应用，当单元格内存在无法被识别的文字或公式时，就会出现“#NAME？”。

解决方法如下。

①检查公式输入是否正确，有没有区分大小写。

②检查标点符号是否输入为英文的标点符号，中文的标点符号可能被检测错误。

③检查在输入函数公式时是否漏掉“：”等符号。

## 4.5.3 #VALUE!

“#VALUE！”错误类型是指在单元格中输入的数值参数不正确，就会出现“#VALUE！”。

解决方法如下。

①检查单元格内输入的数值、参数是否正确。

②当在单元格内输入数组公式时，需要按【Ctrl+Shift+Enter】组合键使数组公式生效，而不是单击【Enter】键。

## 4.5.4 #REF!

“#REF！”错误类型是指在Excel工作表中引用了无效的单元格内容。例如无效的链接、数据等。

解决方法如下。

①检查引用的公式是否正确，确保使用正确的（DDE）主题。

②检查函数公式在确定单元格时是否选中了无效或空白的单元格。

③启动使用的对象链接和嵌入（OLE）链接，确保链接的正确性。

### 4.5.5 ####

“####”错误类型通常出现在工作表中选中的单元格面积过小，而得出的结果过长时。另外，输入的时间或日期为负数时，也会出现该错误类型。

解决方法如下。

①当单元格的长或宽不够输入结果时，直接调整行高或列宽即可。

②输入的时间或日期为负数时，说明对时间和日期的计算出现错误，检查输入的计算公式是否正确，确保输入的是正确的计算公式。

# 第5章

## 图表的制作方法

在使用 Excel 工作表进行数据处理时，有时我们会发现仅仅是大范围的数据展示难免有些枯燥，并且很难一眼把握住重点。在一个工作表中，如果需要展示数据的高低变化和增减变化，那么仅凭数据的平铺直叙是难以突出数据的走势变化的。如果汇报者通过纯数据的工作表去汇报有关数据的工作报告，接收的人可能无法在短时间内筛选出哪些是重点，哪些是次重点。这时，我们就需要用到 Excel 中的图表功能制作出更能传达要表达内容的工作表。相比较于文字和数字，图片往往能更直接地给予接收者信息，增强工作表的视觉体验，同时图表也能更直观地反映数据的走势变化。

Excel 具有十分强大的图表功能。使用者可以根据不同的工作需求选择不同的图表辅助数据进行工作。那么，在这么多的图表中如何选择最合适的图表辅助数据进行工作分析呢？接下来我们会从图表的基本功能、图表的实战应用、图表的具体编辑与使用三个板块详细介绍不同图表的特点和使用方法，从而帮助读者制作出更丰富直观的 Excel 工作表。一起来学习吧！

## 5.1 图表的基本功能——以“市场营销费用情况统计”为例

图表是重要的数据分析工具之一，能够清楚地展示数据的变化和差异。在制作 Excel 表格时，单纯地使用大量数据难免显得枯燥无味，而添加图表就是一种使表格有趣的方式了。在学习制作图表前，我们要先了解图表的基本功能，以便于提高工作效率。图表的基本功能包括图表的基础配色、为部分指定的数据设置图表、使用辅助线分析图表中数据的走势。下面我们就开始学习吧！

### 5.1.1 如何创建图表

要想使 Excel 工作表更丰富，提高工作表的可视性，首先要创建正确的图表。下面是具体的操作步骤。

①打开 Excel 工作表，在工作表中框选出需要创建为图表的数据范围，在【插入】选项栏中找到图表，这里以柱形图（ ）为例，在弹出的图表选择窗口中选择合适的图表单击应用，这里以【二维柱状图】中第一个柱状图为例，如图 5.1–1 所示。

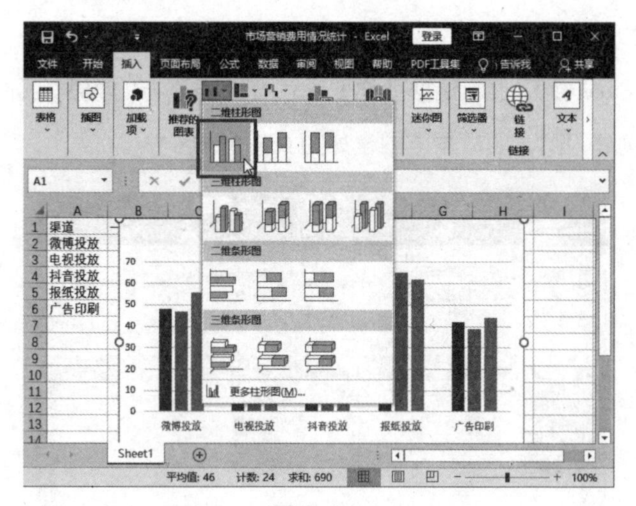


图 5.1-1

②用鼠标单击要插入的图表，调整图表的大小，并将插入的图表拖到合适的位置，如图 5.1-2 所示。

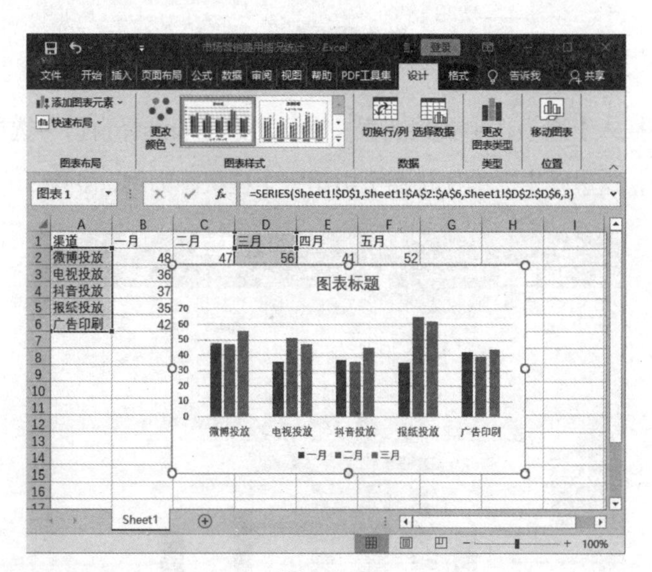


图 5.1-2

## 5.1.2 为部分数据设置图表

使用 Excel 的图表功能进行工作时，有时需要按照工作要求将部分数据设置成图表的呈现方式，而其余部分的数据依然按照数字和文本的形式显示。具体操作步骤如下。

①打开 Excel 工作表，根据工作要求选择图表下方的数据名称，按【Ctrl】键选定需要创建为图表的数据范围，如图 5.1-3 所示。

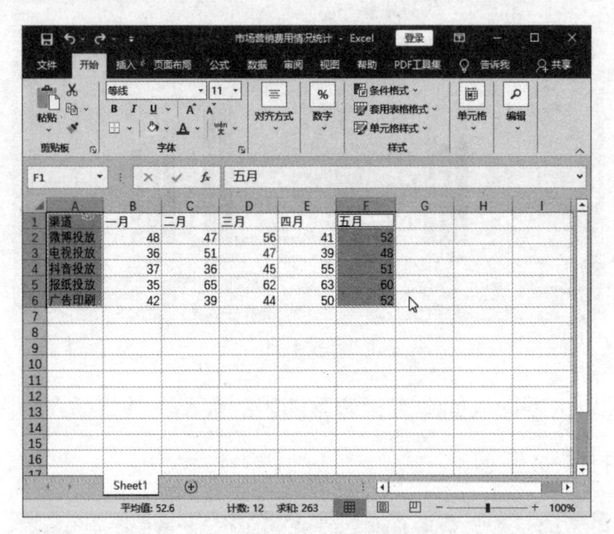


图 5.1-3

②在【插入】选项栏中找到图表，在弹出的图表选择窗口中选择合适的图表单击应用，这里以【二维柱状图】中第一个柱状图为例，如图 5.1-4 所示。

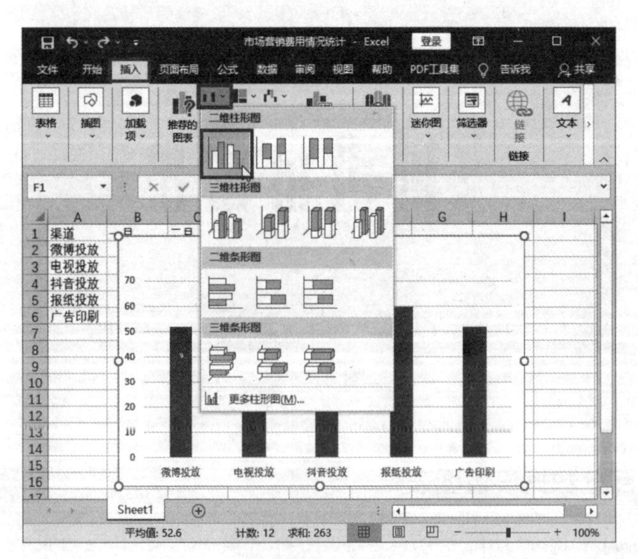


图 5.1-4

③用鼠标单击要插入的图表，调整图表的大小，并将插入的图表拖到合适的位置，如图 5.1–5 所示。

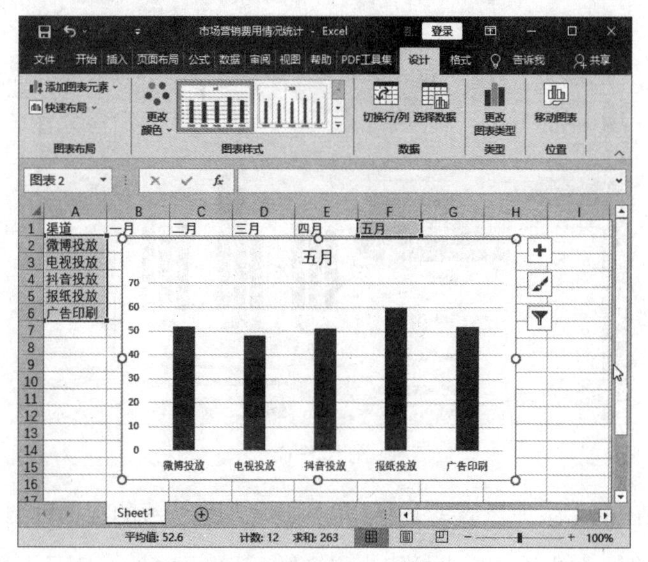


图 5.1–5

## 5.1.3 巧用辅助线分析图表数据

在 Excel 工作表中添加好图表之后，为了更好地突出整体数据的高低变化和走向，以便对数据进行分析，可以另外添加一条辅助线配合图表一起使用。使用添加图表元素中的趋线图功能，就可以为图表再添加一条辅助线。

①打开 Excel 工作表，选中已经设置好的图表，单击【设计】选项卡下【图表布局】选项组中的【添加图表元素】下拉按钮，在列表中选择【趋势线】选项，在显示出的线性种类中选择其中一种，这里以【线性】为例，单击【线性】，如图 5.1–6 所示。

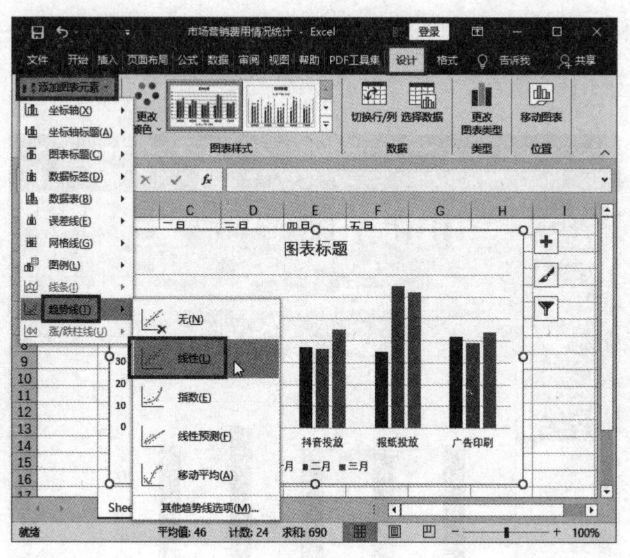

图 5.1-6

②在弹出的【添加趋势线】中，选择要添加趋势线的数据种类，这里以一月份数据为例，单击【确定】按钮应用趋势线，如图 5.1-7 所示。

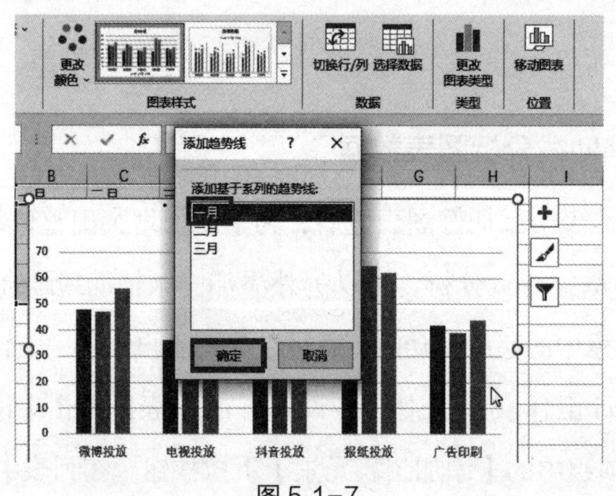

图 5.1-7

③在图表中已经为选择的一月份数据另外添加了一条趋势线，更便于使用者汇报和查看，休现出数据的变化，如图 5.1-8 所示。

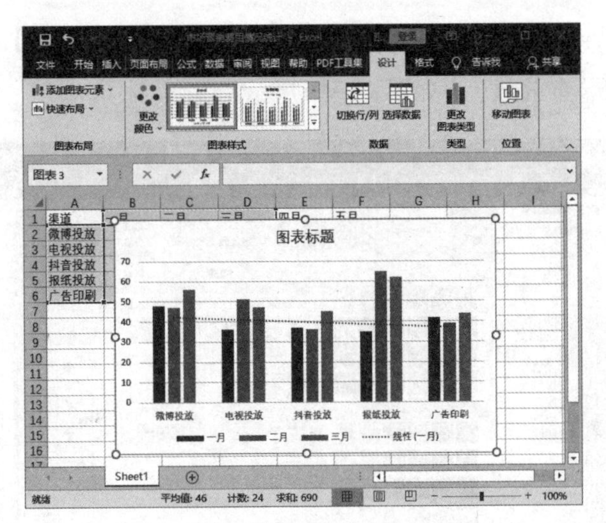

图 5.1–8

## 5.1.4 更改图表的基础配色

使用 Excel 的图表功能进行工作时，有时为了让设置的图表走势更鲜明显眼，除了调整图形的大小或者线柱的粗细之外，还可以用颜色进行区分。具体操作步骤如下。

①打开 Excel 工作表，在已经设置好的图表中单击需要更改颜色的部分，如图 5.1–9 所示。

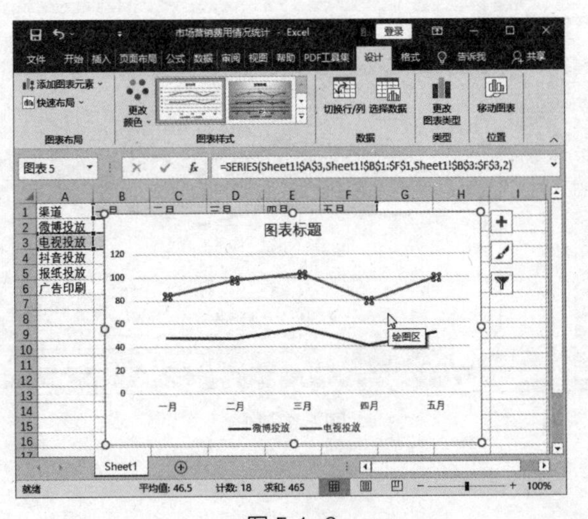

图 5.1–9

②在【设计】选项卡下【图表样式】组中单击【更改颜色】，在弹出的颜色选项中选择需要的颜色，如图 5.1–10 所示。

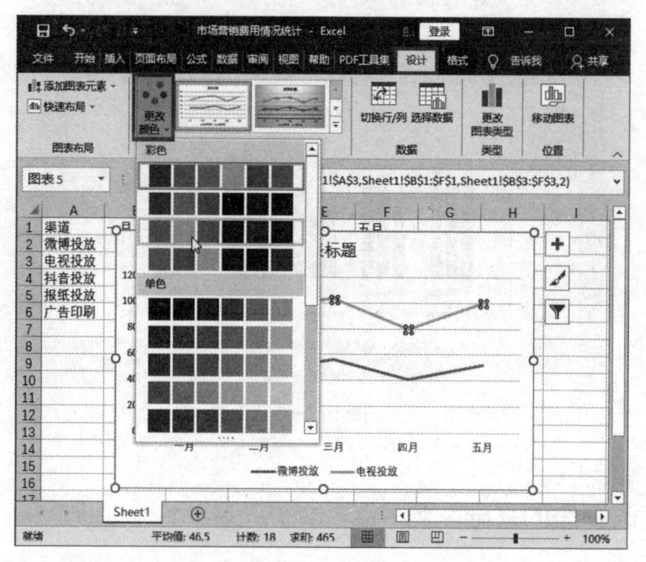


图 5.1–10

这时折线图的线条颜色就被修改为所选择的颜色了，如图 5.1–11 所示。

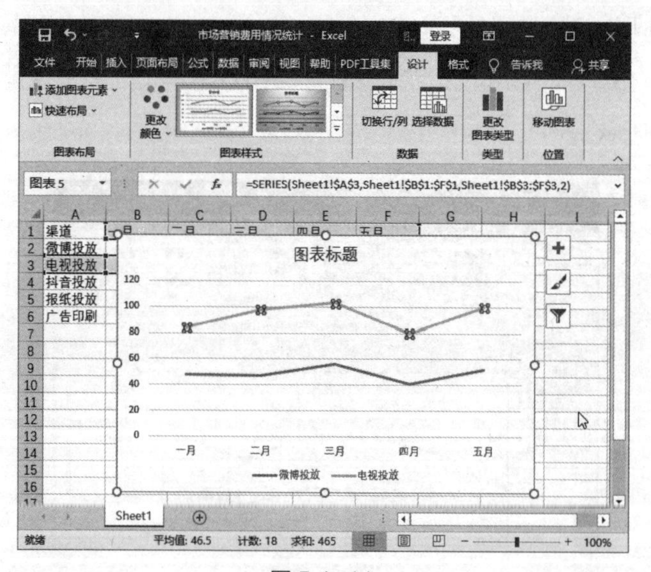


图 5.1–11

## 5.1.5 创建迷你图

使用 Excel 的图表功能进行数据处理时，我们不仅可以插入完整的图表，在需要处理的数据减少或只需要显示数据间的增减变化时，还可以通过设置微型图表——迷你图来体现数据之间的变化趋势。Excel 提供了折线表、柱形表和盈亏表三种迷你图，使用者可以根据工作需要选择适合的迷你图来使用，下面是具体的操作方法。

①打开 Excel 工作表，选中要输入迷你图的单元格范围，单击【插入】选项卡下【迷你图】的下拉箭头，会出现折线、柱形和盈亏三种迷你图类型，选择要插入的迷你图类型，这里以【折线】为例，如图 5.1−12 所示。

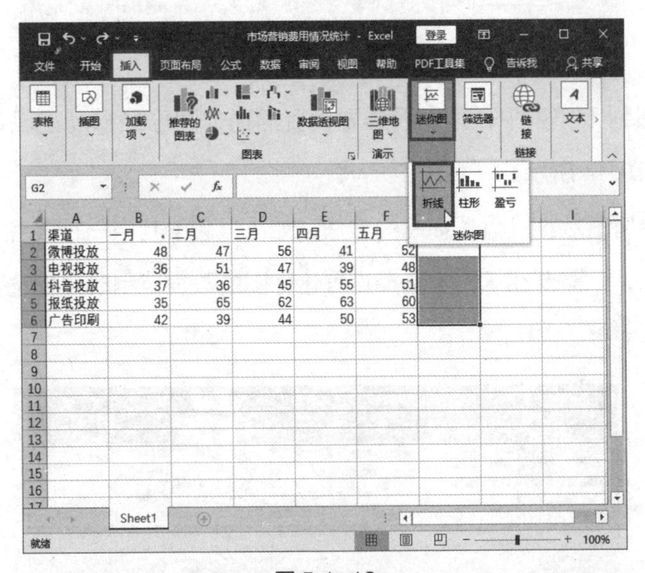


图 5.1−12

②在弹出的【创建迷你图】对话框中，将【数据范围】设置为迷你图走势要参考的数据，设置好之后单击【确定】按钮，如图 5.1−13 所示。

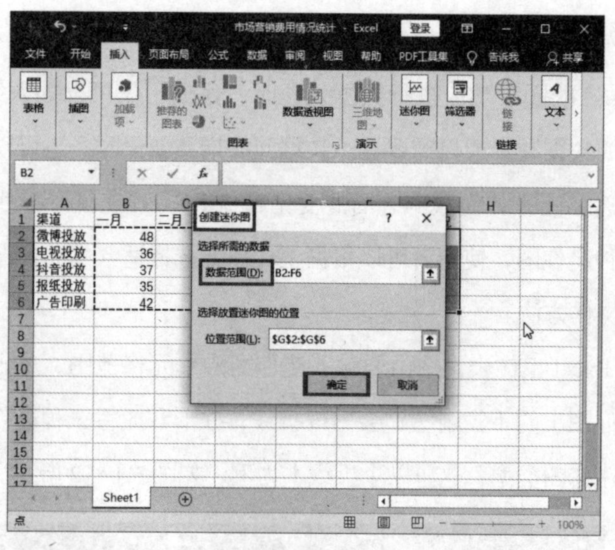


图 5.1-13

③返回到工作表中，可以看到要设置的迷你图已经自动呈现在单元格中了，如图 5.1-14 所示。

这是给所有数据设置迷你图的方法，如果只想给其中一行或者一列的数据设置迷你图，只需要在第一步选择设置迷你图的数据范围时只框选需要设置迷你图的数据即可。

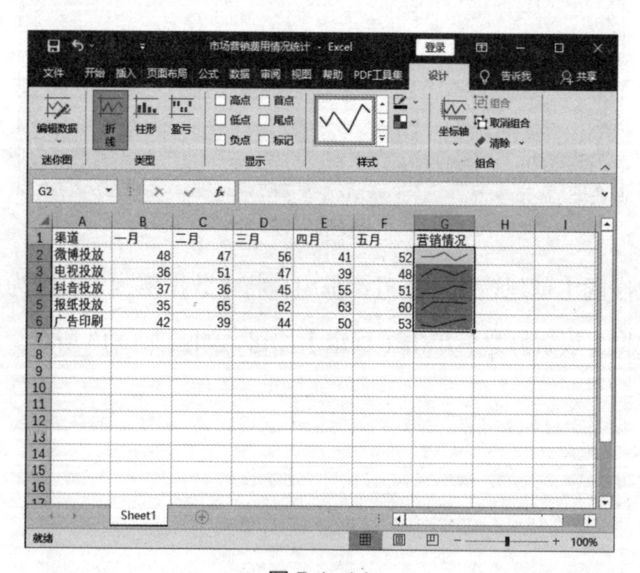


图 5.1-14

## 5.2 图表的实战应用——以“产品销售数据统计图”为例

Excel 中的图表类型支持各种各样的图表，因此可以采用最有意义的方式来显示数据。当使用者使用“图表向导”创建图表，或者使用“图表类型”命令更改现有图表时，可以很方便地从标准图表类型或自定义图表类型列表中选择自己所需的类型。每种标准图表类型中都有几种子类型，可以满足不同的工作需要。柱形图能够显示一段时间内数据的变化，或者显示不同项目之间的对比。折线图能够体现出数据的高低走势变化：相邻两个数据之间的差额越大，呈现出来的折线图的转折越明显；相邻两个数据之间的差额越小，折线图的转折越平缓。饼状图常用于凸显各个数据在百分比中的占比份额。此外还有一些在这三种图表基础上延伸出来的图表类型，下面让我们一起来学习一下。

### 5.2.1 折线图——一目了然的高低变化

在使用 Excel 处理数据时，虽然有多种图表类型可以体现数据变化，但是各类图表的作用各不相同。折线图可以显示随时间 ( 根据常用比例设置 ) 而变化的连续数据，因此非常适用于显示在相等时间间隔下数据的趋势。

在折线图中，类别数据沿水平轴均匀分布，所有值数据沿垂直轴均匀分布。如果分类标签是文本并且代表均匀分布的数值 ( 如月、季度或财政年度 )，则应该使用折线图。当有多个系列时，尤其适合使用折线图。如果有几个均匀分布的数值标签 ( 尤其是年 )，也应该使用折线图。另外，折线图是支持多数据进行对比的。绘制折线图的方法如下。

①打开 Excel 工作表，在工作表中框选出需要创建为图表的数据范围，在

【插入】选项栏中找到折线图图标 ，如图 5.2-1 所示。

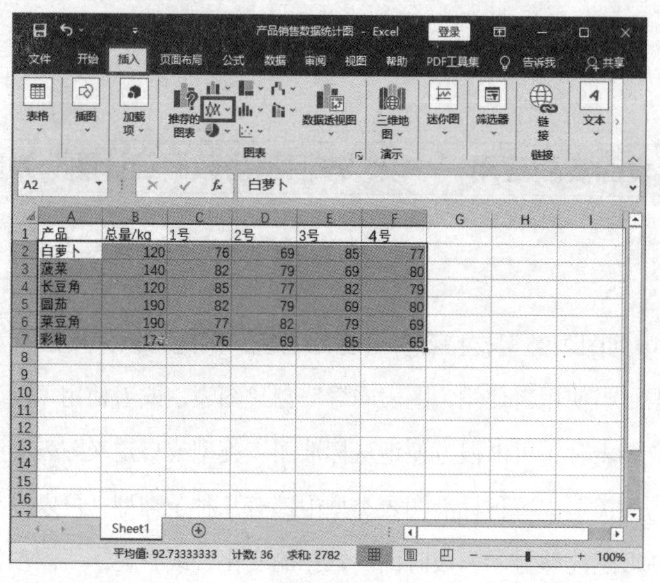


图 5.2-1

②在弹出的列表中选择合适的图表单击应用，这里以【二维折线图】中第一个折线图为例，如图 5.2-2 所示。

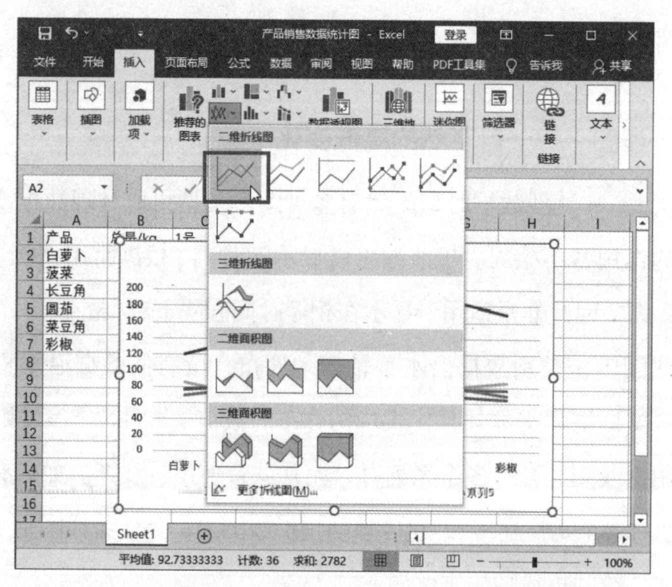


图 5.2-2

③用鼠标单击要插入的图表，调整图表的大小，并将插入的图表拖到合适的位置，如图 5.2–3 所示。

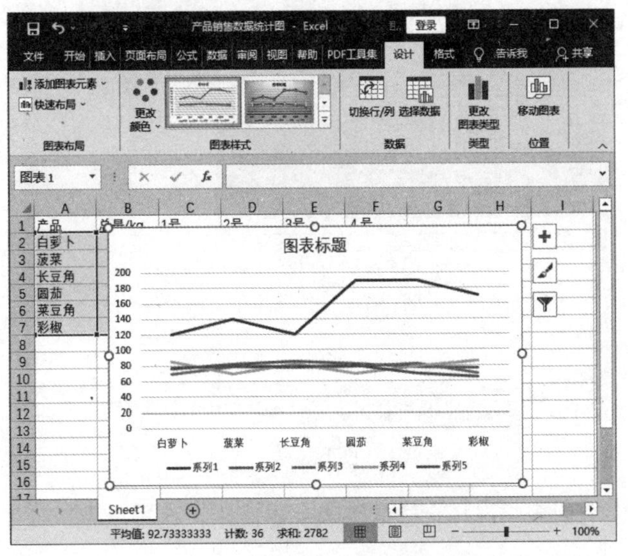


图 5.2–3

折线图主要为了展示在几年、几个月或者几天这样连续时间内数据的变化走势。所以只有一个时间点的数据无法生成有意义的折线图，至少需要两个时间数据才可以显示数据走势。

## 5.2.2 柱状图——用数据说话

柱状图是一种以长方形的长度为变量的统计图，由一系列高度不等的纵向条纹表示数据分布的情况，用来比较两个或两个以上的价值（不同时间或者不同条件），只有一个变量，通常用于较小的数据集分析。柱状图亦可横向排列，或用多维方式表达。相比较于其他图表，柱状图易于比较各组数据之间的差别。柱状图有 2D 和 3D 两种展示效果。

①打开 Excel 工作表，在工作表中框选出需要创建为图表的数据范围，在【插入】选项栏中找到柱形图图标，如图 5.2–4 所示。

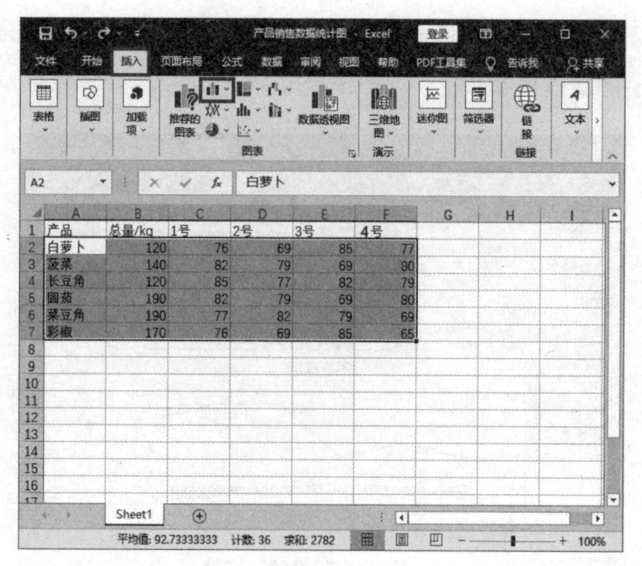


图 5.2-4

②在弹出的列表中选择合适的图表单击应用，这里以【三维柱形图】中第一个三维簇状柱形图为例，如图 5.2-5 所示。

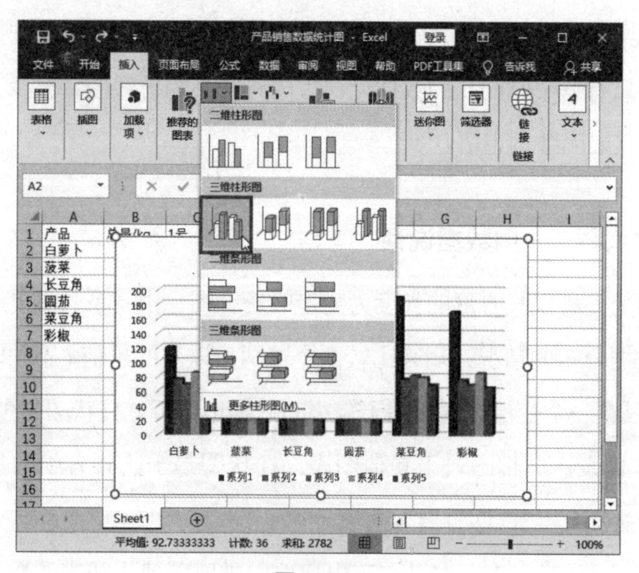


图 5.2-5

③用鼠标单击要插入的图表，调整图表的大小，并将插入的图表拖到合适的位置，如图 5.2-6 所示。

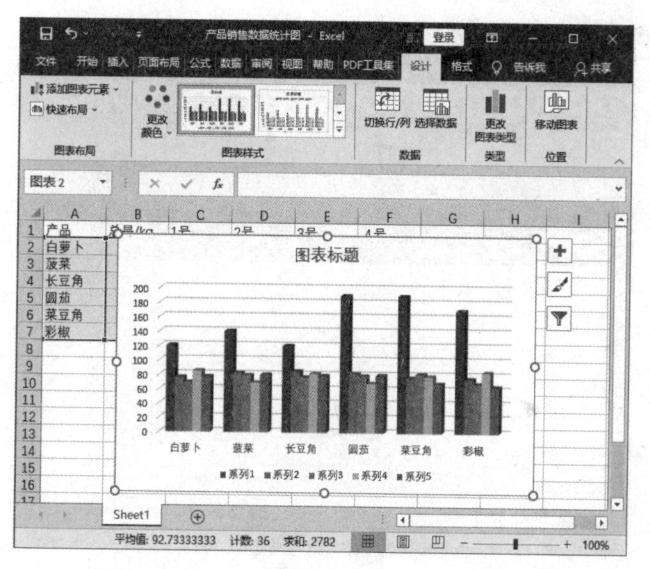


图 5.2-6

## 5.2.3 饼状图——体现份额关系

在 Excel 中，饼状图有 2D 与 3D 两种展示效果。图表中的每个数据系列具有唯一的颜色或图案，并且在图表的图例中表示。饼状图只有一个数据系列，主要显示各项的大小与各项总和的比例。在工作中如果遇到需要计算总费用或金额的各个部分构成比例的情况，一般都是通过各个部分与总额相除来计算，而且这种比例表示方法很抽象，我们可以使用一种饼状图表工具，能够直接以图形的方式显示各个组成部分所占比例。更为重要的是，由于图形的方式更加形象直观，Excel 的饼状图表工具被使用得越来越频繁。

①打开 Excel 工作表，在工作表中框选出需要创建为图表的数据范围，在【插入】选项栏中找到饼状图图标，如图 5.2-7 所示。

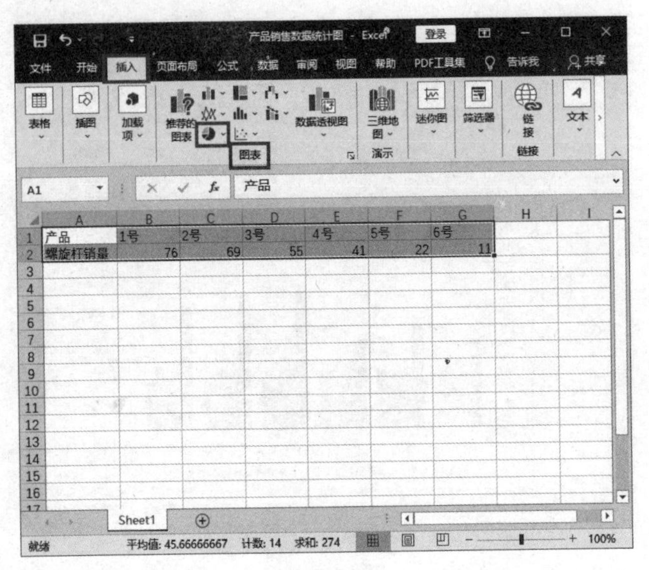


图 5.2-7

②在弹出的列表中选择合适的图表单击应用，这里以【二维饼图】中第一个基础饼图为例，如图 5.2-8 所示。

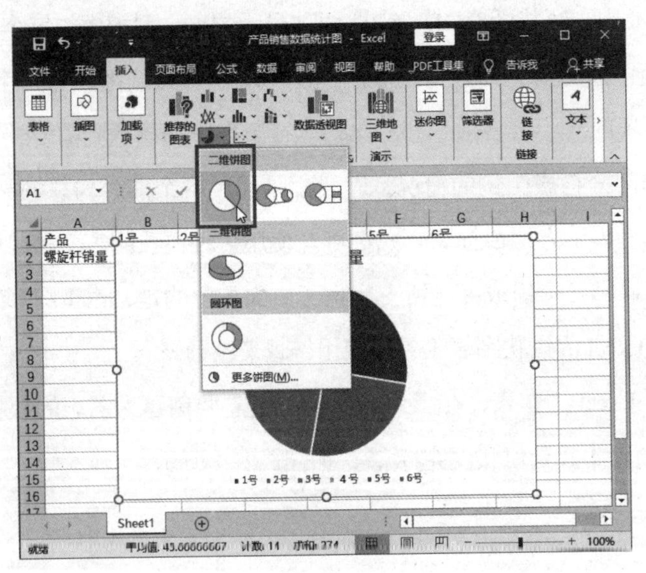


图 5.2-8

③用鼠标单击要插入的图表，调整图表的大小，并将插入的图表拖到合适的位置，如图 5.2-9 所示。

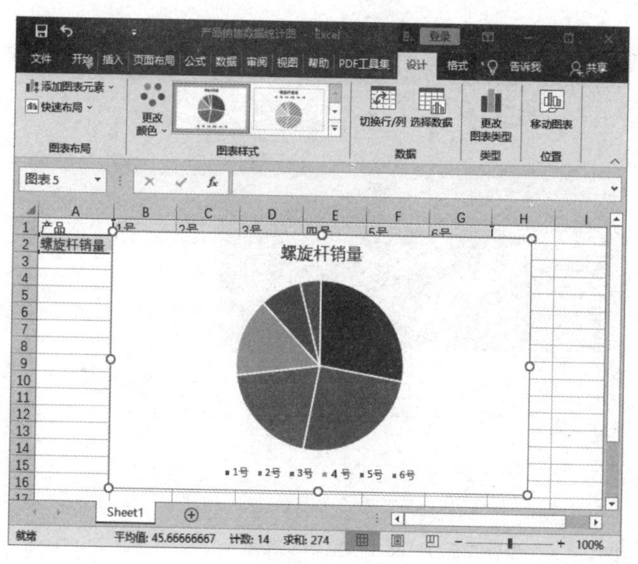


图 5.2-9

## 5.2.4 堆积柱形图——数据变化一目了然

在 Excel 中，堆积柱形图用于比较每个值对所有类别的总计的贡献。需要注意的是，在使用堆积柱形图时堆积的序列必须对齐，否则数据点会呈现出不正确的情况。堆积柱形图显示单个项目与整体之间的关系，比较各个类别的每个数值所占总数值的大小。堆积柱形图以二维垂直堆积矩形显示数值。当有多个数据系列并且希望强调总数值时，可以使用堆积柱形图。堆积柱形图中还包括百分比堆积柱形图和三维百分比堆积柱形图，这些类型的柱形图比较各个类别的每一数值所占总数值的百分比大小。百分比堆积柱形图以二维垂直百分比堆积矩形显示数值。三维百分比堆积柱形图以三维格式显示垂直百分比堆积矩形，而不以三维格式显示数据。

①打开 Excel 工作表，在工作表中框选出需要创建为图表的数据范围，在【插入】选项栏中找到柱形图图标 ，如图 5.2-10 所示。

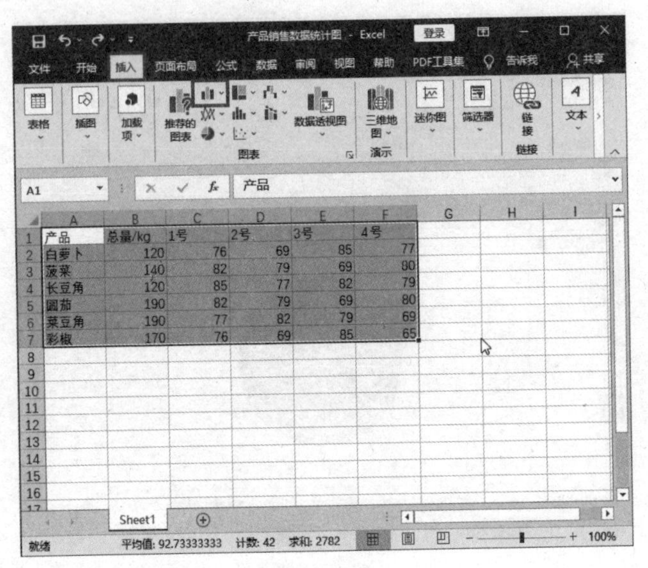


| 产品 | 总量/kg | 1号 | 2号 | 3号 | 4号 |
| --- | --- | --- | --- | --- | --- |
| 白萝卜 | 120 | 76 | 69 | 85 | 77 |
| 菠菜 | 140 | 82 | 79 | 69 | 80 |
| 长豆角 | 120 | 85 | 77 | 82 | 79 |
| 圆茄 | 190 | 82 | 79 | 69 | 80 |
| 菜豆角 | 190 | 77 | 82 | 79 | 69 |
| 彩椒 | 170 | 76 | 69 | 85 | 65 |

图 5.2-10

②在弹出的列表中选择合适的图表单击应用，这里以【二维柱形图】中第二个堆积柱形图为例，如图 5.2-11 所示。

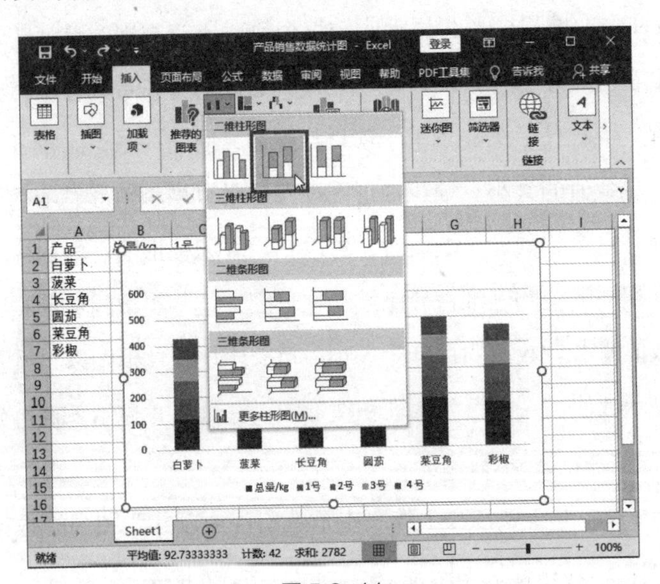


图 5.2-11

③用鼠标单击要插入的图表，调整图表的大小，并将插入的图表拖到合适的位置，如图 5.2-12 所示。

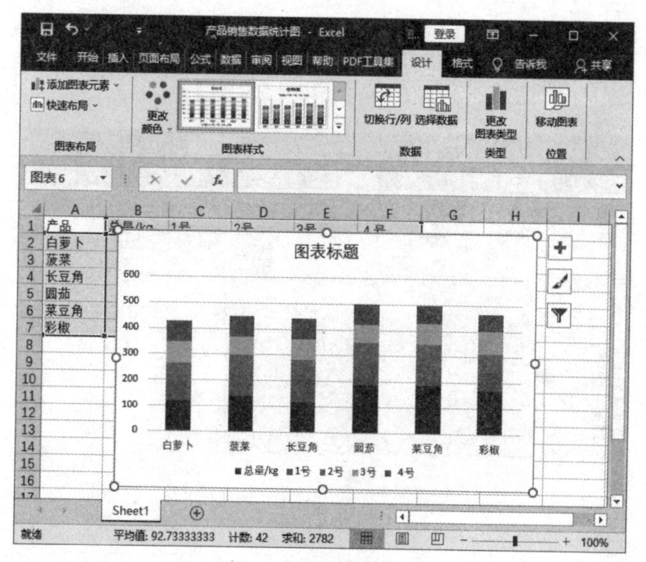


图 5.2-12

在工作中，表示因季节因素产生数据变动的情况时经常会用到堆积柱形图。当季节变化影响到产品销量时，使用堆积柱形图可以更直观地显示数据的变化。

## 5.2.5 面积图——直观呈现累计数据

在 Excel 中，面积图与折线图、柱形图、饼图一样，都是常用的商务图表。面积图是一种随时间变化而改变范围的图表，主要强调数量与时间的关系。例如为某企业每个月销售额绘制面积图，从整个年度上分析，其面积图所占据的范围累计就是该企业的年效益。面积图能够直观地将累计的数据呈现出来。

根据呈现的形式不同，面积图可以分为二维面积图和三维面积图。二维面积图主要以平面的形式呈现效果，三维面积图是以立体的形式呈现效果。

根据强调的内容不同，面积图可以分为普通面积图、堆积面积图和百分比堆积面积图。普通面积图显示各种数值随时间或类别变化的趋势线。堆积面积图显示每个数值所占大小随时间或类别变化的趋势线，可强调某个类别交于系列轴上的数值的趋势线。百分比堆积面积图显示每个数值所占百分比随时间或类别变化的趋势线，可强调每个系列的比例趋势线。具体操作步骤如下。

①打开 Excel 工作表，在工作表中框选出需要创建为图表的数据范围，在【插入】选项栏中找到折线图图标，如图 5.2-13 所示。

图 5.2-13

②在弹出的列表中选择需要的面积图单击应用，这里以【二维面积图】中第三个百分比堆积面积图为例，如图 5.2-14 所示。

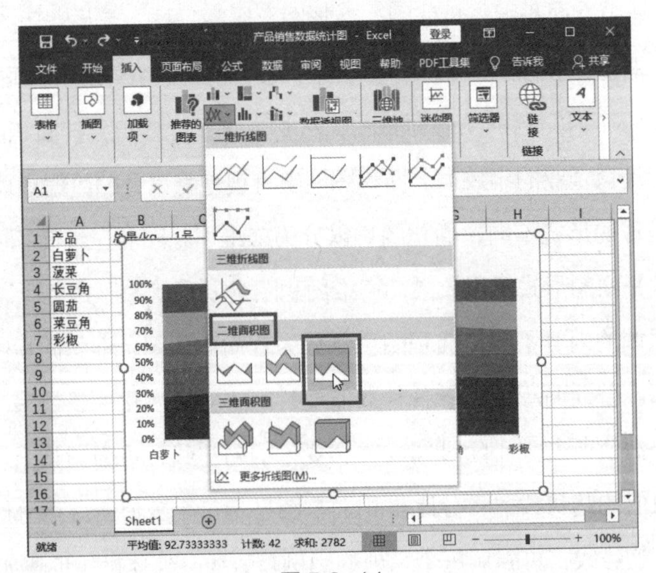


图 5.2-14

③用鼠标单击要插入的图表，调整图表的大小，并将插入的图表拖到合适的位置，如图 5.2-15 所示。

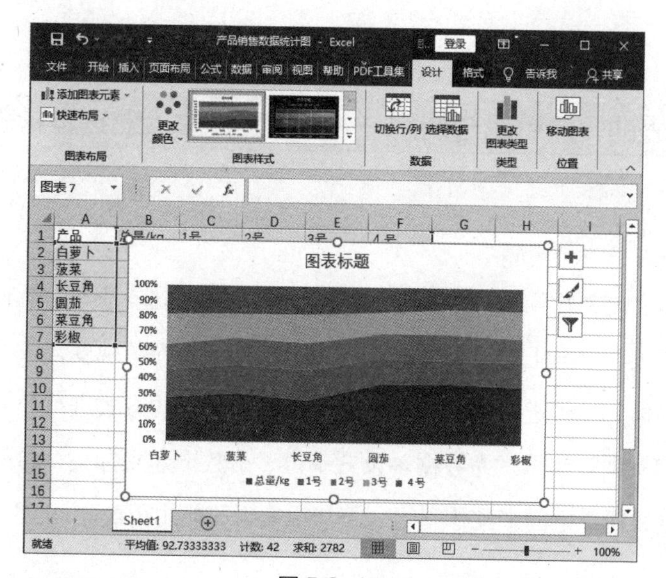


图 5.2-15

## 5.3 图表的具体编辑与使用——以“上一季度业绩走势表”为例

在本节之前，我们学习了图表的基本功能，通过这些基本功能我们可以熟练地创建图表，增强工作表的可视性。为了提升图表的美观度，我们可以对工作表中的字体、字号进行调整，还可以通过添加标签的方式进行补充说明。接下来，我们从调整字号、为数据轴设置单位、给数据建立标签、给图表设置网格线和刻度线四个方面来具体学习一下怎样编辑和使用图表。

### 5.3.1 调整字号

有些使用者觉得 Excel 图表中的默认字号偏小，看起来不够方便，对此，我们可以通过调整放大字号，让文字变得更清晰、更醒目。操作步骤如下。

在 Excel 工作表中单击选中图表，选择需要更改字号的部分，这时需要被更改字号的内容会被框起来，图标为[ ]，在【开始】选项卡的【字体】组中，更改为适合的字号即可，如图 5.3-1 所示。

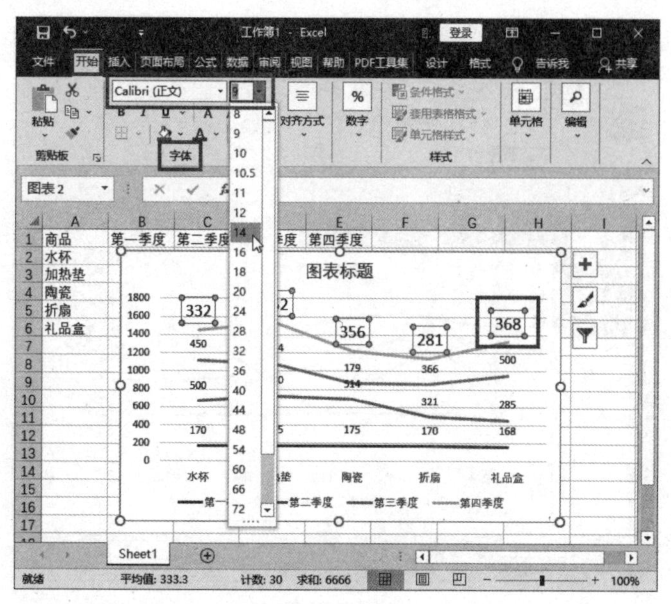

图 5.3-1

## 5.3.2 为数据轴设置单位

我们在使用 Excel 中的图表功能时，会发现在图表中不管是折线图、柱形图，还是饼状图都没有计量单位显示，其实 Excel 图表是有这个功能的。如果需要给图表中的数据添加单位，可以在图表制作完成之后，在数轴的上方设置文本框，并在文本内添加单位。给图表添加单位能够使图表中的数据更完整，让使用者可以对数据的内容和单位名称一目了然，增强图表的完整性和可视性。

①在 Excel 工作表中选中图表，为了给坐标轴最上方留出添加单位的位置，需要缩小图表的大小，留出空白区域。单击【格式】选项卡，在【插入形状】组中单击文本框图标，这样就能够添加一个文本框，如图 5.3-2 所示。

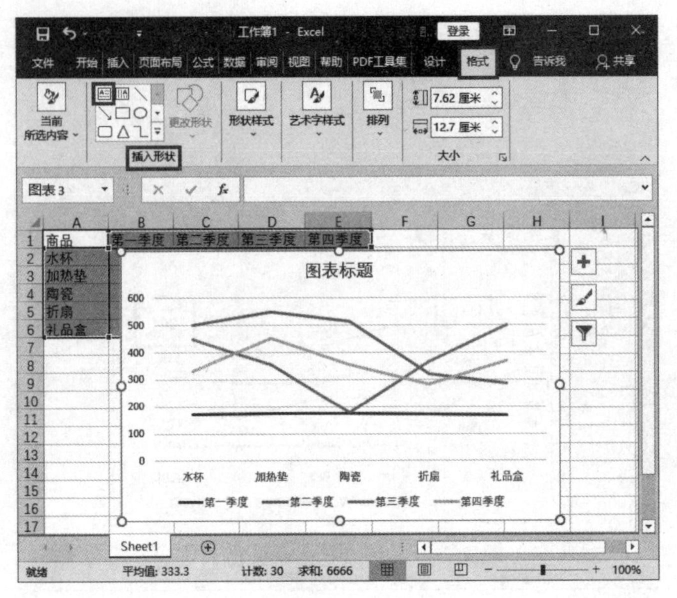


图 5.3-2

②在添加好的文本框中输入数据的单位，这里以“个”为例，图表的单位添加成功之后用鼠标调整字号，并将文本框拖到合适的位置，即可完成对数据轴单位的设置，如图 5.3-3 所示。

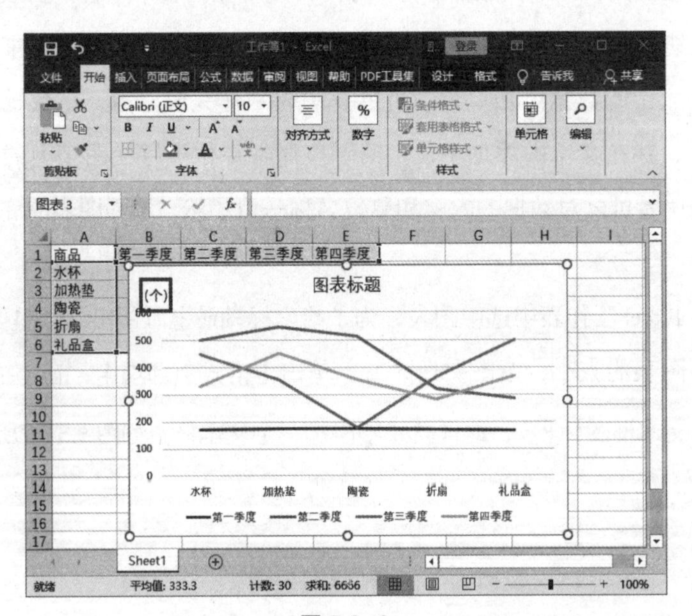


图 5.3-3

## 5.3.3 给数据建立标签

数据标签主要起补充说明的作用。做好的图表虽然直观，但是无法知道具体的数据，这时使用者可以根据需要给图表增加数据标签，来丰富图表内容。具体操作步骤如下。

①在 Excel 工作表中选中图表，这里以折线图为例，单击需要添加标签的数据区域，固定选择范围，单击添加图标 ➕，选择【数据标签】，让图表中的数据显示出来，方便下一步的操作，如图 5.3-4 所示。

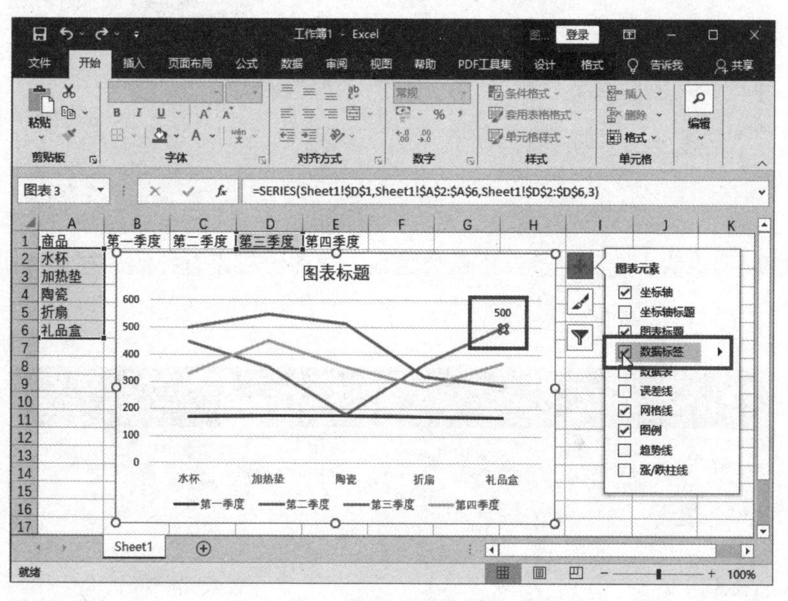


图 5.3-4

②双击数据标签，弹出【设置数据标签格式】对话框，单击标签选项图标 📊，在标签选项的下拉列表中，默认选择为【值】和【显示引导线】选项，如图 5.3-5 所示。

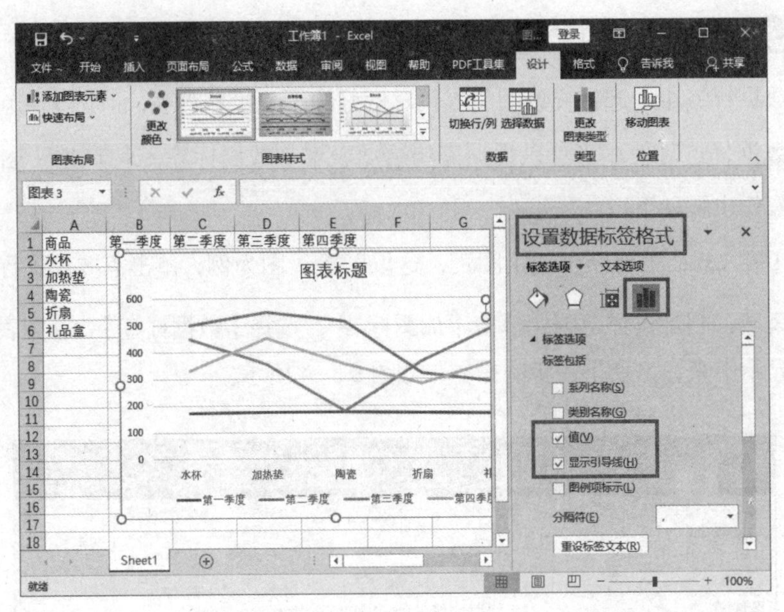


图 5.3-5

③取消【值】选项，选择【系列名称】选项，将设置好的数据标签应用到图表中，如图 5.3-6 所示。

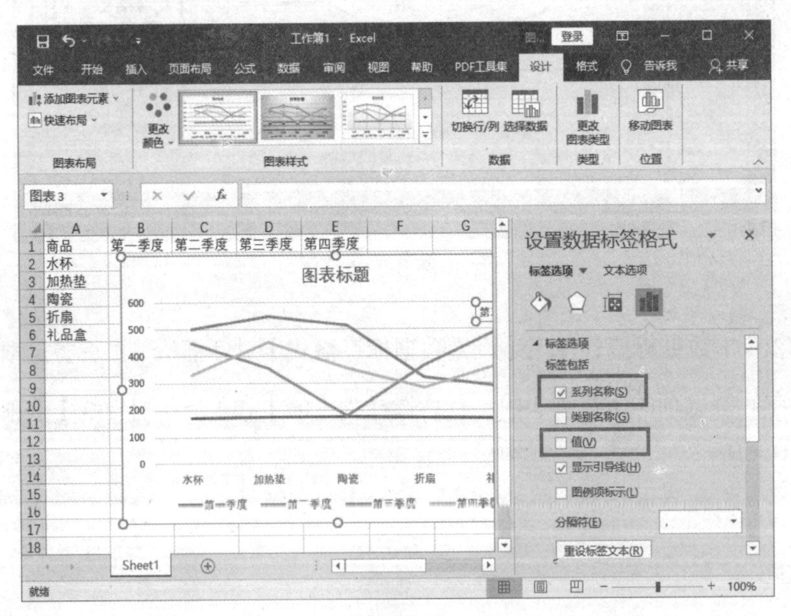


图 5.3-6

这样，数据标签就设置好了，可以用鼠标调整字号的大小，并将设置好的数据标签拖到合适的位置即可，呈现的结果如图 5.3–7 所示。

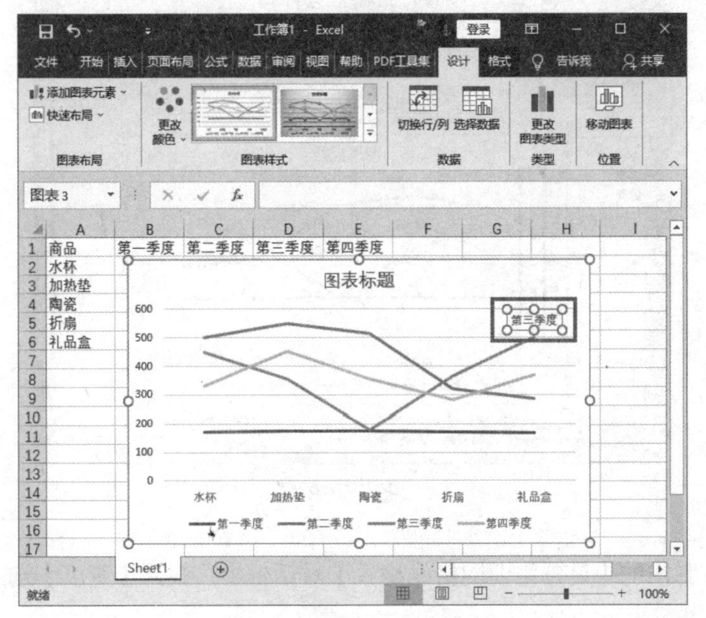


图 5.3–7

## 5.3.4 设置网格线和刻度线

在设置图表时，刻度线是一个非常重要的元素，是有利于使用者把握数值高低起伏的标准线。标准线应该和整个图表相辅相成，融为一体，而不能过于突出或者过于淡化，要粗细合适、颜色适中，以方便使用者观看和参考。

①单击 Excel 工作表中图表的刻度线，再单击【格式】选项卡中【当前所选内容】的下拉箭头，选择【设置所选内容格式】选项，如图 5.3–8 所示。

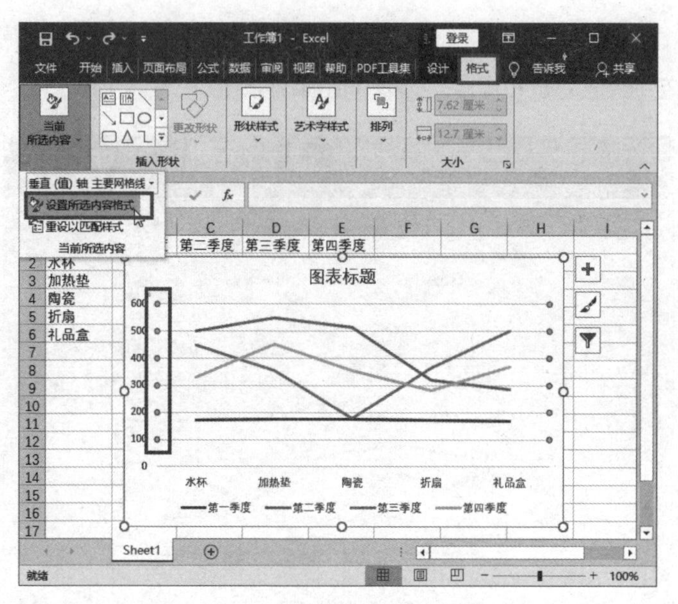

图 5.3-8

②在弹出的【设置主要网格线格式】对话框中，找到【宽度】选项，根据工作需求设置合适的数值，这里以 1.5 磅为例，如图 5.3-9 所示。

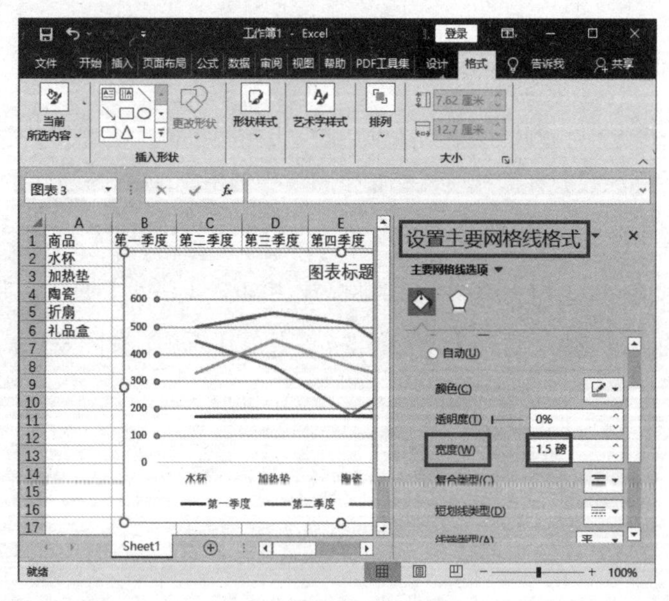

图 5.3-9

③返回到图表中，即看到选中的刻度线已经按要求设置好了，如图 5.3-10 所示。

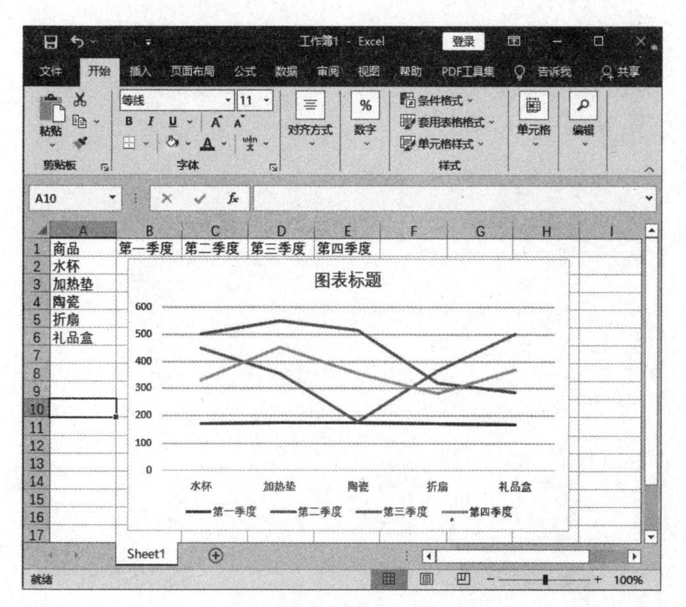


图 5.3-10

## —— 第6章 ——

# Excel 的高级技巧应用——数据分析

面对大量杂乱无章的数据时，使用 Excel 编辑数据，运用模拟运算、数据透视表和散点图，可以快速归纳整理数据，从而更加直观地查看数据，以及对数据进行对比分析。熟悉和掌握一套用于高效汇总统计、归纳提炼的工具和方法，能够让数据发挥真正的价值。

本章内容着重对 Excel 中基础操作技巧进行讲解，包括通过模拟运算进行数据分析、数据透视表与数据透视图、在散点图中分析数据三节内容，以帮助大家提高工作效率。

## 6.1 通过模拟运算进行数据分析——以“运营销售数据统计表”为例

在 Excel 中，模拟运算表是最强大的分析工具之一。模拟运算表能够对多方更改所涉及的多种条件进行充分的试算。使用模拟运算表，通过简单的操作就能够实现数据分析。本节将讲解 Excel 中模拟运算表的创建、模拟运算表与条件格式、关闭自动计算、单变量求解、规划求解等内容，以帮助大家快速掌握 Excel 中有关模拟运算表的知识与技巧。

### 6.1.1 模拟运算表的创建

为了让大家快速学会模拟运用表的基础操作方法，我们先用银行存款额度与利率进行说明，年利率、周期及存款额度如图 6.1–1 所示。

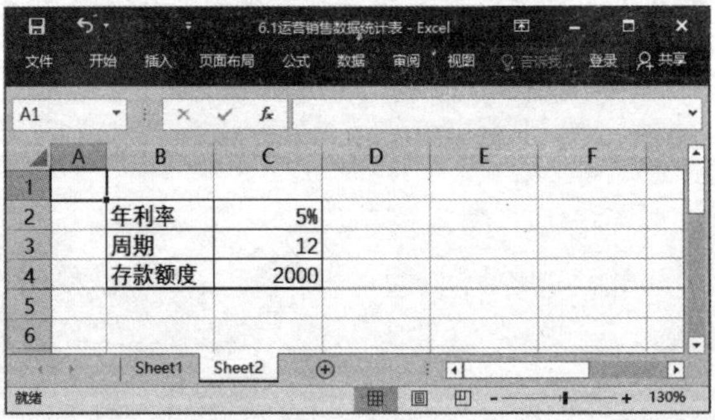

图 6.1–1

列出存款额度表格，在 C6 单元格中输入公式“=–FV(C2/12,C3,C4)”，如图 6.1–2 所示。

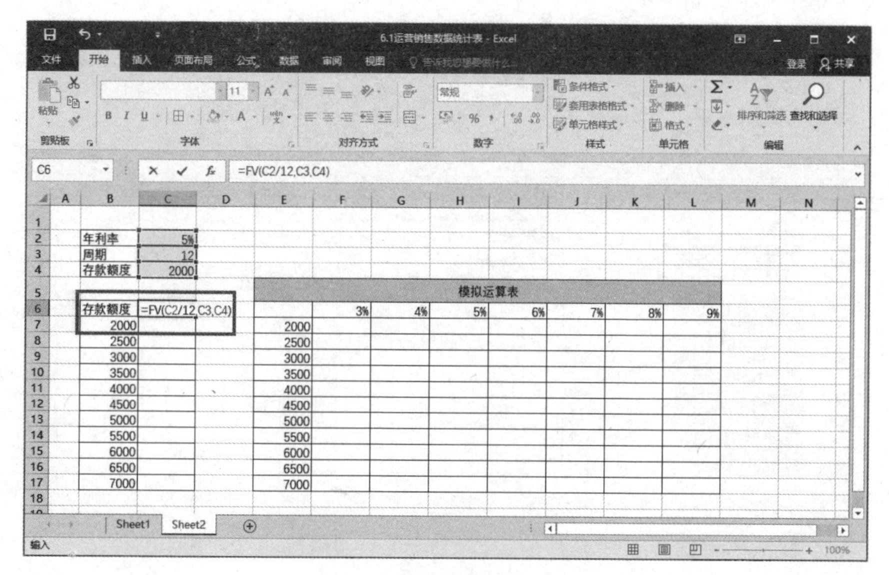


图 6.1-2

选中目标单元格区域，单击【数据】选项卡下【模拟分析】的下拉按钮，选择【模拟运算表】选项，如图 6.1-3 所示。

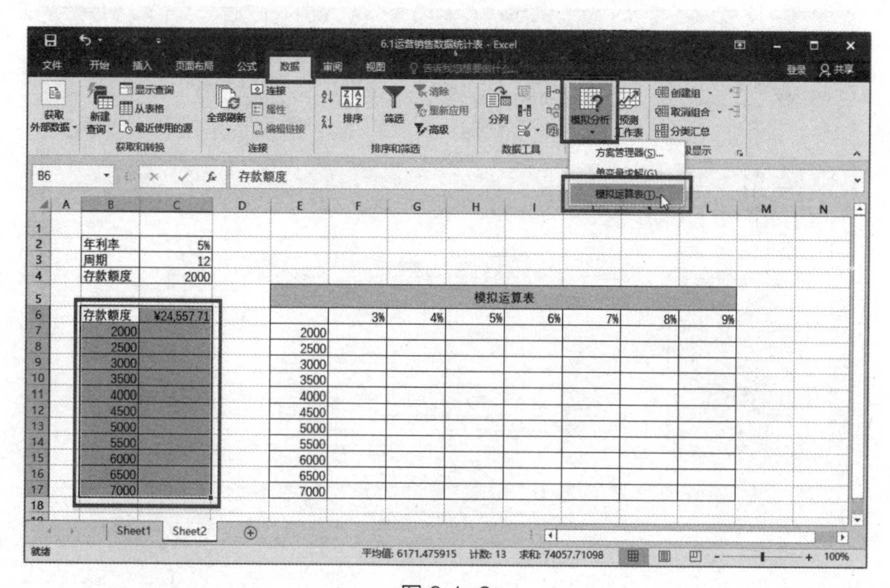


图 6.1-3

在【模拟运算表】对话框中的【输入引用列的单元格】文本框中选择“存款额度”所在的 C4 单元格，单击【确定】按钮，如图 6.1-4 所示。

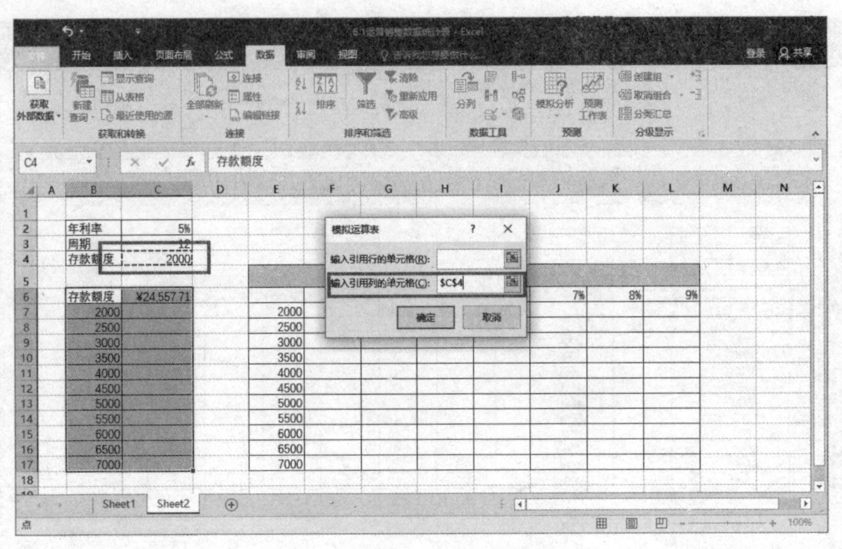

图 6.1-4

需要注意的是，这里单元格的地址一定要用绝对引用的形式输入。

数据计算已完成，如图 6.1-5 所示。

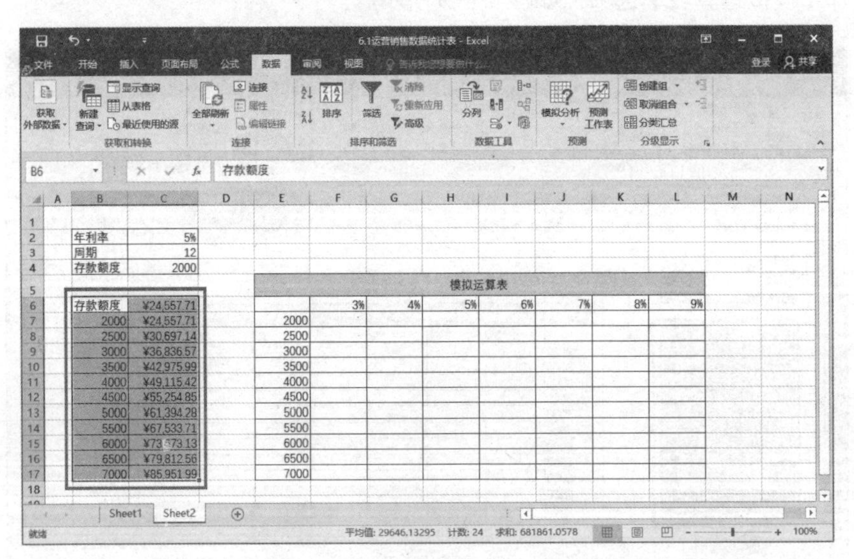

图 6.1-5

假设银行利率不同，存款额度也不同时，同样可以快速计算出结果。在 E5 单元格中输入公式“=-FV(C2/12,C3,C4 )”，选中模拟运算表，单击【数据】选项卡下【模拟分析】的下拉按钮，选择【模拟运算表】选项，如图 6.1-6 所示。

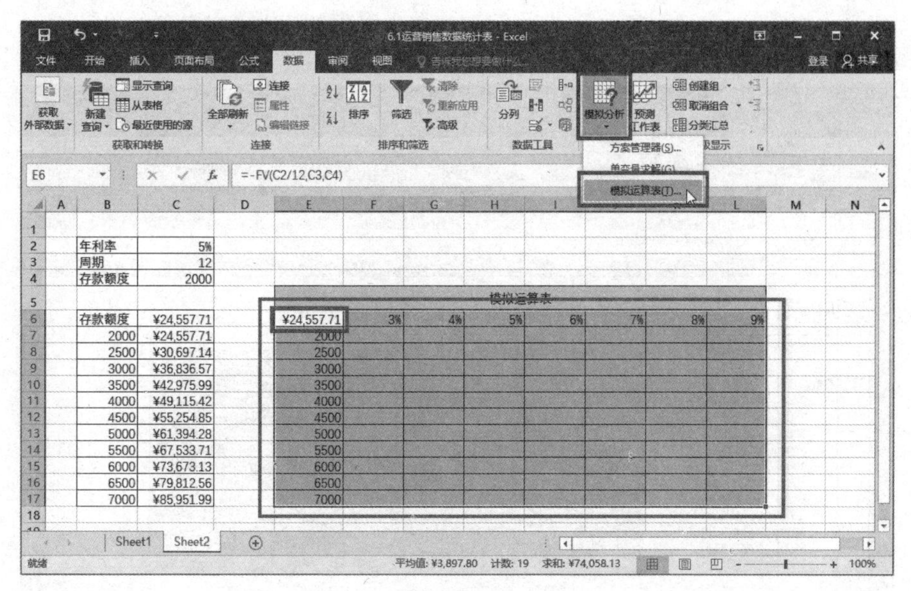


图 6.1-6

在【模拟运算表】对话框中，在【输入引用行的单元格】文本框中选择“年利率”所在的单元格【$C$2】，在【输入引用列的单元格】文本框中选择“存款额度”所在的单元格【$C$4】，单击【确定】按钮，如图 6.1-7 所示。

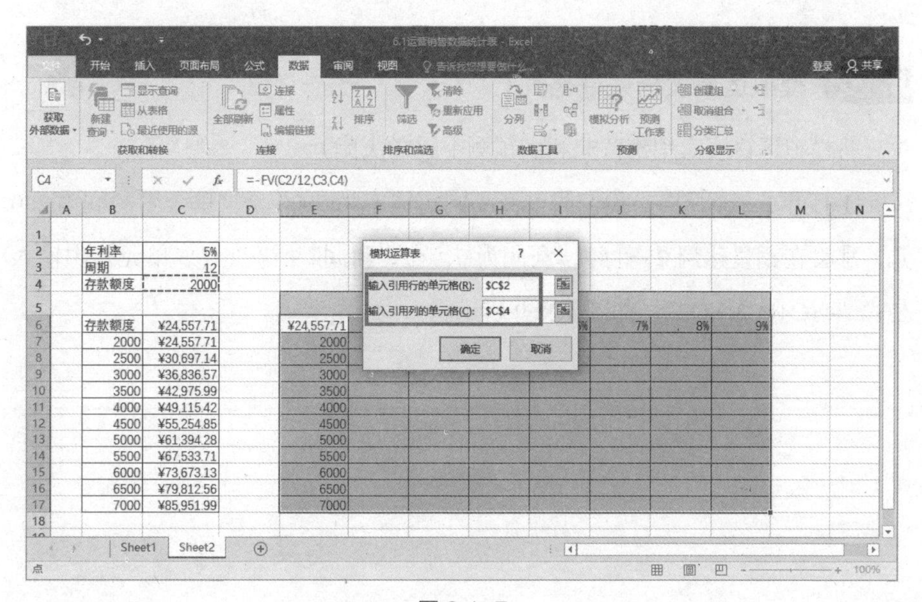


图 6.1-7

数据计算就完成了，效果如图 6.1-8 所示。

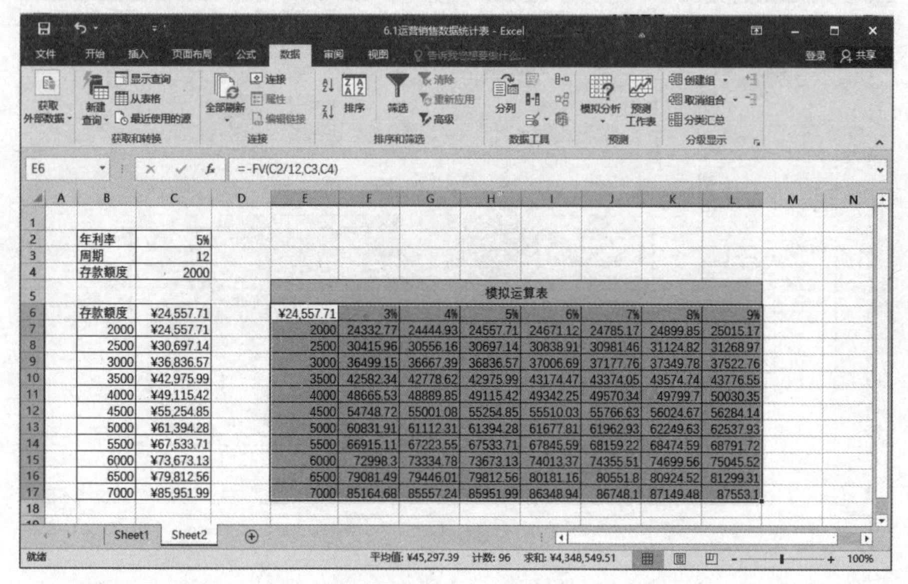


图 6.1-8

如果大家不想显示模拟运算表中左上角 E6 单元格的数值，则可以将文字设置成白色，千万不能将数值删除，否则模拟运算表的运算结果会发生改变。

## 6.1.2 模拟运算表与条件格式

将模拟运算表应用到营业利润预测中同样快捷。

①打开 Excel 表格，我们假设商品固定成本为 5000 元，单个零利润为 200 元，那么在销量达到 25 件时，利润为 0，在“利润”所在的 C5 单元格中输入公式“=(C4*C3)-C2”，如图 6.1-9 所示。

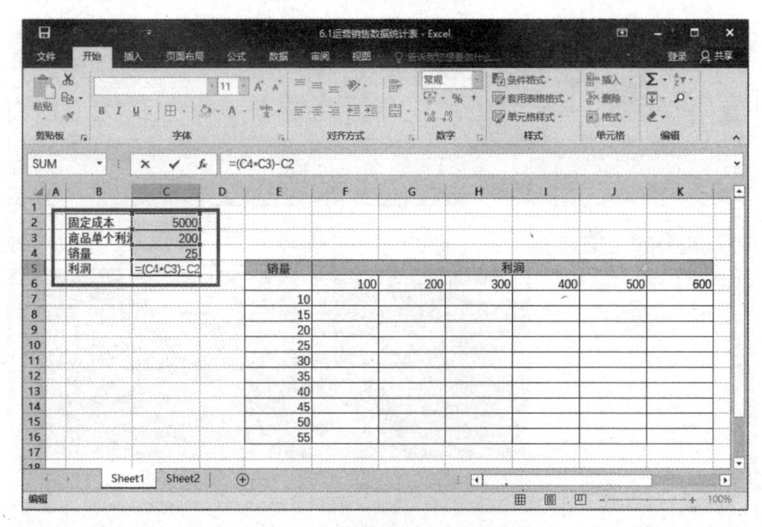


图 6.1-9

②在模拟运算表左上角的 E5 单元格中输入“=C5”，如图 6.1-10 所示。

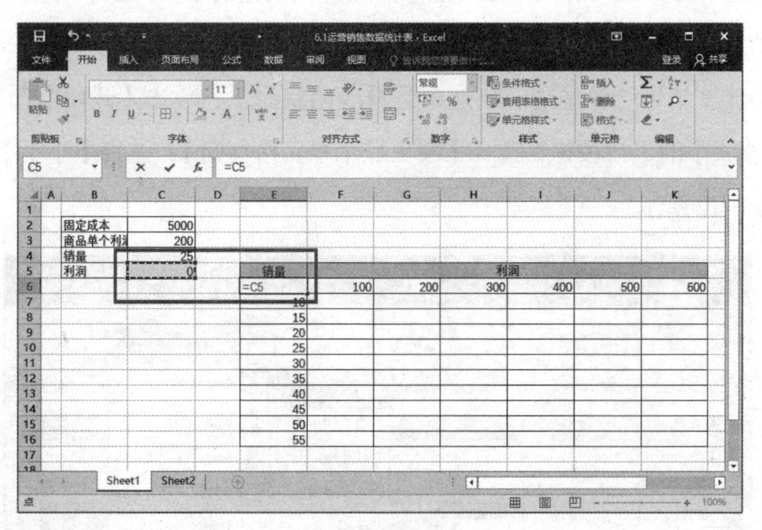


图 6.1-10

③选中模拟运算表的目标单元格区域，单击【数据】选项卡下【模拟分析】的下拉按钮，选择【模拟运算表】选项，在【模拟运算表】对话框中的【输入引用行的单元格】文本框中选择“商品单个利润”所在的单元格【$C$3】，在【输入引用列的单元格】文本框中选择“销量”所在的单元格【$C$4】，单击【确定】按钮，如图 6.1-11 所示。

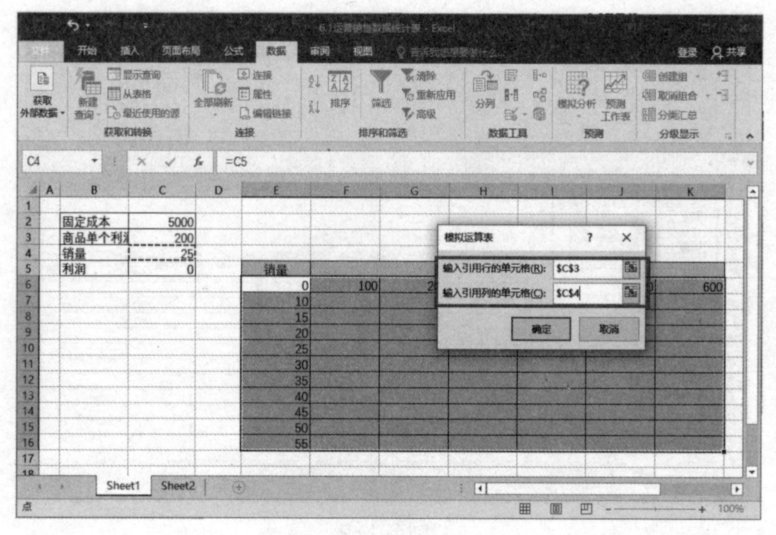


图 6.1–11

框选单元格区域时，一定要注意区域内左上角的 E6 单元格，此单元格中的公式为模拟运算时所进行计算的算式。

④计算结果已经呈现，在选中运算表的状态下，单击【开始】选项卡下【条件格式】的下拉按钮，选择【突出显示单元格规则】，选择【小于】选项，如图 6.1–12 所示。

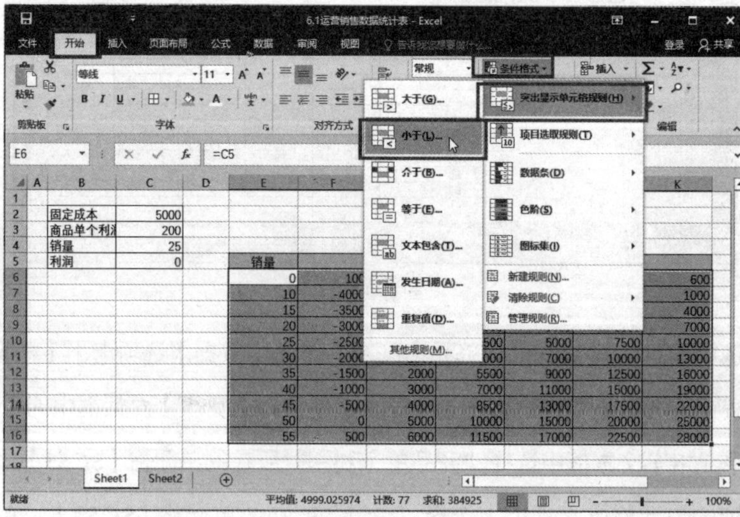

图 6.1–12

弹出【小于】对话框，在输入框中指定一个数值并设置填充格式。这里设置为 1000 和【绿填充色深绿色文本】，如图 6.1-13 所示。然后单击【确定】按钮。

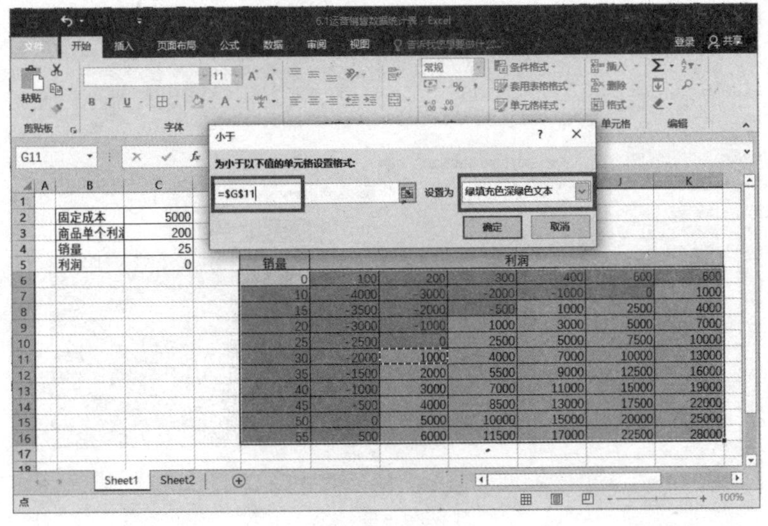


图 6.1-13

可以看到，符合结果的数值便填充了绿色。我们再设置另一个条件格式。在选中运算表的状态下，单击【开始】选项卡下【条件格式】的下拉按钮，选择【突出显示单元格规则】，选择【大于】选项，如图 6.1-14 所示。

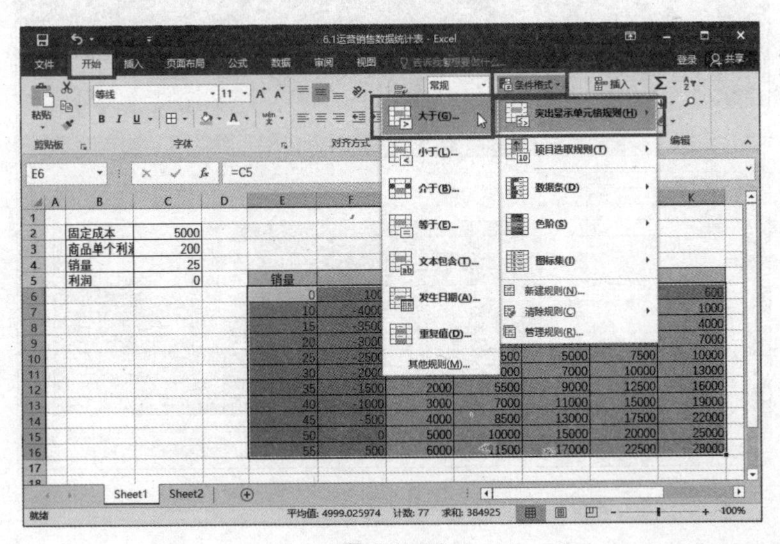


图 6.1-14

弹出【大于】对话框，在输入框中指定一个数值并设置填充格式。这里设置为5000和【浅红填充色深红色文本】，如图6.1-15所示。然后单击【确定】按钮。

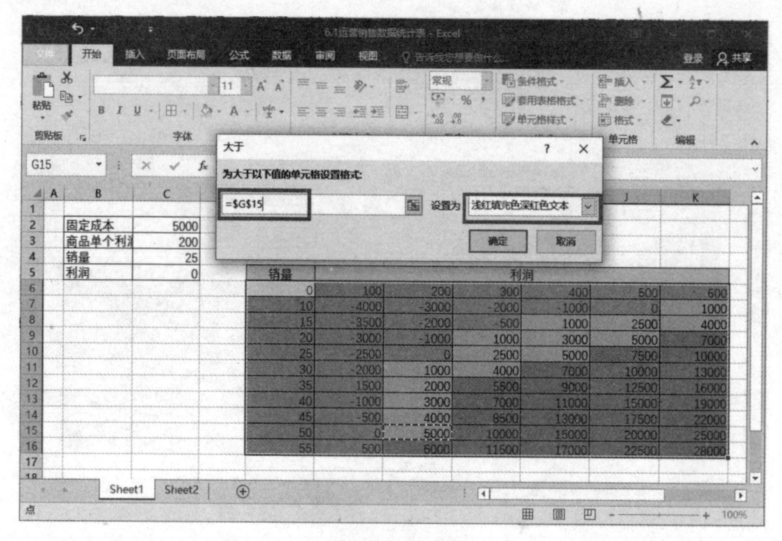


| | B | C |
|---|---|---|
| 2 | 固定成本 | 5000 |
| 3 | 商品单个利润 | 200 |
| 4 | 销量 | 25 |
| 5 | 利润 | 0 |

| 销量 | 利润 | | | | | |
|---|---|---|---|---|---|---|
| 0 | 100 | 200 | 300 | 400 | 500 | 600 |
| 10 | -4000 | -3000 | -2000 | -1000 | 0 | 1000 |
| 15 | -3500 | -2000 | -500 | 1000 | 2500 | 4000 |
| 20 | -3000 | -1000 | 1000 | 3000 | 5000 | 7000 |
| 25 | -2500 | 0 | 2500 | 5000 | 7500 | 10000 |
| 30 | -2000 | 1000 | 4000 | 7000 | 10000 | 13000 |
| 35 | -1500 | 2000 | 5500 | 9000 | 12500 | 16000 |
| 40 | -1000 | 3000 | 7000 | 11000 | 15000 | 19000 |
| 45 | -500 | 4000 | 8500 | 13000 | 17500 | 22000 |
| 50 | 0 | 5000 | 10000 | 15000 | 20000 | 25000 |
| 55 | 500 | 6000 | 11500 | 17000 | 22500 | 28000 |

图6.1-15

这样，模拟运算表就制作完成了。通过表格我们可以快速看出单个利润在100元时，销量达到最高也无法达到5000元的利润，如图6.1-16所示。

| | B | C |
|---|---|---|
| 2 | 固定成本 | 5000 |
| 3 | 商品单个利润 | 200 |
| 4 | 销量 | 25 |
| 5 | 利润 | 0 |

| 销量 | 利润 | | | | | |
|---|---|---|---|---|---|---|
| 0 | 100 | 200 | 300 | 400 | 500 | 600 |
| 10 | -4000 | -3000 | -2000 | -1000 | 0 | 1000 |
| 15 | -3500 | -2000 | -500 | 1000 | 2500 | 4000 |
| 20 | -3000 | -1000 | 1000 | 3000 | 5000 | 7000 |
| 25 | -2500 | 0 | 2500 | 5000 | 7500 | 10000 |
| 30 | -2000 | 1000 | 4000 | 7000 | 10000 | 13000 |
| 35 | -1500 | 2000 | 5500 | 9000 | 12500 | 16000 |
| 40 | -1000 | 3000 | 7000 | 11000 | 15000 | 19000 |
| 45 | -500 | 4000 | 8500 | 13000 | 17500 | 22000 |
| 50 | 0 | 5000 | 10000 | 15000 | 20000 | 25000 |
| 55 | 500 | 6000 | 11500 | 17000 | 22500 | 28000 |

图6.1-16

需要注意的是，模拟运算表与原表必须放在同一工作表中，而且不能引用别的工作表中的值。如果放在原表的下方或右侧，在调整行高和列宽时容易发生问题，所以，模拟运算表的最佳摆放位置是原表的右下方，即使原表的行和列发生变化也不会影响到模拟运算表。

## 6.1.3 需要时关闭自动计算

如果模拟运算表中的条件有所增加或更改，那么计算结果也会有相应的变化。假设标题行和标题列都输入 10 个条件，那么模拟运算表就会进行 100 次计算。如果条件更改，那么所有结果又会重新计算。这样就容易造成 Excel 表格在使用过程中的卡顿。因此，在进行条件特别多的模拟运算时，可以设置关闭模拟运算的自动计算功能。

打开 Excel 表格，单击【公式】选项卡下【计算选项】的下拉按钮，选择【手动】选项，如图 6.1-17 所示。

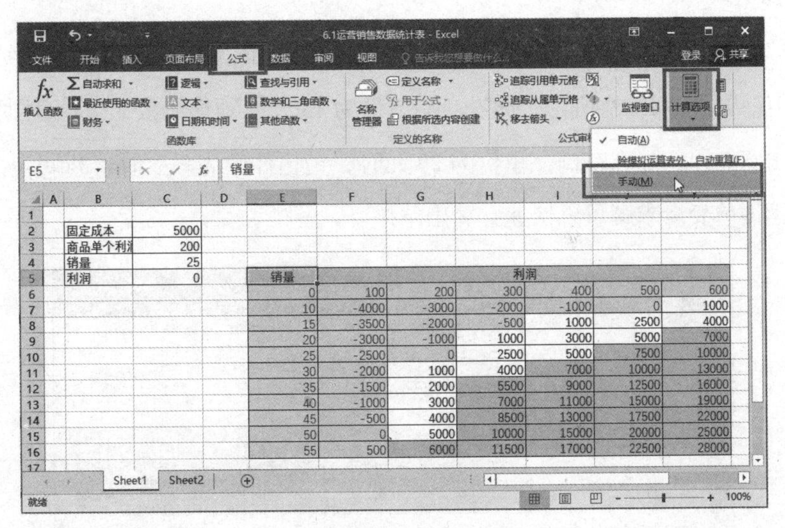


| | B | C | D | E | F | G | H | I | J | K |
|---|---|---|---|---|---|---|---|---|---|---|
| 2 | 固定成本 | 5000 | | | | | | | | |
| 3 | 商品单个利润 | 200 | | | | | | | | |
| 4 | 销量 | 25 | | | | | | | | |
| 5 | 利润 | 0 | | 销量 | 利润 | | | | | |
| 6 | | | | 0 | 100 | 200 | 300 | 400 | 500 | 600 |
| 7 | | | | 10 | -4000 | -3000 | -2000 | -1000 | 0 | 1000 |
| 8 | | | | 15 | -3500 | -2000 | -500 | 1000 | 2500 | 4000 |
| 9 | | | | 20 | -3000 | -1000 | 1000 | 3000 | 5000 | 7000 |
| 10 | | | | 25 | -2500 | 0 | 2500 | 5000 | 7500 | 10000 |
| 11 | | | | 30 | -2000 | 1000 | 4000 | 7000 | 10000 | 13000 |
| 12 | | | | 35 | -1500 | 2000 | 5500 | 9000 | 12500 | 16000 |
| 13 | | | | 40 | -1000 | 3000 | 7000 | 11000 | 15000 | 19000 |
| 14 | | | | 45 | -500 | 4000 | 8500 | 13000 | 17500 | 22000 |
| 15 | | | | 50 | 0 | 5000 | 10000 | 15000 | 20000 | 25000 |
| 16 | | | | 55 | 500 | 6000 | 11500 | 17000 | 22500 | 28000 |

图 6.1-17

此时的自动计算功能就关闭了。需要重算时，则单击【公式】选项卡下的【开始计算】按钮，如图 6.1-18 所示。

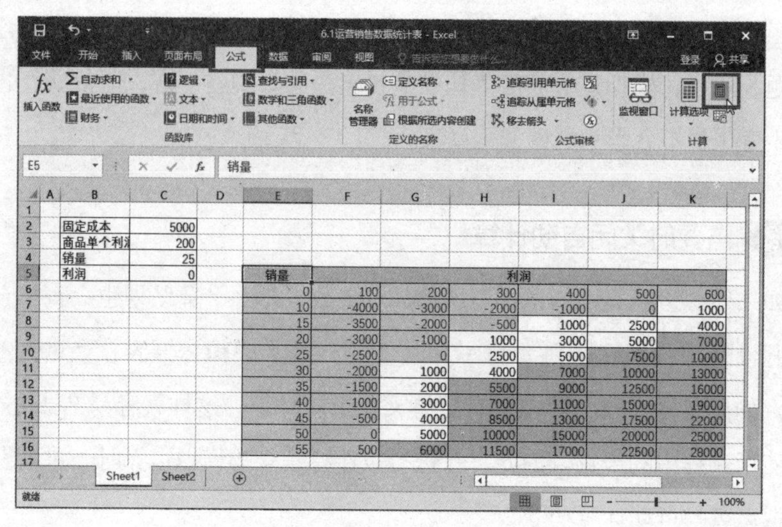

图 6.1-18

## 6.1.4 学会单变量求解

单变量求解的意思为指定出计算结果，然后逆向求出能够得出这个结果的条件值。如图 6.1-19 所示，假设商品单价为 15 元，销售件数在 2000 件时，利润为 18000 元，那么在商品单价为 20 元时，销售件数为多少时，利润为 10000 元？运用单变量求解可以快速计算出结果。

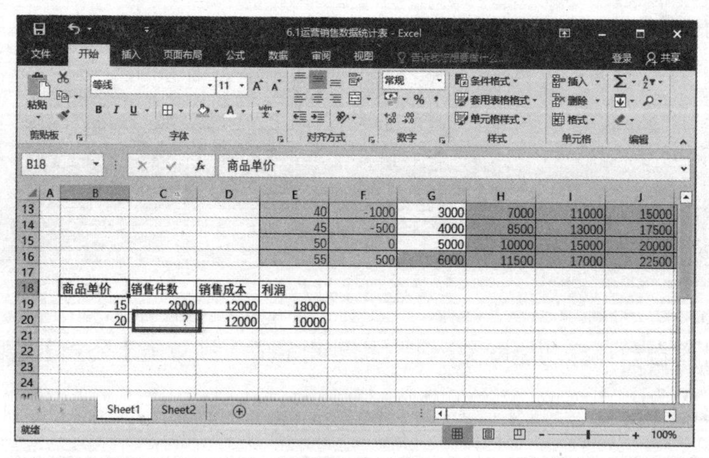


图 6.1-19

①打开 Excel 表格，在“利润”单元格 E19 中输入公式“=B19*C19-D19”，

如图 6.1-20 所示。

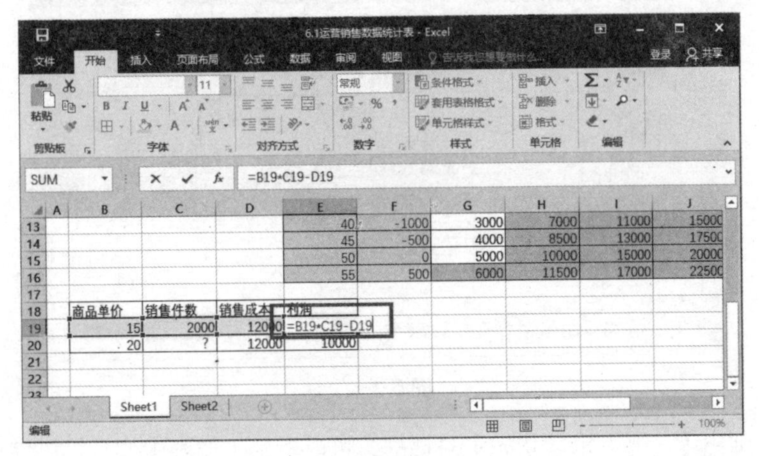


图 6.1-20

②单击【数据】选项卡下【模拟分析】的下拉按钮，选择【单变量求解】选项，如图 6.1-21 所示。

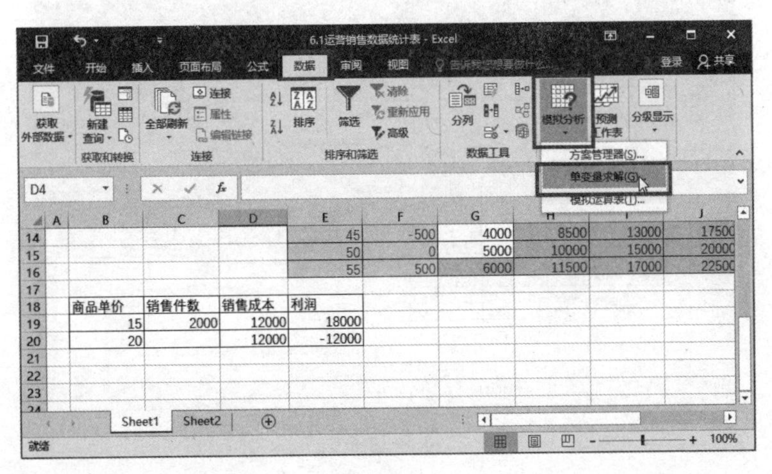


图 6.1-21

③弹出【单变量求解】对话框，【目标单元格】输入框中选择“利润”所在的单元格【$E20]，【目标值】填写 10000，【可变单元格】输入框中选择“销售件数”所在的单元格【$C$20】，如图 6.1-22 所示，单击【确定】按钮。

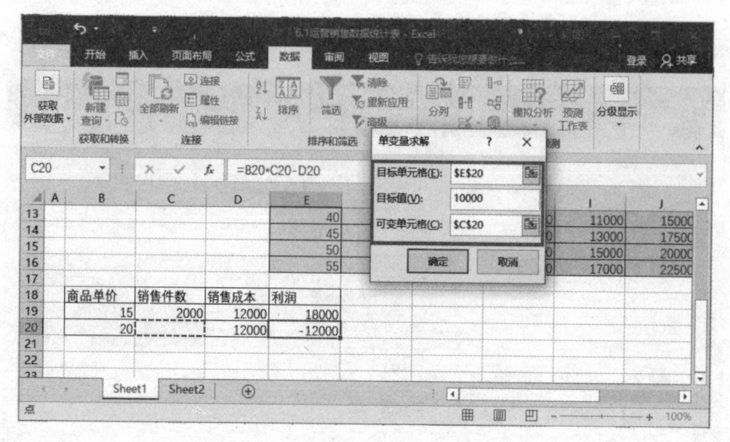


图 6.1-22

④弹出【单变量求解状态】对话框，可以看到工作表中的计算已完成，即在商品单价为 20 元时，销售件数为 1100 件即可达到利润 10000 元，如图 6.1-23 所示。

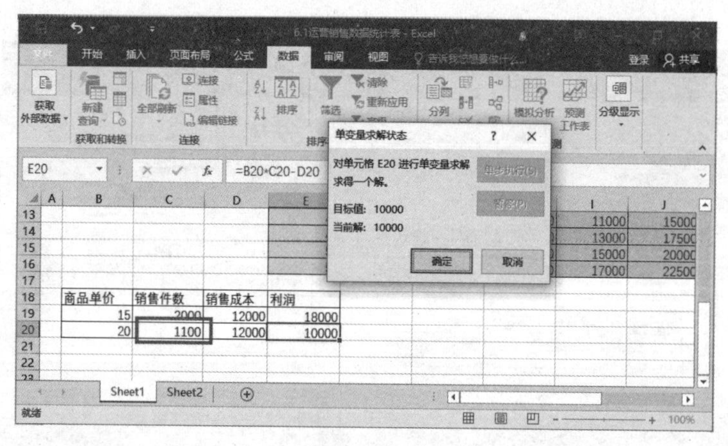


图 6.1-23

## 6.1.5 规划求解

所谓规划求解，是指基于给出的条件，计算出某一个或多个组合数值的功能。规划求解只需要根据指定的条件就能立刻计算出最佳值，但规划求解是作为“加载项”存在的，未经设置的 Excel 需要先加载激活项，使其显示于菜单栏。

①打开 Excel 工作表，单击【文件】选项卡，然后在打开的左侧列表中单

击【选项】，如图 6.1–24 所示。

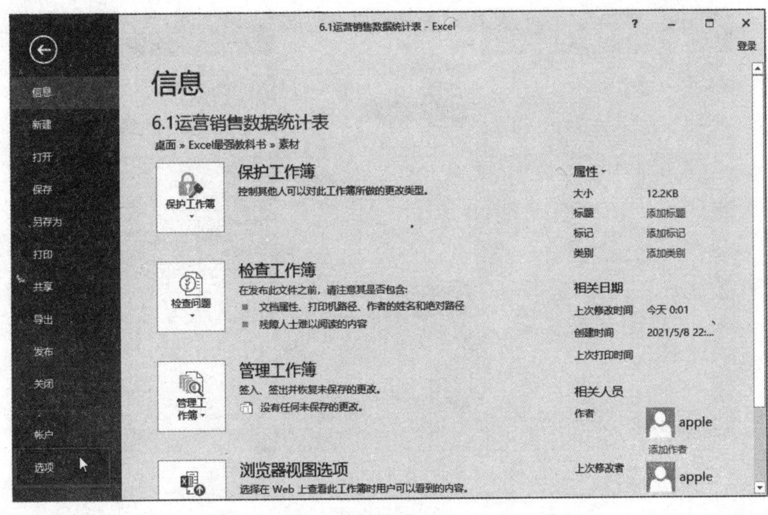


图 6.1–24

②在【Excel 选项】对话框中，选择【加载项】选项，单击【转到】按钮，如图 6.1–25 所示。

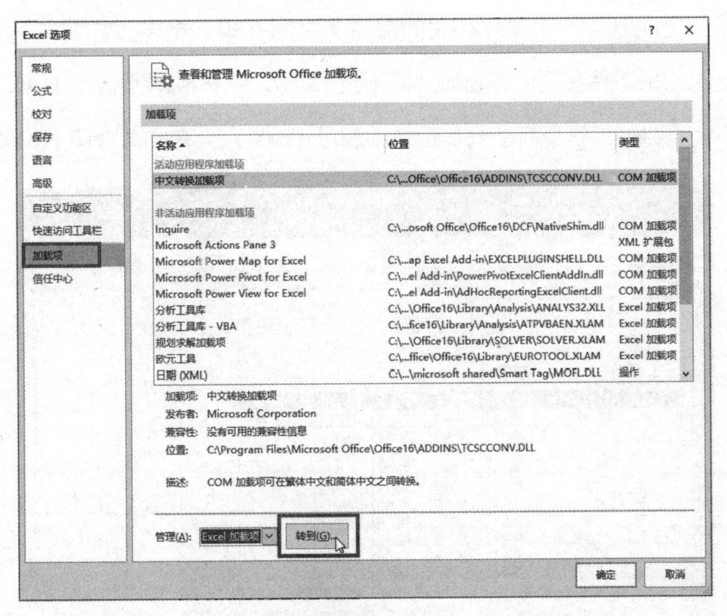


图 6.1–25

③在【加载宏】对话框中，勾选【规划求解加载项】，单击【确定】按钮，

如图 6.1–26 所示。

加载宏
可用加载宏(A):
分析工具库
分析工具库 - VBA
规划求解加载项
欧元工具
确定
取消
浏览(B)...
自动化(U)...
规划求解加载项
用于优化和公式求解的工具
商品单价
销售件数
销售成本
利润
Sheet1
Sheet2


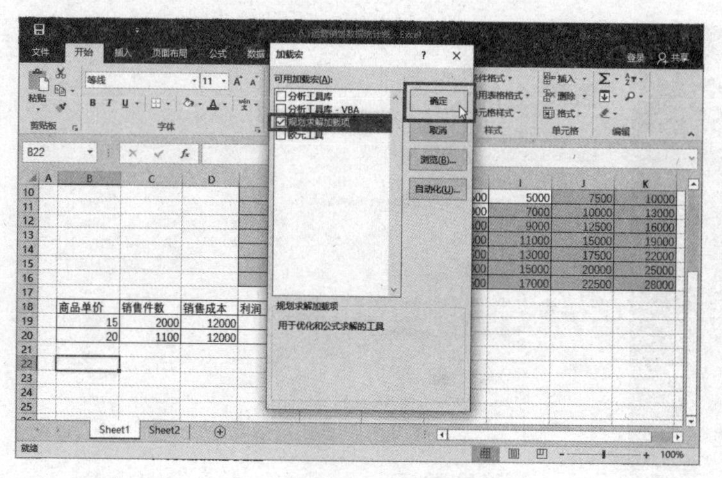

图 6.1–26

想关闭规划求解功能时，只要按同样的方法取消勾选【规划求解加载项】前面的复选框就可以了。

在对表格进行规划求解时，首先要注意将表格的约束条件汇总在表格上方或下方，其次要注意与约束条件相关的数值务必写在单元格中。如图 6.1–27 所示，我们设定的约束条件如下：基础成本不低于 7700，维护成本不低于 1100，营销成本比例不大于 20%，单个商品成本合计不超过 11000，所有成本合计 110000。

6.1运营销售数据统计表 - Excel
基础成本不低于 7700
维护成本不低于 1100
营销成本比例不大于 20%
单个商品成本合计不超过 11000
所有成本合计 110000
序号 产品名称 基础成本 维护成本 营销成本 成本合计 营销成本比例
1 产品1 8650.3 1300.0 2162.6 12112.9 25.0%
2 产品2 8637.2 1200.0 2159.3 11996.5
3 产品3 7723.6 1320.0 1930.9 10974.5
4 产品4 8430.6 1240.0 2107.7 11778.3
5 产品5 7236.4 1320.0 1809.1 10365.5
6 产品6 7963.4 1620.0 1990.9 11574.3
7 产品7 7521.4 1342.0 1880.4 10743.8
8 产品8 8542.3 1100.0 2135.6 11777.9
9 产品9 8230.4 1026.0 2057.6 11314.0
10 产品10 7632.4 1035.0 1908.1 10575.5
合计 113213.0
模拟运算1
模拟运算2
规划求解


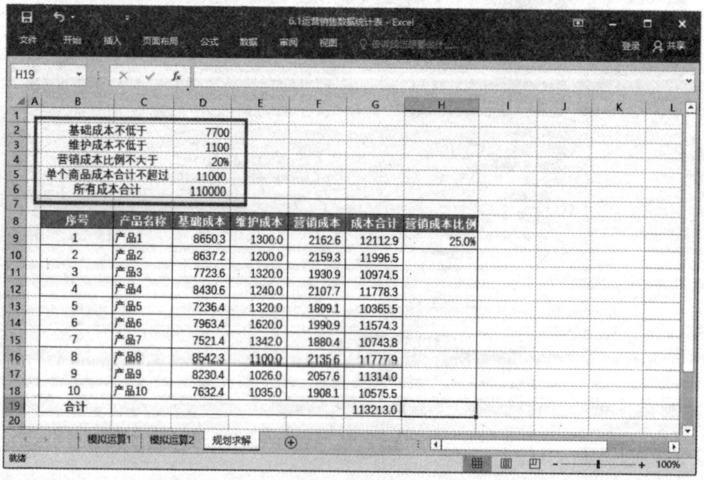

图 6.1–27

表格准备好以后，就可以开始规划求解表格了。

①单击【数据】选项卡下的【规划求解】按钮，如图 6.1–28 所示。

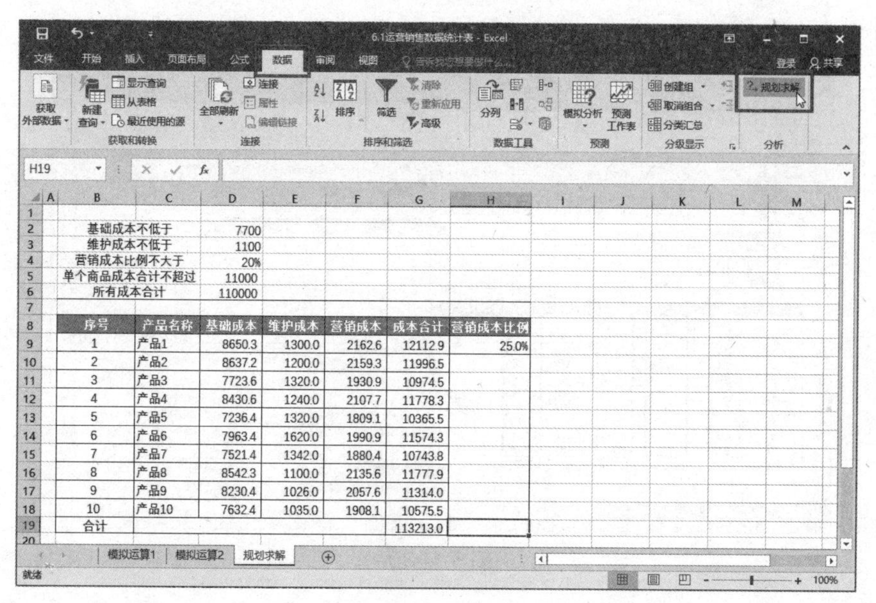


图 6.1–28

②弹出【规划求解参数】对话框中，在【设置目标】输入框中选择【$G$19】，根据约束条件选择【目标值】，设置数值为 110000，如图 6.1–29 所示。

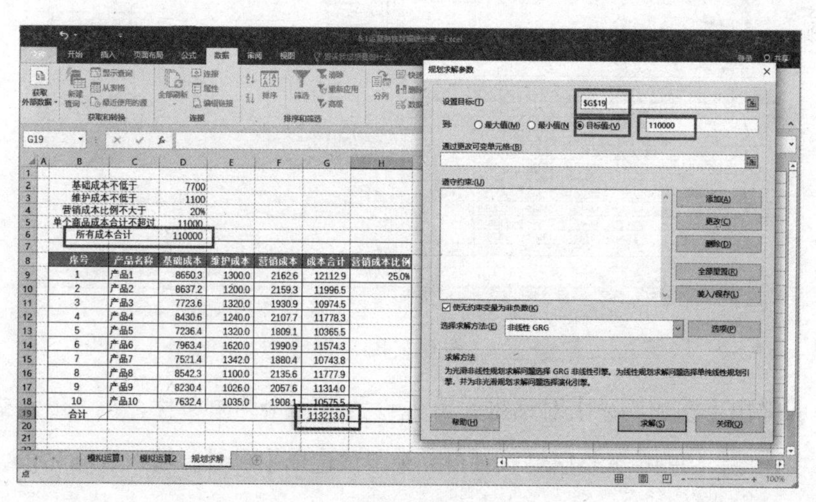


图 6.1–29

③在【通过更改可变单元格】输入框中引用可以更改数值的单元格区域，这里大家注意，每选择一个单元格区域时都要用英文逗号隔开，如图 6.1-30 所示。

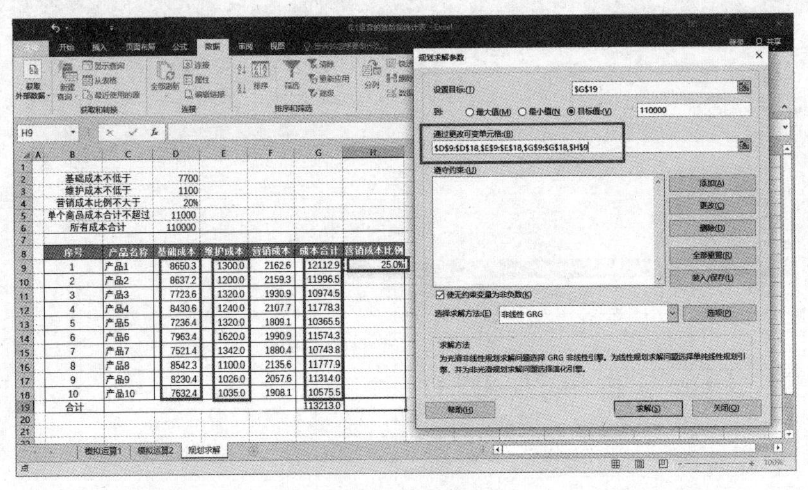

图 6.1-30

④设置【遵守约束】，单击【添加】按钮，如图 6.1-31 所示。

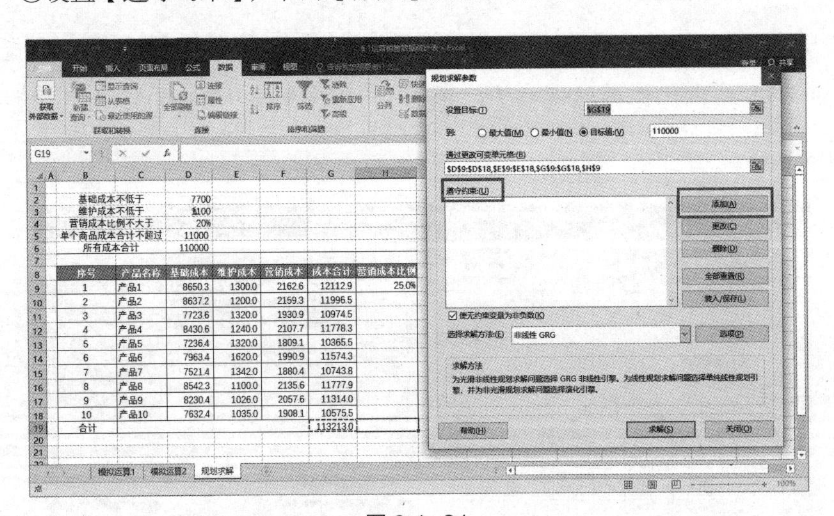

图 6.1-31

⑤弹出【添加约束】对话框，首先设置第一个约束条件，在【单元格引用】中选择引用的单元格区域，根据约束条件选择【>=】，输入数值 7700，设置完毕后单击【添加】按钮，添加下一个约束条件，如图 6.1-32 所示。

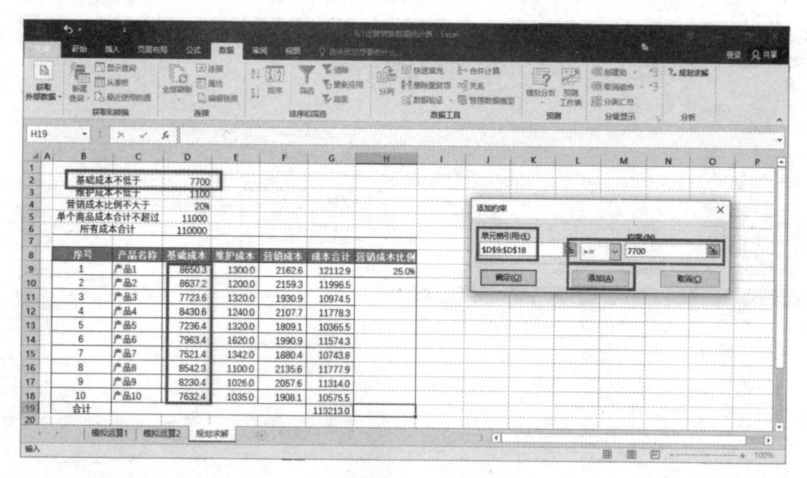


图 6.1-32

⑥用同样的方法输入接下来的约束条件，最后一个约束条件输入完成后单击【确定】按钮，返回对话框，如图 6.1-33 所示。

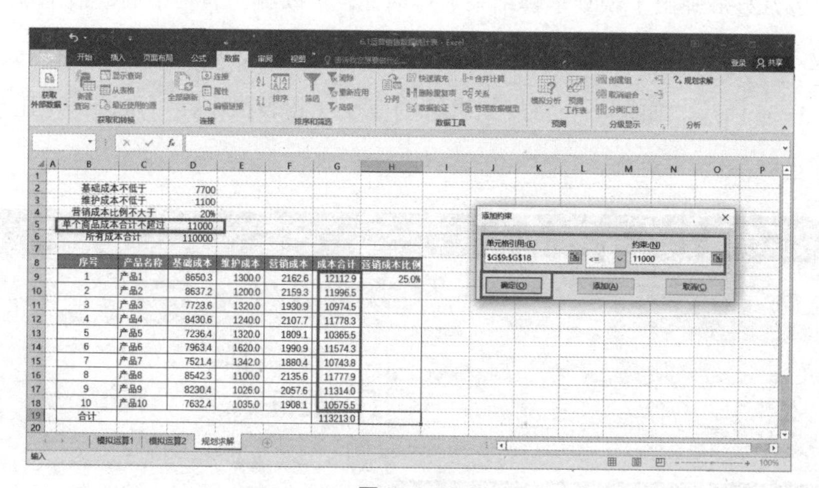


图 6.1-33

⑦可以在【遵守约束】文本框中看到所有约束条件已经输入完成，单击【求解】按钮，进行规划求解，如图 6.1-34 所示。

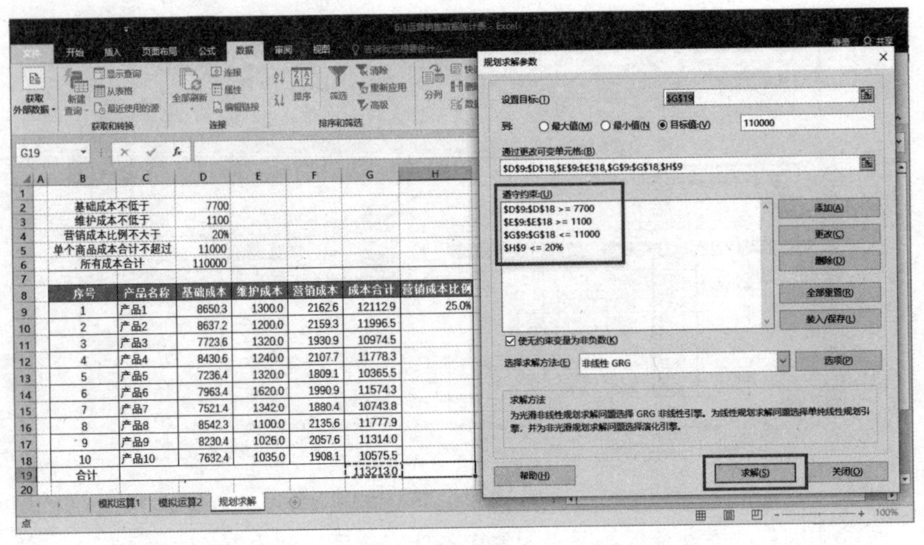


图 6.1–34

⑧几秒后弹出【规划求解结果】对话框，可以看到表格中的数值已经做了修改。如果对数值满意，选择【保留规划求解的解】，单击【确定】按钮，如图 6.1–35 所示。如果不想将规划求解的值反映到表格中，可以选择【还原初值】选项。

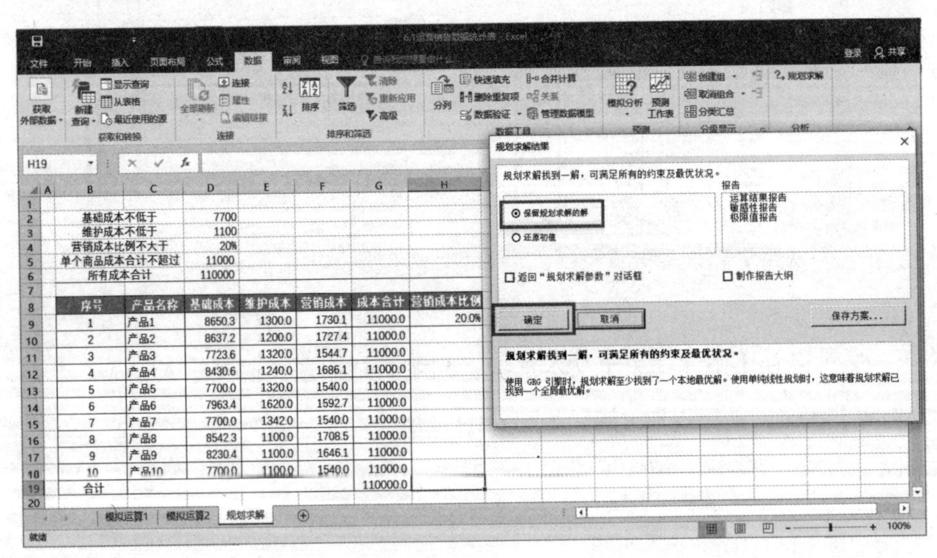


图 6.1–35

## 6.2 数据透视表与数据透视图——以“销售数据分析表”为例

数据透视表是从数据库中产生的一个动态汇总表格，可以快速地对工作表中的大量数据进行分类汇总分析。利用数据透视表和数据透视图可以更加直观地查看数据，并且能够方便地对数据进行对比和分析。本节内容将为大家讲解交叉统计、创建数据透视表分析数据、使用切片器筛选数据等基础操作与技巧，帮助大家快速掌握数据透视表与数据透视图。

### 6.2.1 交叉统计

交叉统计是进行数据分析时所必需的技巧之一。交叉统计是指在表格中，横轴、纵轴分别为两个项目，在相交的单元格处输入数据的方法。

举个例子，没有运用交叉统计的表格烦琐又笨拙。如图 6.2−1 所示，看着很清晰但无法统计每个月份的所有产品的合计。

| 序号 | 产品 | 一月 | 二月 | 三月 | 合计 |
|---|---|---|---|---|---|
| 1 | 红茶 | 1510 | 4795 | 3993 | 10298 |
| 2 | 绿茶 | 1466 | 5222 | 3554 | 10242 |
| 3 | 花茶 | 625 | 1722 | 1720 | 4067 |
| 4 | 梨茶 | 710 | 2031 | 1560 | 4301 |
| 5 | 白茶 | 540 | 1641 | 1441 | 3622 |

图 6.2−1

运用交叉统计的话，可以单独确认各个数据，同时也可以查看合计。如图 6.2−2 所示。

| 月份 | 产品 | | | | | 合计 |
| --- | --- | --- | --- | --- | --- | --- |
| | 红茶 | 绿茶 | 花茶 | 梨茶 | 白茶 | |
| 1月 | 1510 | 1466 | 625 | 710 | 540 | 4851 |
| 2月 | 4795 | 5222 | 1722 | 2031 | 1641 | 15411 |
| 3月 | 3993 | 3554 | 1720 | 1560 | 1441 | 12268 |
| 合计 | 10298 | 10242 | 4067 | 4301 | 3622 | 32530 |

图 6.2-2

交叉统计的实用性显而易见，但如果手动输入创建的话就会非常容易出错且吃力。想要快速进行交叉统计，可以使用强大的数据分析表，通过简单操作就可以快速创建一个清晰的统计表。

## 6.2.2 创建数据透视表分析数据

想使用数据分析表，对表格有两点要求：第一点是要在表格的第一行输入项目名称，否则会出现报错的情况；第二点是要整理表格中的数值和日期，保证 Excel 表格能被正常读取。如图 6.2-3 所示。

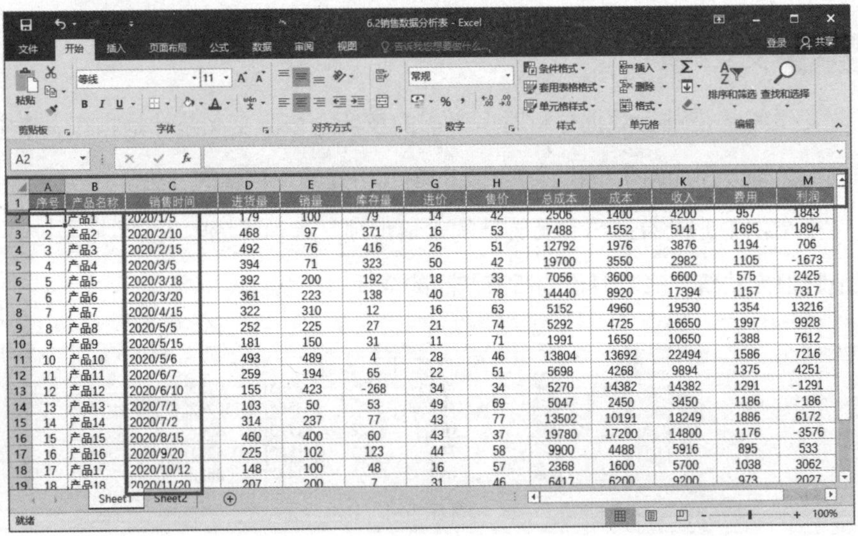

| 序号 | 产品名称 | 销售时间 | 进货量 | 销量 | 库存量 | 进价 | 售价 | 总成本 | 成本 | 收入 | 费用 | 利润 |
| --- | --- | --- | --- | --- | --- | --- | --- | --- | --- | --- | --- | --- |
| 1 | 产品1 | 2020/1/5 | 179 | 100 | 79 | 14 | 42 | 2506 | 1400 | 4200 | 957 | 1843 |
| 2 | 产品2 | 2020/2/10 | 468 | 97 | 371 | 16 | 53 | 7488 | 1552 | 5141 | 1695 | 1894 |
| 3 | 产品3 | 2020/2/15 | 492 | 76 | 416 | 26 | 51 | 12792 | 1976 | 3876 | 1194 | 706 |
| 4 | 产品4 | 2020/3/5 | 394 | 71 | 323 | 50 | 42 | 19700 | 3550 | 2982 | 1105 | -1673 |
| 5 | 产品5 | 2020/3/18 | 392 | 200 | 192 | 18 | 33 | 7056 | 3600 | 6600 | 575 | 2425 |
| 6 | 产品6 | 2020/3/20 | 361 | 223 | 138 | 40 | 78 | 14440 | 8920 | 17394 | 1157 | 7317 |
| 7 | 产品7 | 2020/4/15 | 322 | 310 | 12 | 16 | 63 | 5152 | 4960 | 19530 | 1354 | 13216 |
| 8 | 产品8 | 2020/5/5 | 252 | 225 | 27 | 21 | 74 | 5292 | 4725 | 16650 | 1997 | 9928 |
| 9 | 产品9 | 2020/5/15 | 181 | 150 | 31 | 11 | 71 | 1991 | 1650 | 10650 | 1388 | 7612 |
| 10 | 产品10 | 2020/5/6 | 493 | 489 | 4 | 28 | 46 | 13804 | 13692 | 22494 | 1586 | 7216 |
| 11 | 产品11 | 2020/6/7 | 259 | 194 | 65 | 22 | 51 | 5698 | 4268 | 9894 | 1375 | 4251 |
| 12 | 产品12 | 2020/6/10 | 155 | 423 | -268 | 34 | 34 | 5270 | 14382 | 14382 | 1291 | -1291 |
| 13 | 产品13 | 2020/7/1 | 103 | 50 | 53 | 49 | 69 | 5047 | 2450 | 3450 | 1186 | -186 |
| 14 | 产品14 | 2020/7/2 | 314 | 237 | 77 | 43 | 77 | 13502 | 10191 | 18249 | 1886 | 6172 |
| 15 | 产品15 | 2020/8/15 | 460 | 400 | 60 | 43 | 37 | 19780 | 17200 | 14800 | 1176 | -3576 |
| 16 | 产品16 | 2020/9/20 | 225 | 102 | 123 | 44 | 58 | 9900 | 4488 | 5916 | 895 | 533 |
| 17 | 产品17 | 2020/10/12 | 148 | 100 | 48 | 16 | 57 | 2368 | 1600 | 5700 | 1038 | 3062 |
| 18 | 产品18 | 2020/11/20 | 207 | 200 | 7 | 31 | 46 | 6417 | 6200 | 9200 | 973 | 2027 |

图 6.2-3

现在我们来创建数据透视表，建议大家在开始之前将表格变为超级表，这样在添加完数据之后，数据表就能得到更新。

①打开 Excel 表格，选中任意单元格后，使用快捷键【Ctrl+T】，弹出【创建表】对话框，单击【确定】按钮，如图 6.2-4 所示。超级表创建就完成了。

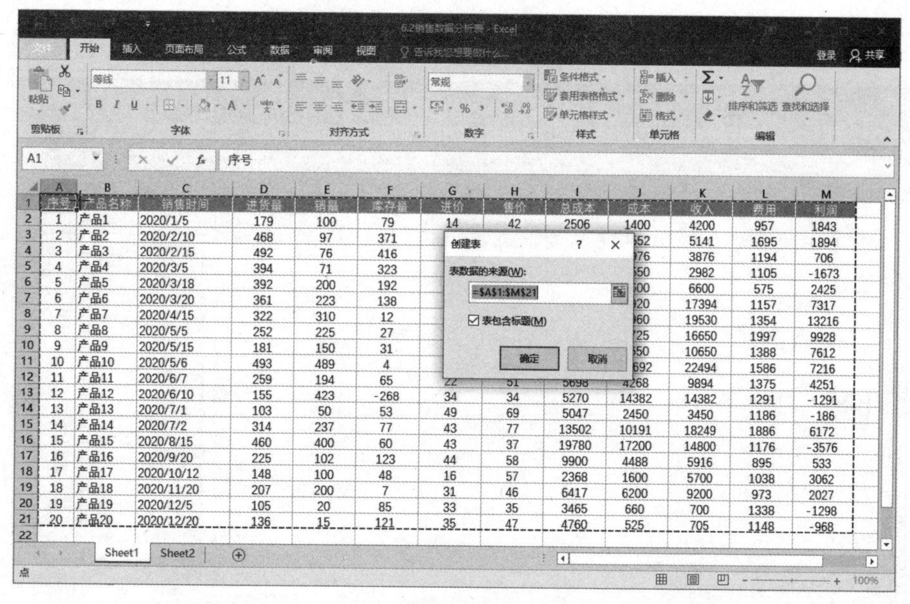

图 6.2-4

②单击【插入】选项卡下的【数据透视表】按钮，创建数据透视表，也可以使用快捷键【Alt+N+V】。在【创建数据透视表】对话框中，在【选择放置数据透视表的位置】中选择【新工作表】，单击【确定】按钮，如图 6.2-5 所示。

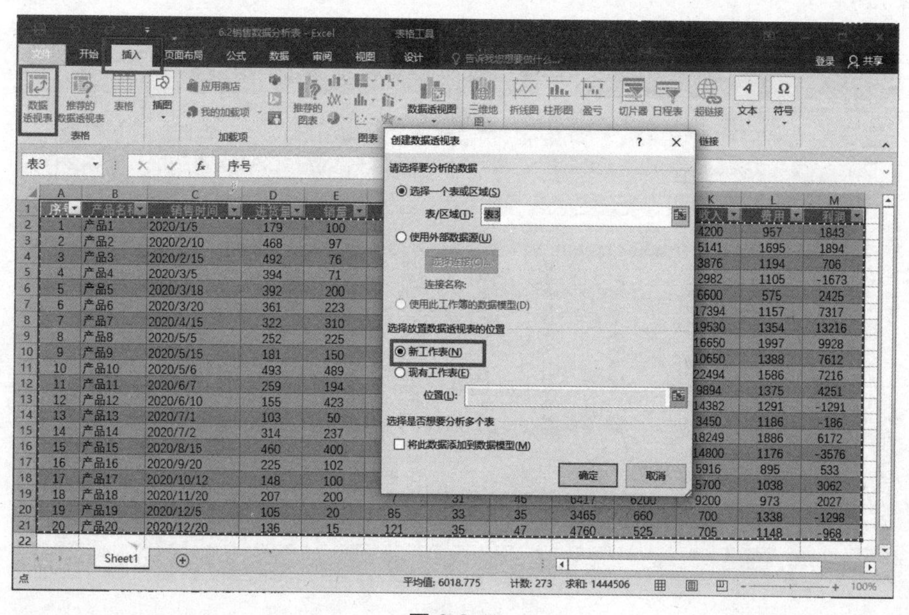

图 6.2-5

③数据透视表初步效果如图 6.2-6 所示。

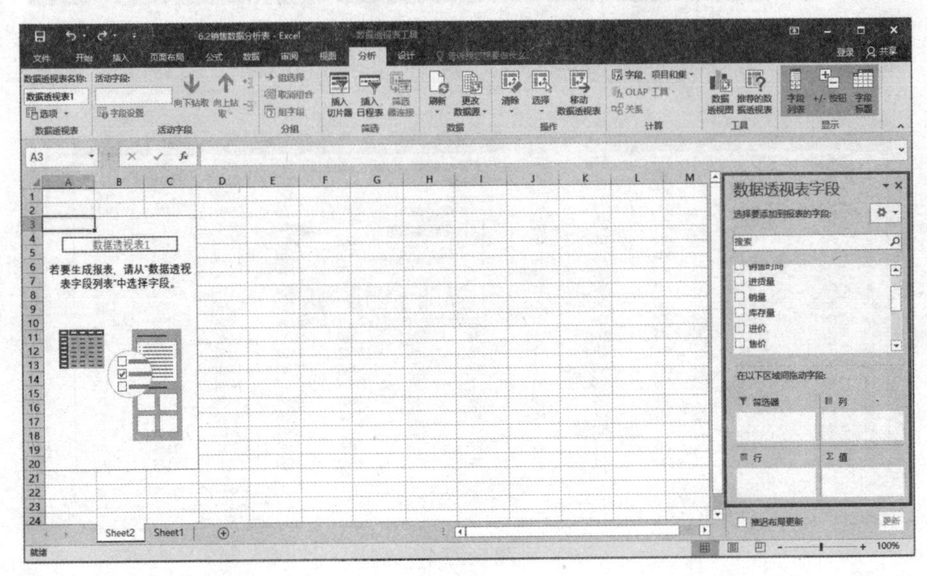


图 6.2-6

④在右侧【数据透视表字段】对话框中，将【产品名称】和【销售时间】字段拖到【行】区域，其他值的部分拖至【值】区域，也可以直接勾选。如图 6.2-7 所示。

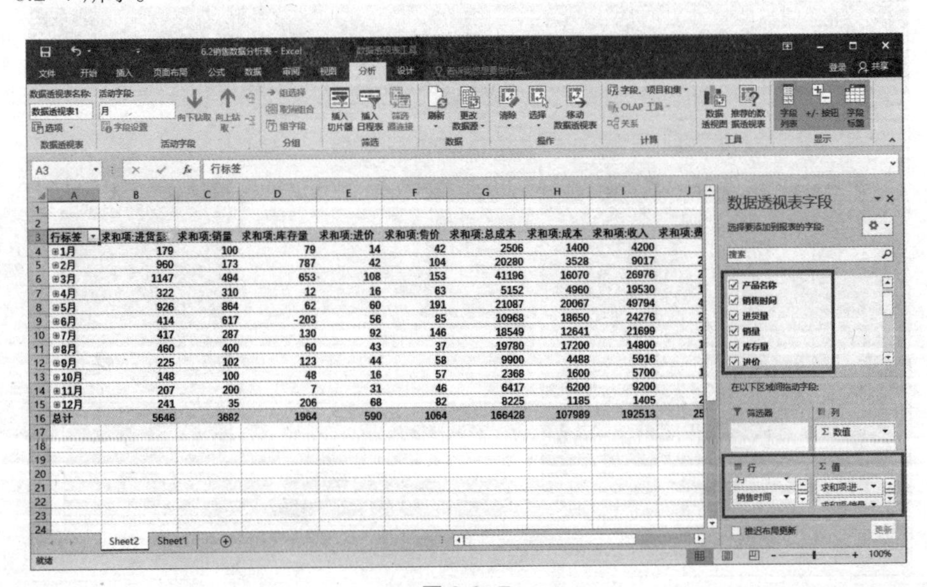


| 行标签 | 求和项:进货量 | 求和项:销量 | 求和项:库存量 | 求和项:进价 | 求和项:售价 | 求和项:总成本 | 求和项:成本 | 求和项:收入 |
|---|---|---|---|---|---|---|---|---|
| ⊞1月 | 179 | 100 | 79 | 14 | 42 | 2506 | 1400 | 4200 |
| ⊞2月 | 960 | 173 | 787 | 42 | 104 | 20280 | 3528 | 9017 |
| ⊞3月 | 1147 | 494 | 653 | 108 | 153 | 41196 | 16070 | 26976 |
| ⊞4月 | 322 | 310 | 12 | 16 | 63 | 5152 | 4960 | 19530 |
| ⊞5月 | 926 | 864 | 62 | 60 | 191 | 21087 | 20067 | 49794 |
| ⊞6月 | 414 | 617 | -203 | 56 | 85 | 10968 | 18650 | 24276 |
| ⊞7月 | 417 | 287 | 130 | 92 | 146 | 18549 | 12641 | 21699 |
| ⊞8月 | 460 | 400 | 60 | 43 | 37 | 19780 | 17200 | 14800 |
| ⊞9月 | 225 | 102 | 123 | 44 | 58 | 9900 | 4488 | 5916 |
| ⊞10月 | 148 | 100 | 48 | 16 | 57 | 2368 | 1600 | 5700 |
| ⊞11月 | 207 | 200 | 7 | 31 | 46 | 6417 | 6200 | 9200 |
| ⊞12月 | 241 | 35 | 206 | 68 | 82 | 8225 | 1185 | 1405 |
| 总计 | 5646 | 3682 | 1964 | 590 | 1064 | 166428 | 107989 | 192513 |

图 6.2-7

⑤如果想把销售时间按年或者季度显示，选中任一单元格，单击右键，在弹出的快捷菜单中选择【创建组】选项，如图 6.2–8 所示。

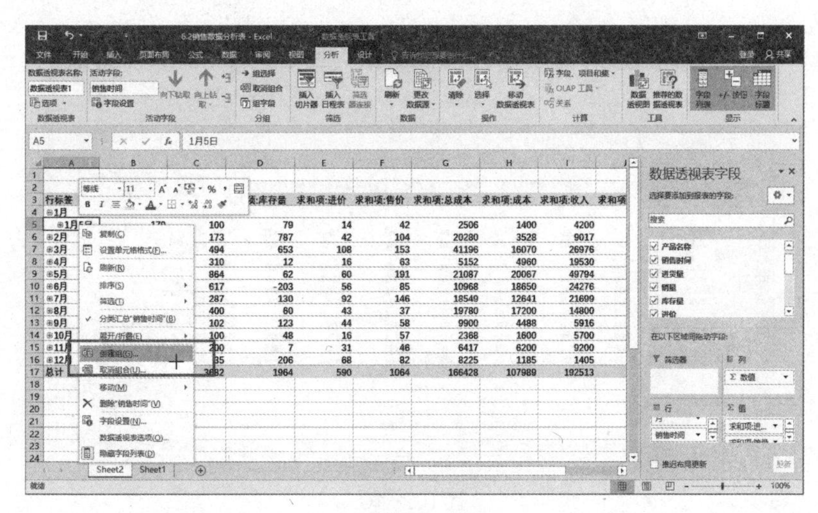


图 6.2–8

⑥弹出【组合】对话框，勾选选择【季度】【年】选项，如图 6.2–9 所示，再单击【确定】按钮。

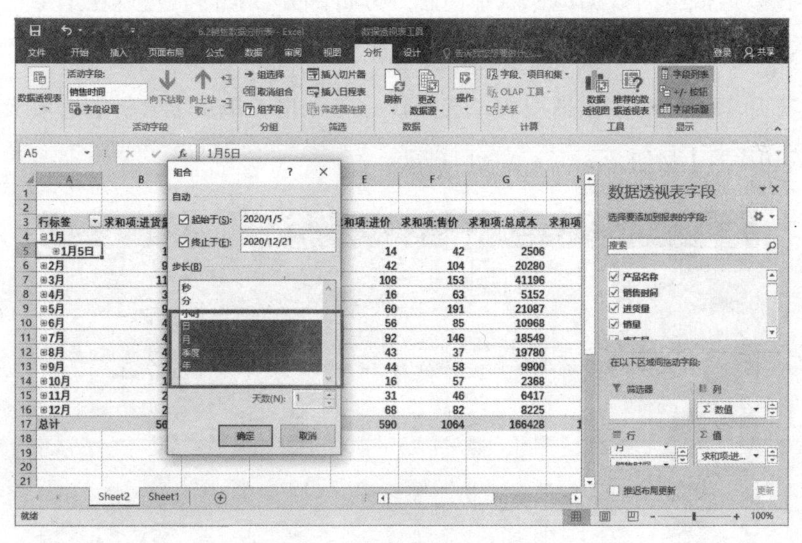


图 6.2–9

⑦数据透视表创建就完成了，单击时间字段前面的“+”，就可以展开数据列表查看数据。

这样，每个季度、每个月的产品销量、库存、成本等的数据就一目了然了，如图 6.2-10 所示。

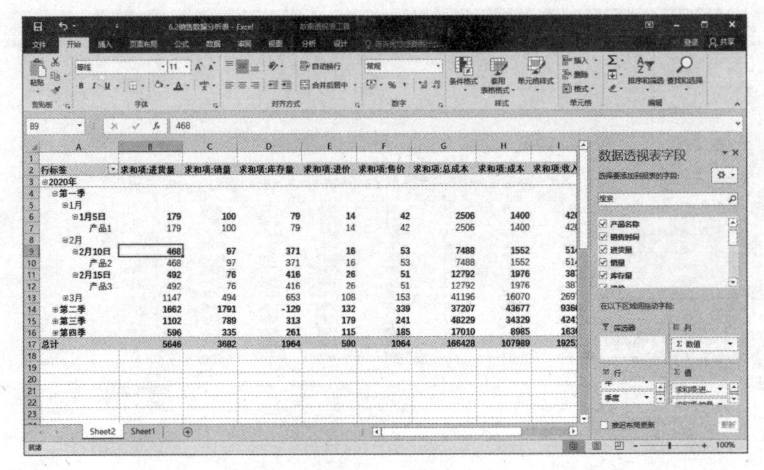

图 6.2-10

## 6.2.3 使用切片器筛选数据

在数据很多的数据透视表中，想要分析部分数据时，可以使用切片器功能，这样用鼠标就可检索出想分析的数据。

打开创建好的数据透视表，选择任一单元格，单击【分析】选项卡下的【插入切片器】按钮，如图 6.2-11 所示。

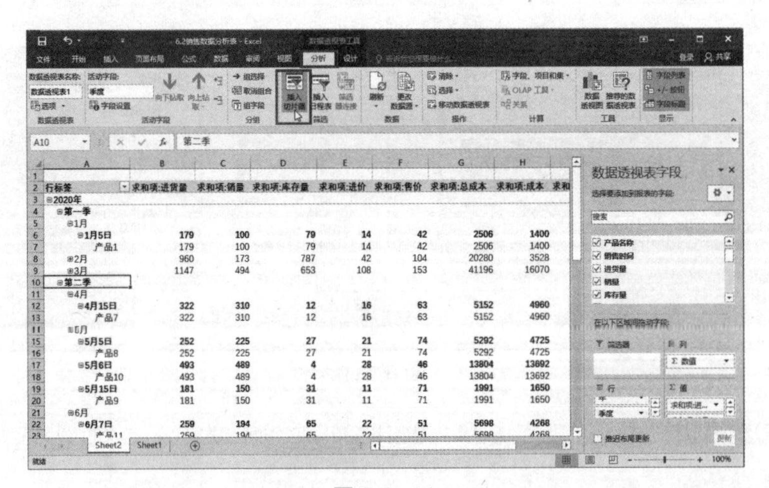

图 6.2-11

在【插入切片器】对话框中勾选想要检索的数据项目名，这里勾选的是【售价】和【季度】，如图 6.2–12 所示，然后单击【确定】按钮。

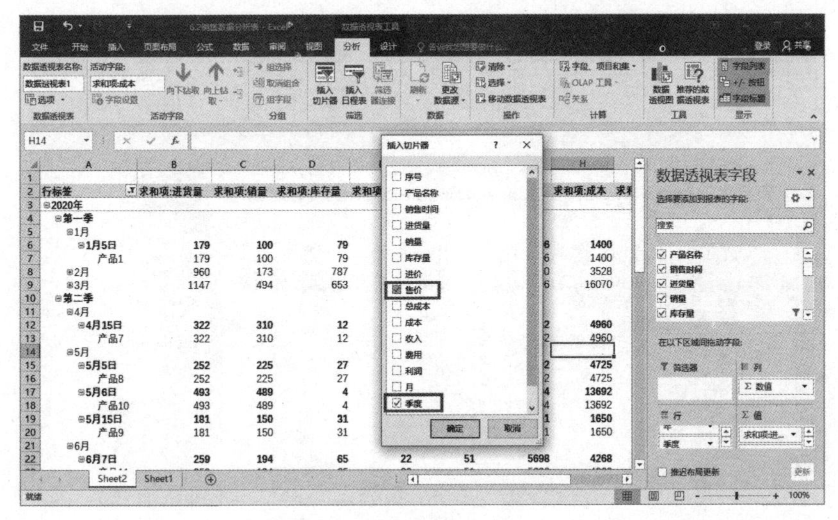


图 6.2–12

可以在【选项】选项卡中对切片器样式进行设置，以提升图表的美观度。

切片器插入完成。假设我们要查看第一季度中售价为 42 的产品数据，选择切片器中的【第一季】和【42】项目，数据透视表中的数据就被筛选出来了，如图 6.2–13 所示。

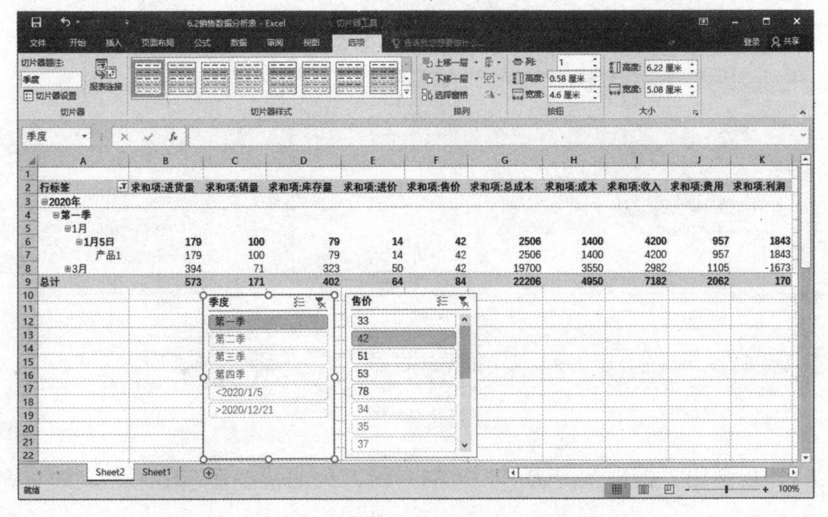


图 6.2–13

如果想按年份或月份筛选，也可以使用【日程表】功能。单击【分析】选项卡下的【插入日程表】按钮，如图 6.2–14 所示。

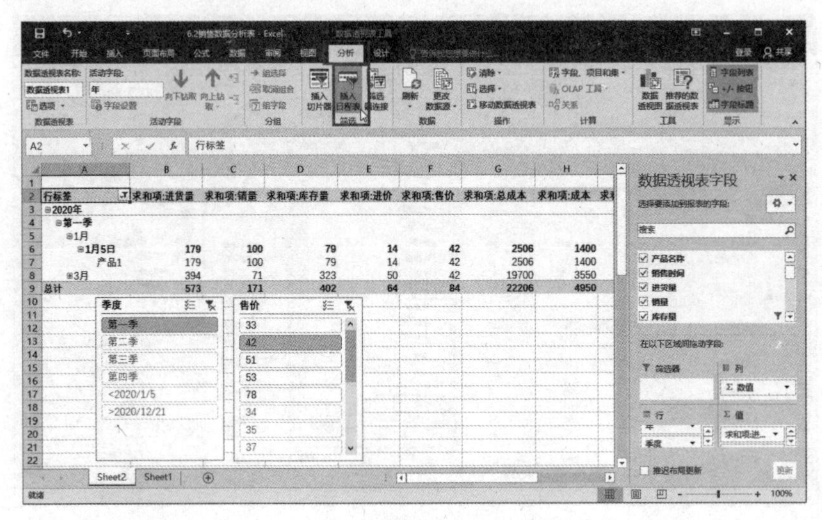


图 6.2–14

在【插入日程表】对话框中，勾选【销售时间】选项，如图 6.2–15 所示，再单击【确定】按钮。

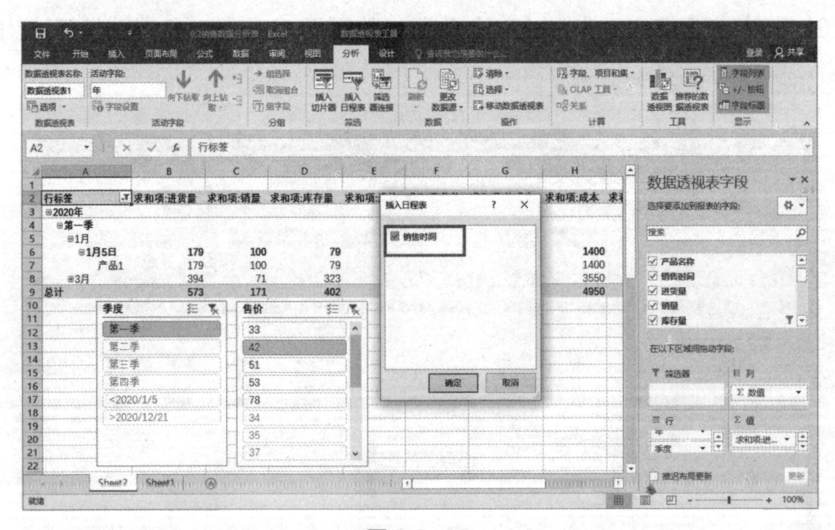


图 6.2–15

日程表弹出，根据情况选出相应的月份，数据就被筛选出来了，如图 6.2–16 所示。

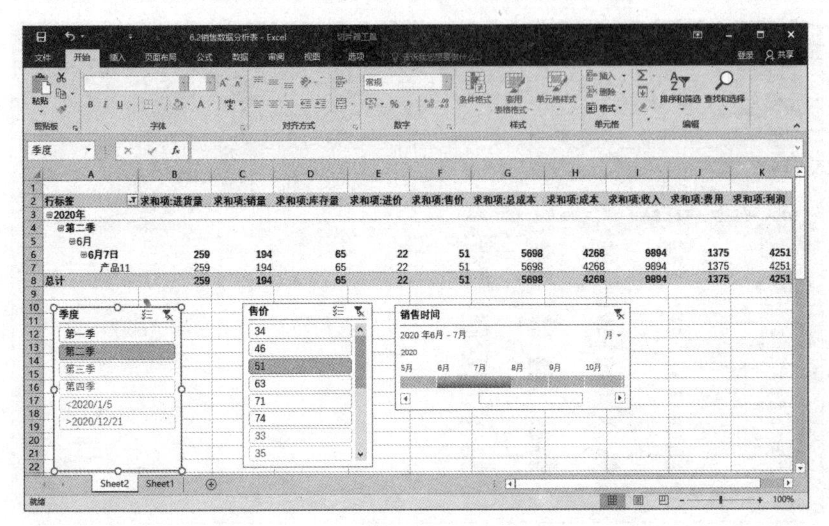


图 6.2-16

在日程表右上角的位置可以更改筛选单位，可以根据需要选择【年】【季度】【月】和【日】。

## 6.2.4 让透视图表更加直观

数据透视图和数据透视表是相连的，数据透视图创建完成后，若再更改数据透视表上的数据，数据透视图中的内容也会随之发生变化。

仪表盘则是商业智能仪表盘的简称，是一张在表格中使用图表、数据表、图形、文字、颜色等多种功能，针对特定的主题目标实现展示各种数据状态的综合性表格。下面让我们一起来做一张仪表盘。

①打开 Excel 工作表，在数据透视表区域选择任一单元格，单击【分析】选项卡下的【数据透视图】按钮，如图 6.2-17 所示。

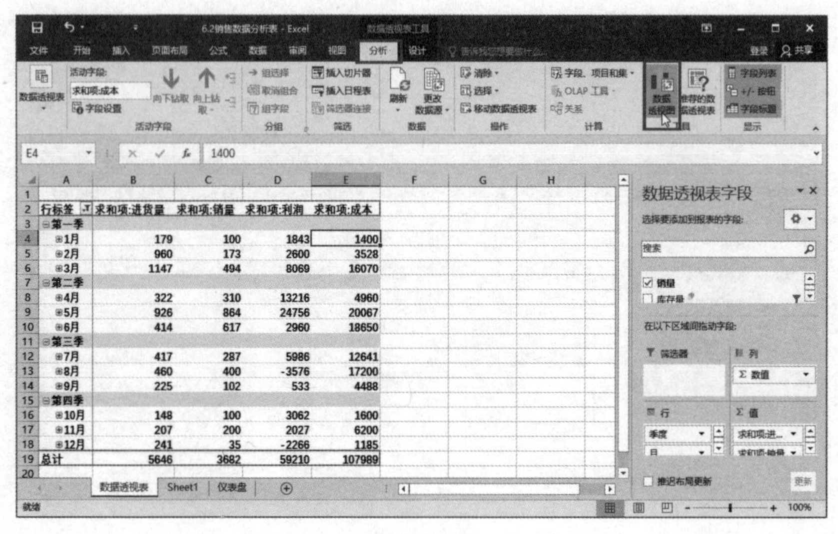


图 6.2-17

②在【插入图表】对话框中选择一个图表，这里用的是【簇状条形图】，如图 6.2-18 所示。然后单击【确定】按钮。

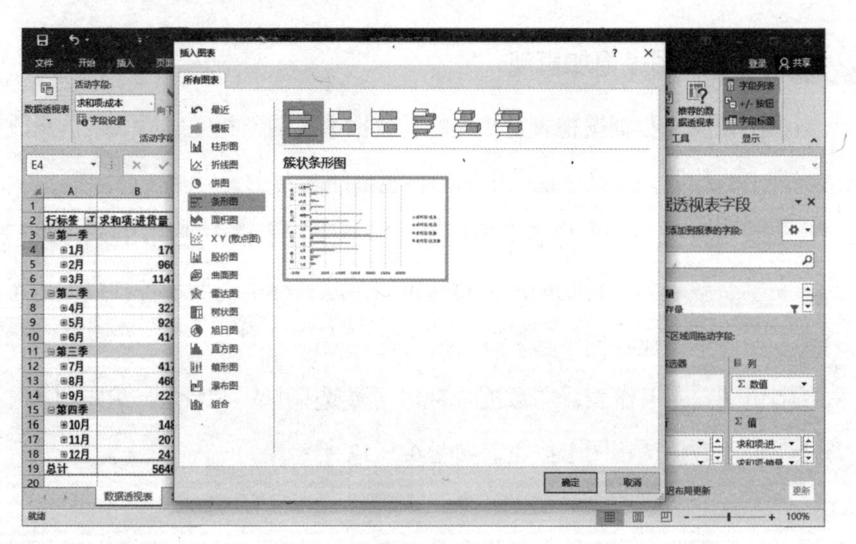


图 6.2-18

③数据透视图已生成。为了让图表更加美观，我们右键单击图表中的字段按钮区域，在列表中选择【隐藏图表上的所有字段按钮】选项，把字段按钮隐藏，如图 6.2-19 所示。

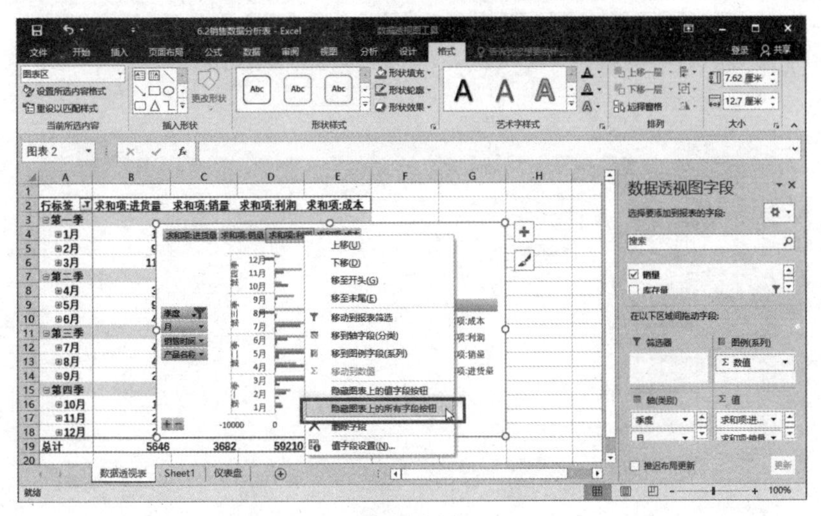

图 6.2-19

④插入【季度】切片器，右键单击切片器区域，打开【切片器设置】对话框，取消勾选【显示页眉】选项，这也是为了使整个图表更加美观，如图 6.2-20 所示。

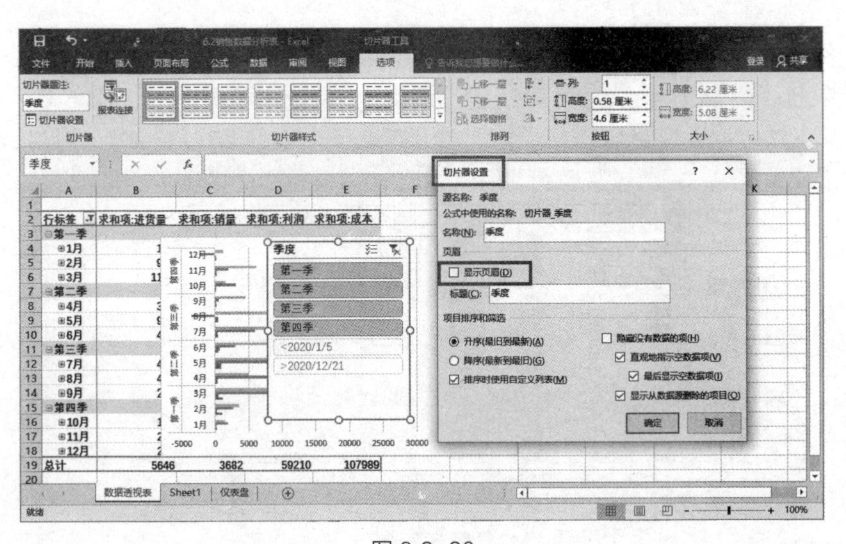

图 6.2-20

⑤调整图标和切片器的位置和大小，然后按住【Ctrl】键，同时选中透视图和切片器，使用快捷键【Ctrl+X】，把它们剪切到新的工作表中，如图 6.2-21 所示。

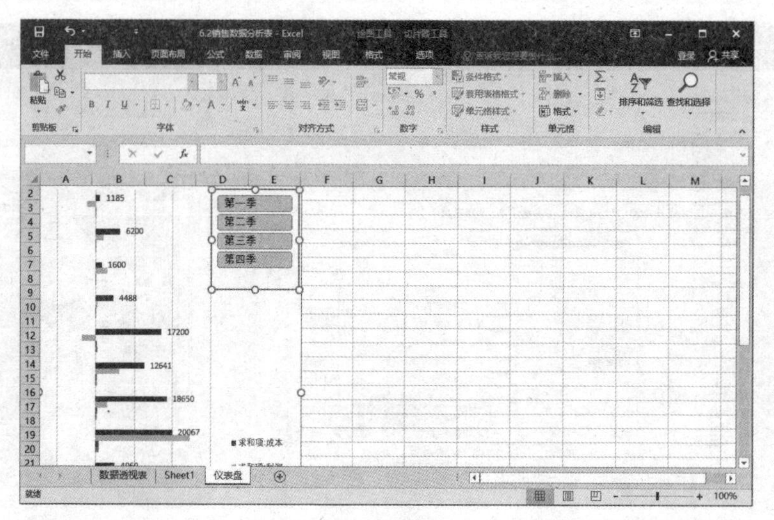


图 6.2-21

⑥返回数据透视表页面，复制之前的透视表，再做一个图表。这个图表可以更换字段列表，展示不同的数据项目内容，多方面分析数据。这里用的是【进货量】【销量】和【库存量】。如图 6.2-22 所示。

| 行标签 | 求和项:进货量 | 求和项:销量 | 求和项:利润 | 求和项:成本 |
|---|---|---|---|---|
| 第一季 | | | | |
| 1月 | 179 | 100 | 1843 | 1400 |
| 2月 | 960 | 173 | 2600 | 3528 |
| 3月 | 1147 | 494 | 8069 | 16070 |
| 第二季 | | | | |
| 4月 | 322 | 310 | 13216 | 4960 |
| 5月 | 926 | 864 | 24756 | 20067 |
| 6月 | 414 | 617 | 2960 | 18650 |
| 第三季 | | | | |
| 7月 | 417 | 287 | 5986 | 12641 |
| 8月 | 460 | 400 | -3576 | 17200 |
| 9月 | 225 | 102 | 533 | 4488 |
| 第四季 | | | | |
| 10月 | 148 | 100 | 3062 | 1600 |
| 11月 | 207 | 200 | 2027 | 6200 |
| 12月 | 241 | 35 | -2266 | 1185 |
| 总计 | 5646 | 3682 | 59210 | 107989 |

| 行标签 | 求和项:进货量 | 求和项:销量 | 求和项:库存量 |
|---|---|---|---|
| 第一季 | | | |
| 1月 | 179 | 100 | 79 |
| 2月 | 960 | 173 | 787 |
| 3月 | 1147 | 494 | 653 |
| 第二季 | | | |
| 4月 | 322 | 310 | 12 |
| 5月 | 926 | 864 | 62 |
| 6月 | 414 | 617 | -203 |
| 第三季 | | | |
| 7月 | 417 | 287 | 130 |
| 8月 | 460 | 400 | 60 |
| 9月 | 225 | 102 | 123 |
| 第四季 | | | |
| 10月 | 148 | 100 | 48 |
| 11月 | 207 | 200 | 7 |
| 12月 | 241 | 35 | 206 |
| 总计 | 5646 | 3682 | 1964 |

图 6.2-22

⑦给第二个数据透视表生成新的图表，方法与之前的相同。单击【分析】选项卡下的【数据透视图】按钮，在【插入图表】对话框中选择一个图标，这里选用的是【折线图】，如图 6.2-23 所示。然后单击【确定】按钮。

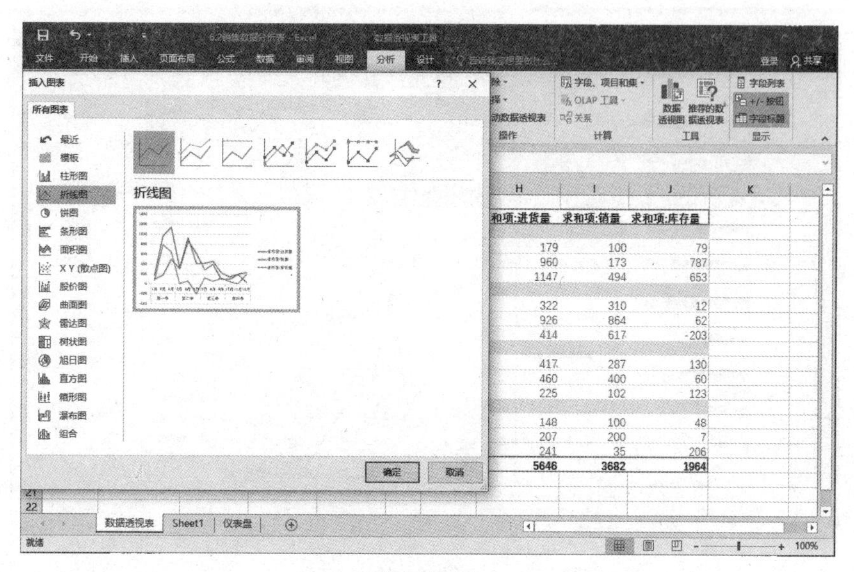


图 6.2-23

⑧将新图表的字段列表隐藏并且调整图表大小，将其剪切至仪表盘工作表，如图 6.2-24 所示。

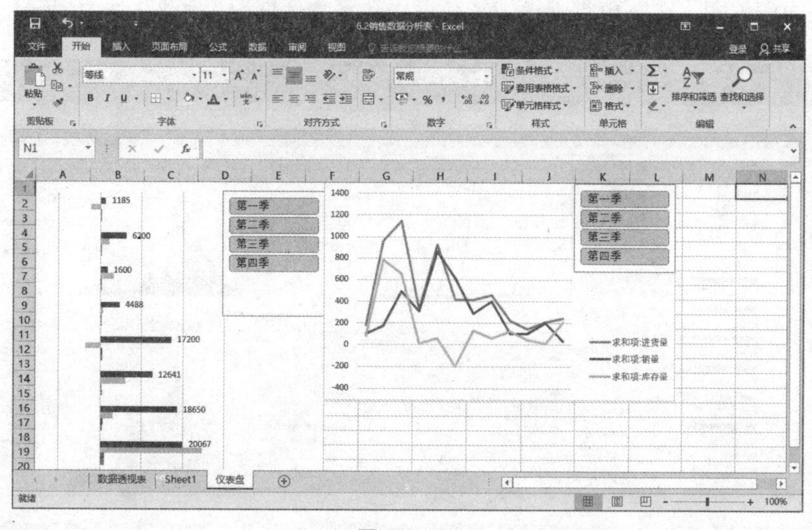


图 6.2-24

⑨用同样的方法做出其余图表，并把它们剪切到一起，如图 6.2-25 所示。

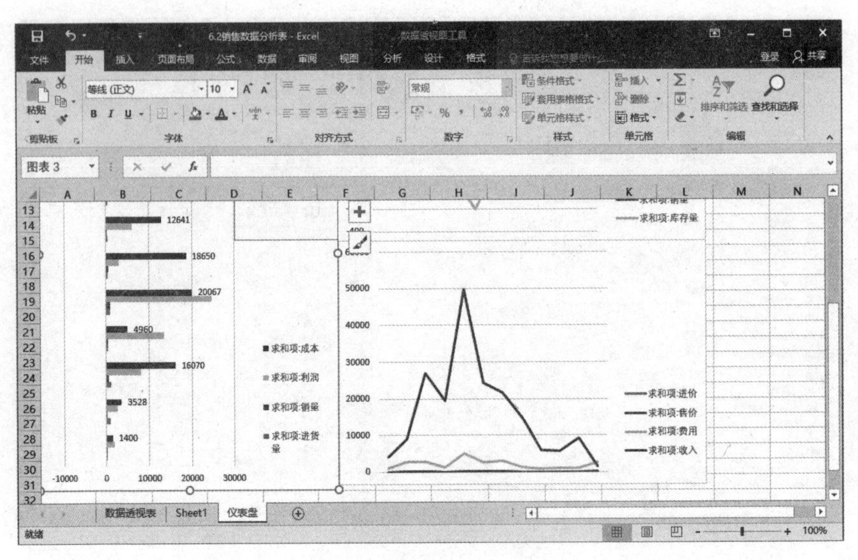


图 6.2-25

⑩所有图表制作完毕后，整体调整一下大小和位置，仪表盘制作完成。

利用切片器可以查看每个季度的详细数据，每个图表中所显示的项目内容也都有所不同，可以更直观地了解数据走势及整体情况，如图 6.2-26 所示。

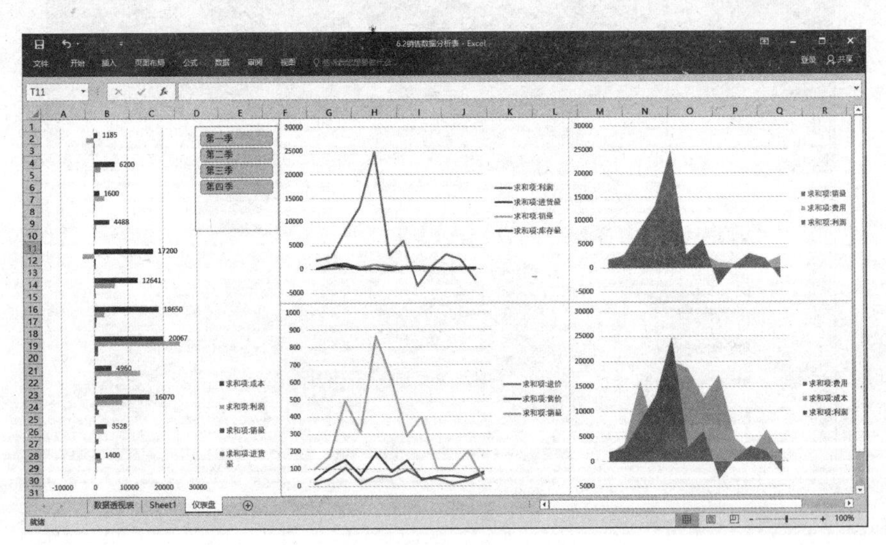


图 6.2-26

每个透视图创建完成后，可以在【设计】选项卡中对配色、布局、转置行与列等进行设置，从而提升整个图表的美观度。

## 6.3 在散点图中分析数据——以“影响销售额的相关因素分析表”为例

在分析数据中，散点图也尤为实用。所谓散点图是指在图表的横轴和纵轴上设置不同的数据项目和单位，将数据在图表中用点表现出来的图表。散点图可以快速查找横轴和纵轴中所设置项目的相关关系。本节内容将为大家讲解散点图的创建、求出预测值、去除异常值、将数据适当分组等相关知识，帮助大家在进行数据分析时，更加得心应手。

### 6.3.1 创建散点图

在分析数据时，如果只看数据很难快速找出各数据之间的相关关系，这种情况下，利用散点图再合适不过。下面我们一起创建一个散点图吧。

①打开 Excel 工作表，选中想要创建散点图的目标单元格区域，单击【插入】选项卡下散点图（ ）的下拉按钮，在列表中选择一个散点图，这里用的是第一个，如图 6.3-1 所示。散点图的创建就完成了。

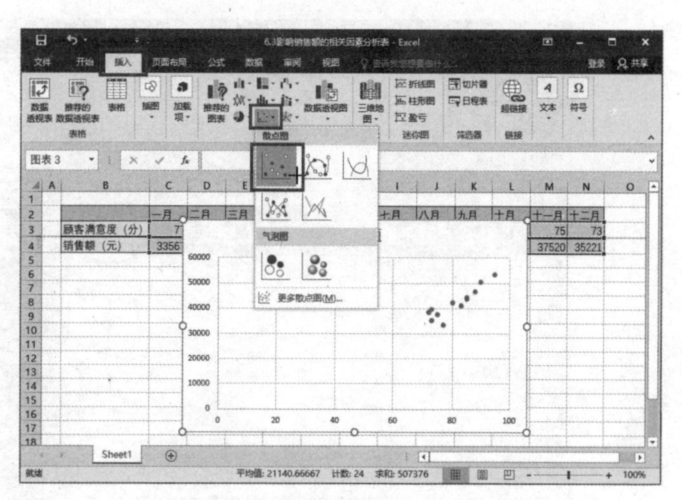

图 6.3-1

除了示例用的散点图之外，还有用直线或者平滑线连接点与点的散点图，大家可以自行选择。

②单击图表中的点，在列表中选择【添加趋势线】，如图 6.3−2 所示。

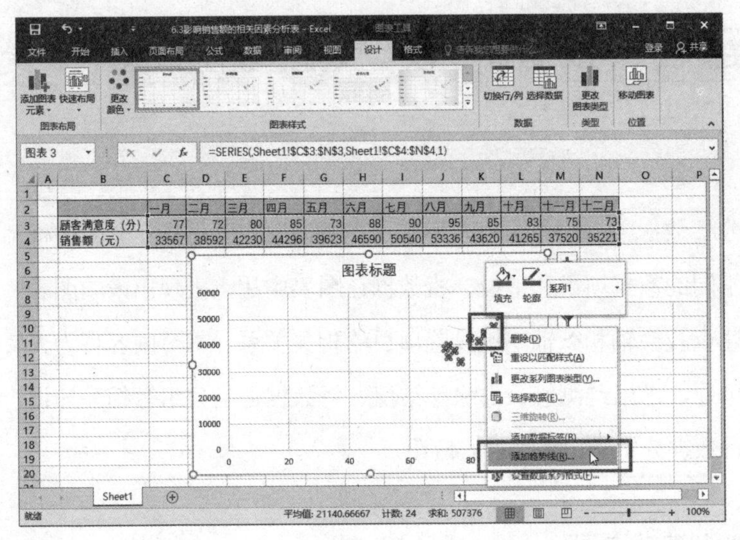


图 6.3−2

③右侧弹出【设置趋势线格式】对话框，勾选最下方的【显示 R 平方值】，如图 6.3−3 所示。

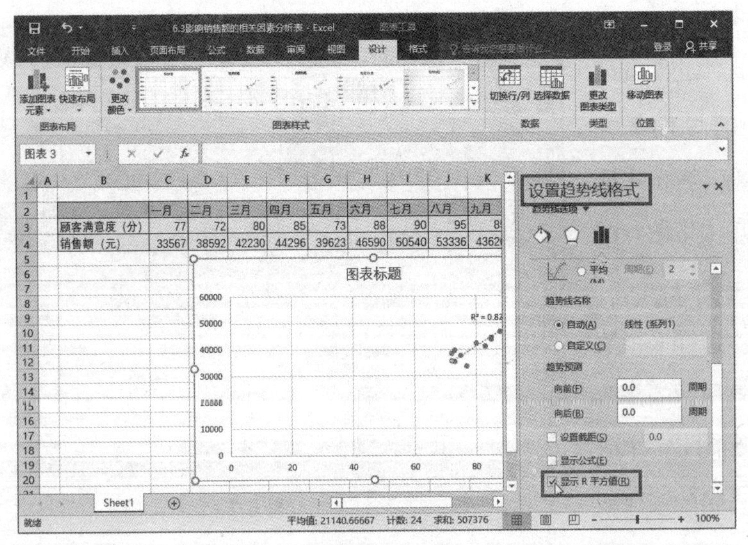


图 6.3−3

④查看添加的趋势线和相关系数，可以看到 $R^2$=0.8277，如图 6.3-4 所示。因此，可以得出结论：顾客满意度和销售额有非常强的相关性。

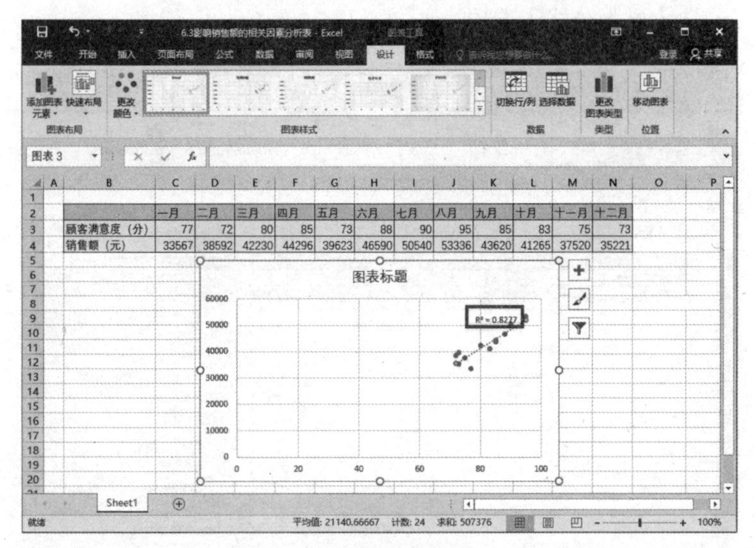


图 6.3-4

在创建散点图时，大家要注意以下几点。

①大家一定要注意数据的多少。如果数据量特别少的话，很难判定相关关系，想要找出非偶然关系也很困难，所以想要创建散点图，作为分析的数据至少要有 10 组以上。

②散点图中的虚线通常被称为“回归直线”。回归直线是用于表示数据倾向的直线。如果预测值离回归直线近，就可以认为是顺着曾经的趋势发展的。所以，回归直线通常也被称为趋势线。

③散点图中的 R 的平方值又被称为相关系数，这个值越接近 1，越说明两个数值的相关性越大。一般来说，如果相关系数在 0.5 以上就认为其有相关性，在 0.7 以上就说明有很强的相关性。

## 6.3.2 求出预测值

在散点图中，可以根据两个数据相关关系中的趋势线和相关系数求出预测值。假设我们想推算出顾客满意度在 97 分时，销售额大概为多少，那么通过求出预测值功能可以很快得出答案。

①打开 Excel 工作表，双击散点图中的趋势线，显示出【设置趋势线格式】对话框，勾选【显示公式】选项，如图 6.3-5 所示。

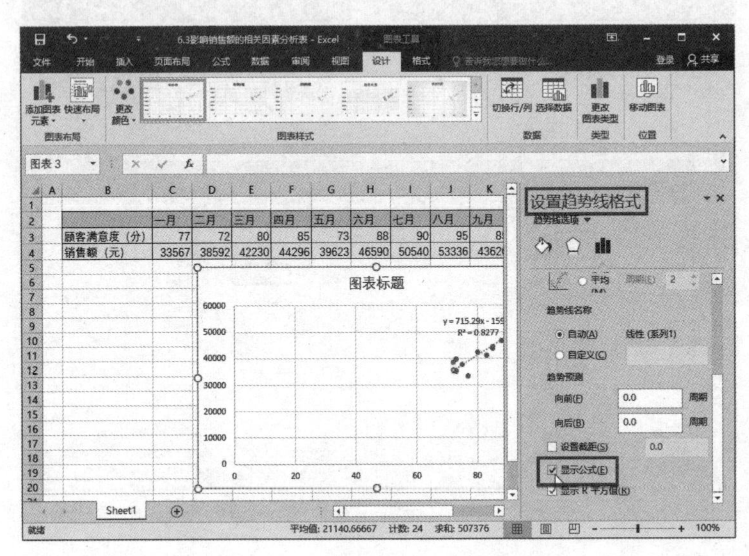


图 6.3-5

②这样，趋势线的公式就显示出来了，可以看到公式为“y=715.29x−15977”，如图 6.3-6 所示。

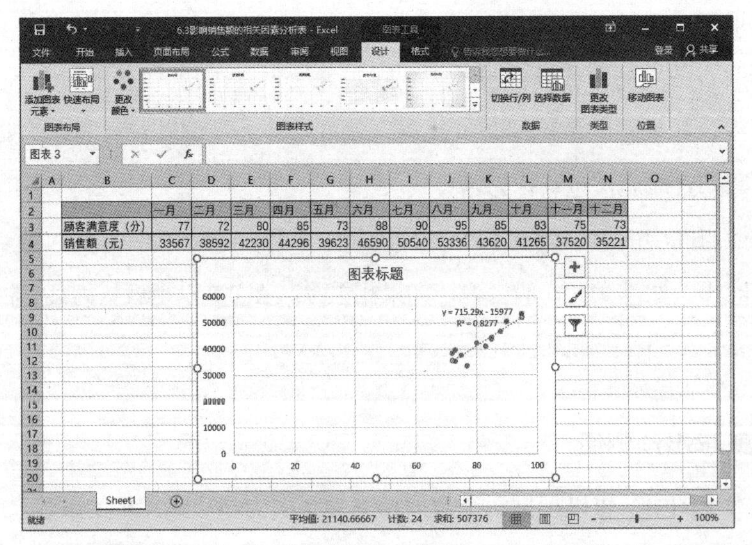


图 6.3-6

③把 x=97 代入方程式“y=715.29 × 97−15977”，得出结果为 53406.13。所以在顾客满意度为 97 分时，销售额为 53406.13 元。

在散点图中，如果两个数据中的一个数据增长，另一个数据也随着它增长，这种情况下，散点图的分布会呈现持续增长趋势，这种关系被称为正相关；相反，如果两个数据中，其中一个数据增长，另一个数据反而随之减少，这种情况下，散点图的分布会呈现持续下降趋势，这种关系就被称为负相关。

不是正相关趋势就好，负相关趋势就不好，只是大多数情况下正相关趋势被认为是好的，在实际情况下还需要具体问题具体分析，正确判断数据之间的相关关系。

### 6.3.3 学会处理异常值

我们在根据散点图分析数据时，可能会遇到两个数据明明看着有相关关系，但相关系数却非常低的情况，这时我们需要注意一下，在数值中是否存在异常值的情况。异常值就是指在众多数据中存在的跟其他数据差距很大的值。在创建散点图时，我们需要把这些大很多或者小很多的值去掉。如果包含异常值，相关系数就会变得比原本小很多。

直接删除异常值的做法很快捷，但是会造成在散点图中看不见异常值的存在，不建议大家这么做，最佳的做法是将异常值单独列出来，作为另一组数据，这样既可以兼顾异常值的存在，又不影响相关系数。

①打开 Excel 工作表，在散点图中找到异常值，如图 6.3-7 所示。

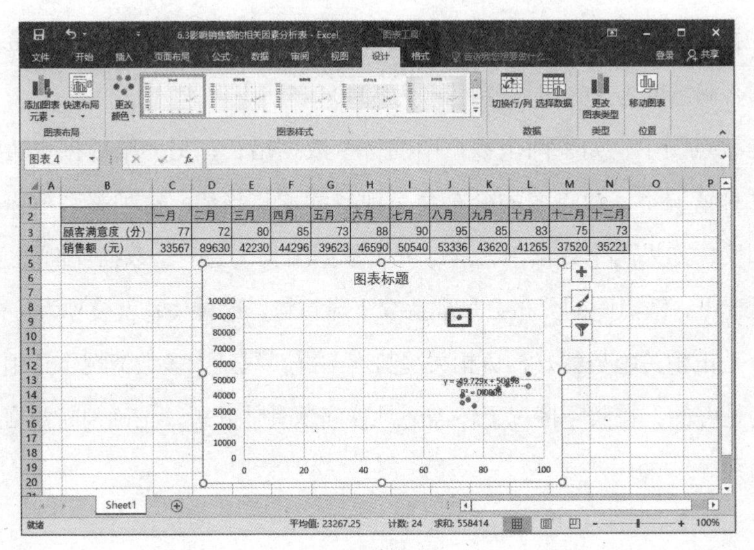

图 6.3-7

②找到数据源表格中异常值所在的位置，添加一行新的表格，将异常值单独列出来，再把原数值删除，如图 6.3-8 所示。

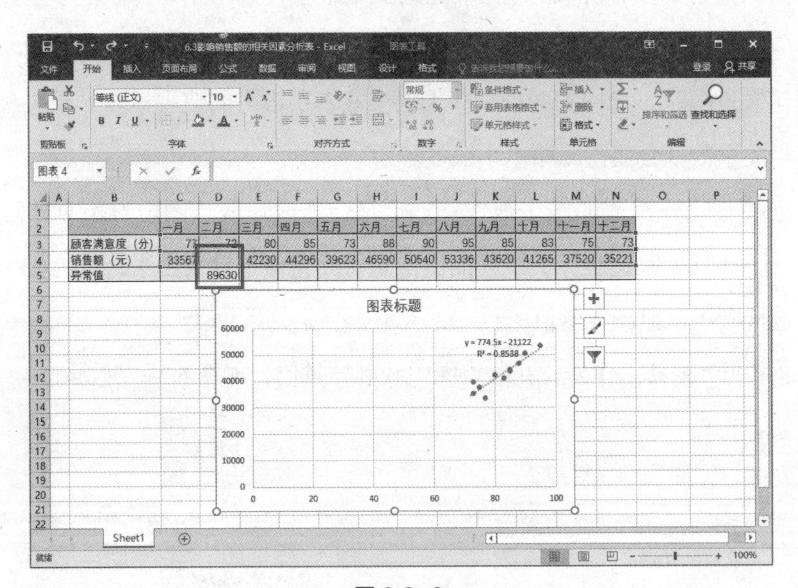

图 6.3-8

③选中散点图，拖拽蓝框区域，让异常值区域也包含在散点图区域内，如图 6.3-9 所示。

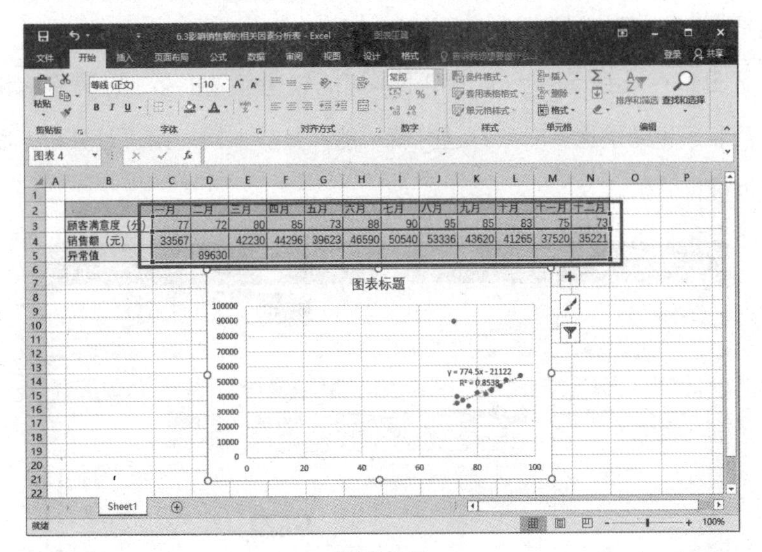


图 6.3-9

此时，异常值已经用红点表示出来了，如图 6.3-10 所示，对比图 6.3-7，可以看到相关系数已经发生改变。

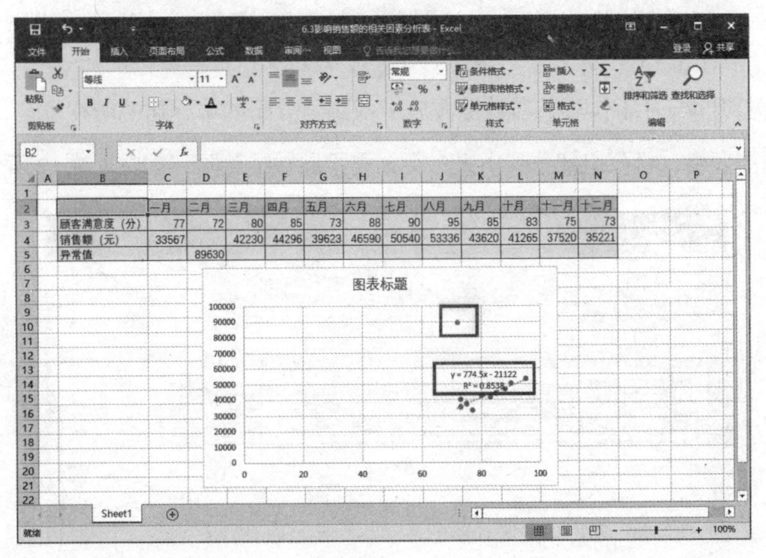


图 6.3-10

## 6.3.4 对数据进行适当分组

在查看散点图时，如果发现没有出现异常值但相关系数比预想的低很多，这可能是因为没有对数据进行适当分组。

如下图 6.3-11 所示，上半年和下半年的销售额差很多，就算顾客满意度相同，营业额也无法达到一致，这时就不能将其放入同一组进行分析，我们可以将数据进行分组。

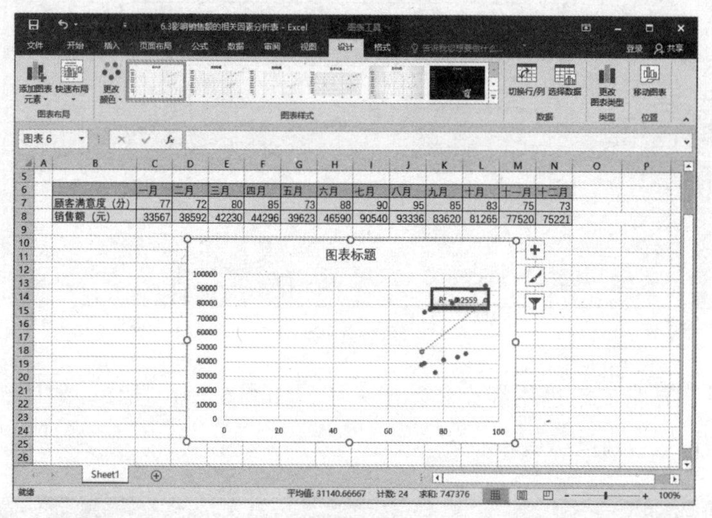

图 6.3-11

①打开 Excel 工作表，在数据源表中找到要分组的单元格的所在位置，添加一行新的表格，将分组部分列出来一行，再把原数值删除，如图 6.3-12 所示。

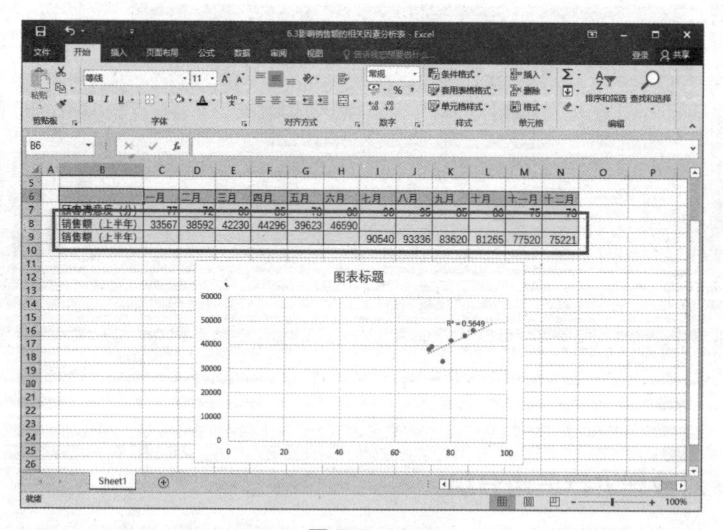

图 6.3-12

②选中散点图，拖曳蓝框区域，让分组区域包含在散点图区域内，如图6.3−13所示。

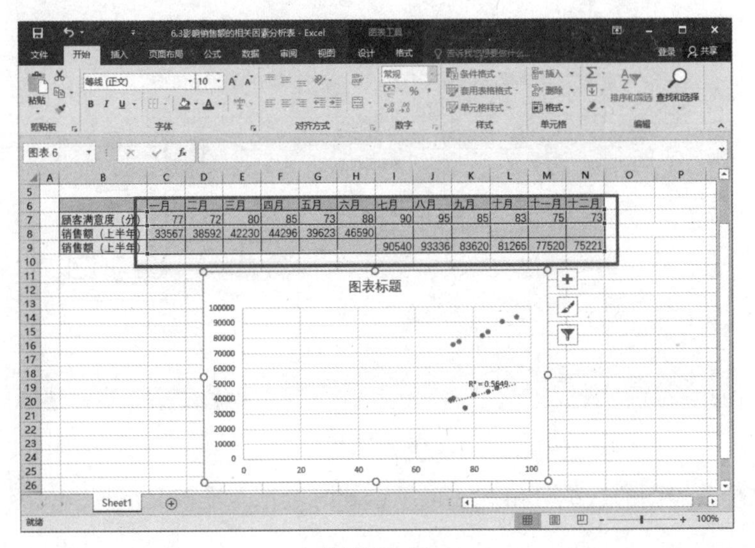


图 6.3−13

③右键单击散点图上的点，在右侧弹出【设置趋势线格式】对话框，勾选最下方的【显示公式】和【显示R平方值】选项，如图6.3−14所示。

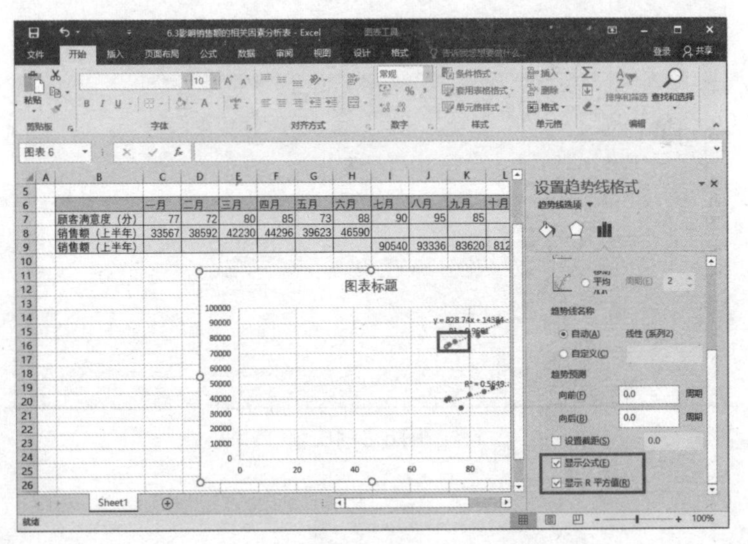


图 6.3−14

④单击散点图旁边的“+”，添加图例，如图6.3−15所示。

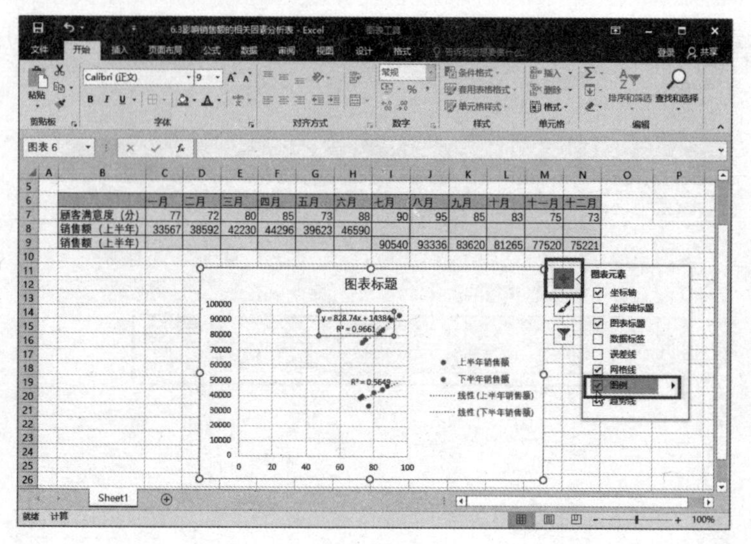


图 6.3-15

这样散点图的数据分组就完成了，此时数据既准确又清晰，如图 6.3-16 所示。

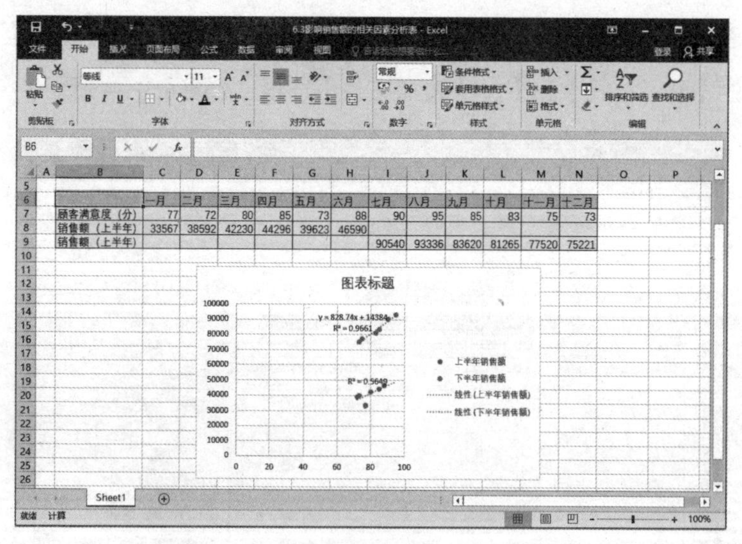


图 6.3-16

## —— 第7章 ——

# 你不知道的Excel“神技”

有时即使完全掌握了Excel的各种功能，也不能完全熟练使用Excel。掌握Excel的基础操作固然重要，但实践和经验技巧能够帮助大家在短时间内使用好Excel。本章主要讲解Excel中的隐藏“神技”，以帮助大家熟练操作。

## 7.1 解燃眉之急的搜索技巧

Excel 的功能很全面，想要全部掌握则需要一段很长的时间，学过的部分如果不经常操作则很容易忘记。在实际工作中遇到难以解决的问题时，再去翻教材、翻视频资料就很耗费时间，其实，这些问题大部分都可以靠搜索引擎来解决。

### 7.1.1 准确抓住关键词

关于搜索最重要的就是关键词，只要能够找到关键词，快速解决不是问题。

下面是帮大家整理的一些关键词：

数据方面：数值、数据、字符、空值、错误值、文本、日期、时间。

目标对象：单元格、行、列、菜单栏、文本框、函数、图表、透视表。

出现的问题：无效、丢失、空白、无法输入、提示、警告、不能。

操作：删除、取消、选择、分组、隐藏、核对、比较、输入、汇总、转置、改变、合并、查看、编辑、更新、筛选、查找、排名、匹配。

大家无须将这些关键词都背下来，只需学会描述问题的语言，在出现问题时可以快速定位是哪里出了问题。

### 7.1.2 事半功倍的求助

除了在各大搜索引擎搜索外，大家也可以经常去 Excel Home 看一看，中文名为“Excel 之家”，是一个以研究与推广 Excel 为主的专业论坛，其中集结了各路 Excel 专业人士。出现任何问题都可以发帖求助，在大家的帮助下共同进步。

在求助前辈或高手时，要合理描述问题，虚心请教，必要时可以附上截图，因为有时文字可能无法准确表达数据，但涉及隐私的数据一定要打码。截图中要把工作表的列标、行号、编辑栏以及问题区域一起展示出来，这样才能让大家更准确地发现问题的根源。

## 7.2 实用的插件

如果日常生活或工作中需要经常使用 Excel，那么肯定会有一些高频的操作，重复操作会很耗费精力，而且 Excel 的自带功能也有无法操作和解决的情况。因此，许多插件资源应运而生，装上以后就能让 Excel 获得“超能力”，可以让工作效率更高，减少不必要的时间浪费。

在使用 Excel 整理数据时，有些插件工具可以帮助我们完成很多烦琐又琐碎的操作，值得我们尝试安装。

Excel 易用宝

由国内顶级团队开发，旨在提升 Excel 的操作效率。针对 Excel 用户在分析和处理数据时的多项需求，开发出相应功能，让烦琐或难以实现的操作变得简单可行，甚至能够一键完成。集成了近百个功能模块，功能强大。适用于 Windows 系统 32 位或 64 位的 Excel 2007、2010、2013、2016、2019 版本和 Excel 365。如图 7.2-1 所示为易用宝插件的界面。

图 7.2-1

方方格子

方方格子 Excel 工具箱功能强大，操作简单，支持撤销，支持 DIY 工具箱，极大地加强了 Excel 功能，提高了办公效率。方方格子具有上百个实用功能，包括文本处理、批量录入、删除工具、合并转换、重复值工具、数据对比、高级排序、颜色排序、合并单元格排序、聚光灯、宏收纳箱等。支持 32 位和 64 位 Office，支持 Excel 2007、2010、2013、2016 等版本。如图 7.2-2 所示为方方格子插件的界面。

图 7.2-2

E 灵

E 灵拥有 240 多个功能，堪称 Excel 万能百宝箱，用于强化 Excel 的功能，提升制作表格的速度。它包括日期工具、报表批处理工具、合并工具、财务工具、图片工具、重复值工具、文件处理工具、打印工具、一键录入公式等多种类型的工具集合，每一个高阶功能都配有 GIF 动画讲解。支持 Excel 2007、2010、2013、2016、2019 版本和 Excel 365。图 7.2-3 所示为 E 灵插件的界面。

图 7.2-3

以上给大家列举了三款功能比较全面的插件工具作为参考，当然，插件工具远不止上述三款。大家可以根据自己的工作需求去选择适合自己的插件工具。

## 7.3 用对方法，解决常见的三大问题

用 Excel 处理数据时，表格的格式、结构很重要。如果一开始就用对了方法，将基础数据表做规范，则可以有效减少后续整理数据的很多麻烦。本节针对常见的三大问题进行详细讲解，避免大家在使用 Excel 制作表格时出现类似问题。

### 7.3.1 添加空格

最常见的问题就是，在录入数据时为了使数据对齐，使用空格。如图 7.3–1 所示，为了对齐，在文字中间添加空格，或是在数据前面加空格，这都容易造成数据计算错误。

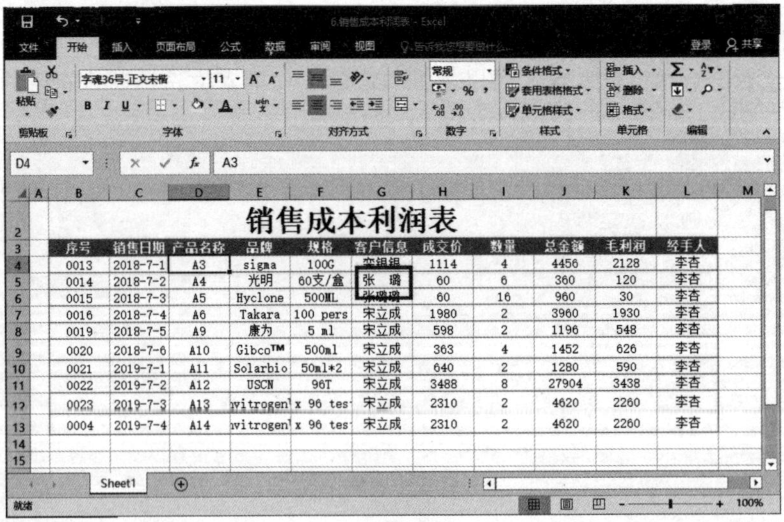

图 7.3–1

正确的方法是使用对齐工具，如图 7.3-2 所示，这样不仅操作简单，而且不会出错。

图 7.3-2

除了空格，还有空行。空行在统计数据时很容易造成数据遗漏，因此在没有数据的地方要尽量使用“0”或删除整行，如图 7.3-3 所示。

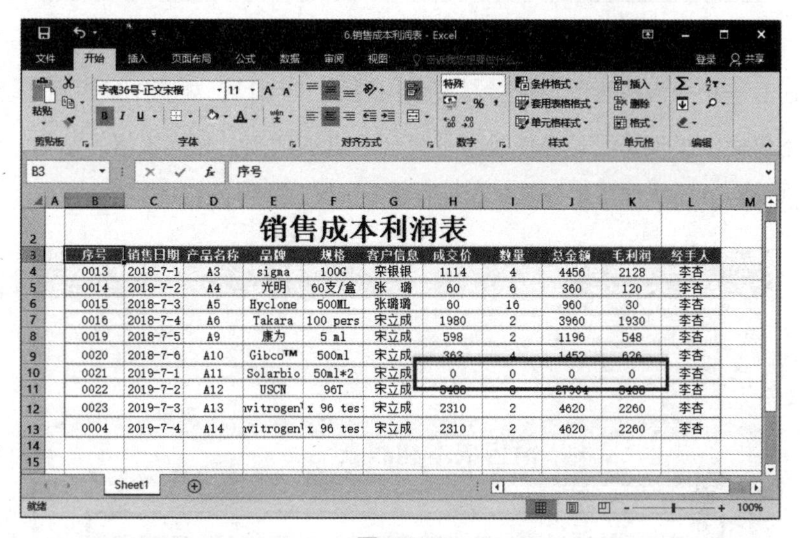

销售成本利润表

| 序号 | 销售日期 | 产品名称 | 品牌 | 规格 | 客户信息 | 成交价 | 数量 | 总金额 | 毛利润 | 经手人 |
|---|---|---|---|---|---|---|---|---|---|---|
| 0013 | 2018-7-1 | A3 | sigma | 100G | 栾银银 | 1114 | 4 | 4456 | 2128 | 李杏 |
| 0014 | 2018-7-2 | A4 | 光明 | 60支/盒 | 张　璐 | 60 | 6 | 360 | 120 | 李杏 |
| 0015 | 2018-7-3 | A5 | Hyclone | 500ML | 张璐璐 | 60 | 16 | 960 | 30 | 李杏 |
| 0016 | 2018-7-4 | A6 | Takara | 100 pers | 宋立成 | 1980 | 2 | 3960 | 1930 | 李杏 |
| 0019 | 2018-7-5 | A9 | 康为 | 5 ml | 宋立成 | 598 | 2 | 1196 | 548 | 李杏 |
| 0020 | 2018-7-6 | A10 | Gibco™ | 500ml | 宋立成 | 363 | 4 | 1452 | 626 | 李杏 |
| 0021 | 2019-7-1 | A11 | Solarbio | 50ml*2 | 宋立成 | 0 | 0 | 0 | 0 | 李杏 |
| 0022 | 2019-7-2 | A12 | USCN | 96T | 宋立成 | 3488 | 8 | 27904 | 3488 | 李杏 |
| 0023 | 2019-7-3 | A13 | nvitrogen | x 96 tes | 宋立成 | 2310 | 2 | 4620 | 2260 | 李杏 |
| 0004 | 2019-7-4 | A14 | nvitrogen | x 96 tes | 宋立成 | 2310 | 2 | 4620 | 2260 | 李杏 |

图 7.3-3

## 7.3.2 多个数据录入同一单元格

在 Excel 中，难的不是合并，而是拆分。所以在开始录入数据时，要尽量避免把多个数据录入同一个单元格，以避免在后期修改数据时会出现很多麻烦。因此，应把一条信息按不同属性拆开录入，每一类为单独一列，如图 7.3-4 所示。

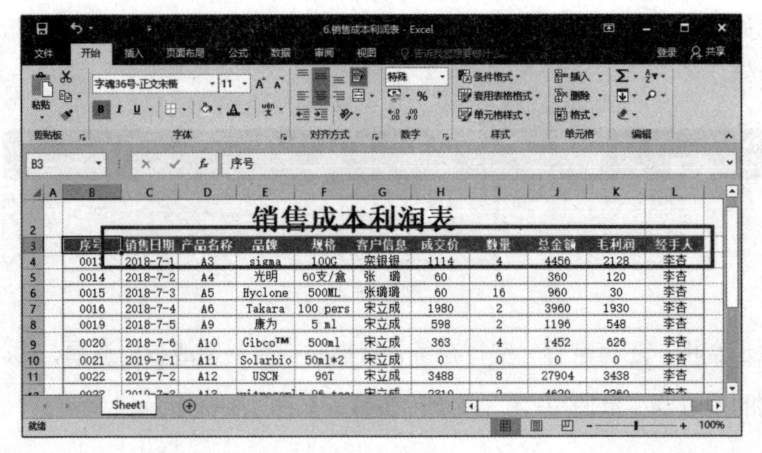

| 序号 | 销售日期 | 产品名称 | 品牌 | 规格 | 客户信息 | 成交价 | 数量 | 总金额 | 毛利润 | 经手人 |
|---|---|---|---|---|---|---|---|---|---|---|
| 0013 | 2018-7-1 | A3 | sigma | 100G | 栾银银 | 1114 | 4 | 4456 | 2128 | 李杏 |
| 0014 | 2018-7-2 | A4 | 光明 | 60支/盒 | 张　璐 | 60 | 6 | 360 | 120 | 李杏 |
| 0015 | 2018-7-3 | A5 | Hyclone | 500ML | 张璐璐 | 60 | 16 | 960 | 30 | 李杏 |
| 0016 | 2018-7-4 | A6 | Takara | 100 pers | 宋立成 | 1980 | 2 | 3960 | 1930 | 李杏 |
| 0019 | 2018-7-5 | A9 | 康为 | 5 ml | 宋立成 | 598 | 2 | 1196 | 548 | 李杏 |
| 0020 | 2018-7-6 | A10 | Gibco™ | 500ml | 宋立成 | 363 | 4 | 1452 | 626 | 李杏 |
| 0021 | 2019-7-1 | A11 | Solarbio | 50ml*2 | 宋立成 | 0 | 0 | 0 | 0 | 李杏 |
| 0022 | 2019-7-2 | A12 | USCN | 96T | 宋立成 | 3488 | 8 | 27904 | 3438 | 李杏 |

图 7.3-4

还有一种令人头疼的情况就是突然出现的“小计”，如图 7.3-5 所示。“小计”不仅操作烦琐，而且会使表格计算公式更加烦琐，破坏表格的结构，导致无法进行准确的数据分析。

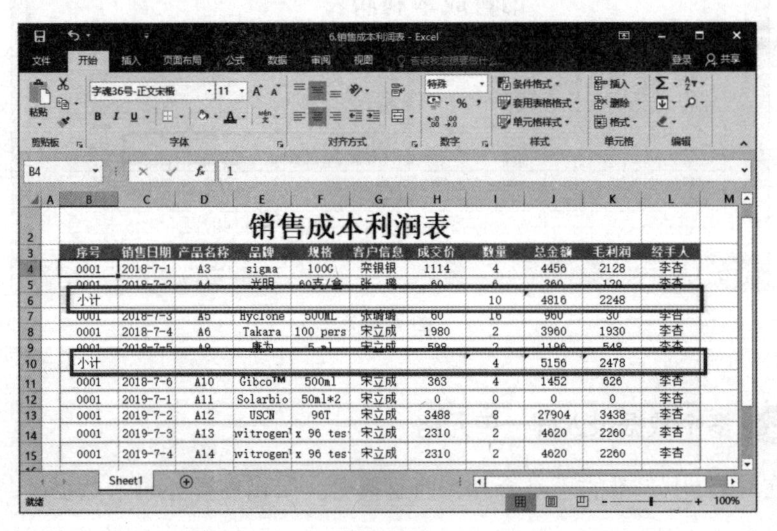

| 序号 | 销售日期 | 产品名称 | 品牌 | 规格 | 客户信息 | 成交价 | 数量 | 总金额 | 毛利润 | 经手人 |
|---|---|---|---|---|---|---|---|---|---|---|
| 0001 | 2018-7-1 | A3 | sigma | 100G | 栾银银 | 1114 | 4 | 4456 | 2128 | 李杏 |
| 0001 | 2018-7-2 | A4 | 光明 | 60支/盒 | 张　璐 | 60 | 6 | 360 | 120 | 李杏 |
| 小计 | | | | | | | 10 | 4816 | 2248 | |
| 0001 | 2018-7-3 | A5 | Hyclone | 500ML | 张璐璐 | 60 | 16 | 960 | 30 | 李杏 |
| 0001 | 2018-7-4 | A6 | Takara | 100 pers | 宋立成 | 1980 | 2 | 3960 | 1930 | 李杏 |
| 0001 | 2018-7-5 | A9 | 康为 | 5 ml | 宋立成 | 598 | 2 | 1196 | 548 | 李杏 |
| 小计 | | | | | | | 4 | 5156 | 2478 | |
| 0001 | 2018-7-6 | A10 | Gibco™ | 500ml | 宋立成 | 363 | 4 | 1452 | 626 | 李杏 |
| 0001 | 2019-7-1 | A11 | Solarbio | 50ml*2 | 宋立成 | 0 | 0 | 0 | 0 | 李杏 |
| 0001 | 2019-7-2 | A12 | USCN | 96T | 宋立成 | 3488 | 8 | 27904 | 3438 | 李杏 |
| 0001 | 2019-7-3 | A13 | nvitrogen | x 96 tes | 宋立成 | 2310 | 2 | 4620 | 2260 | 李杏 |
| 0001 | 2019-7-4 | A14 | nvitrogen | x 96 tes | 宋立成 | 2310 | 2 | 4620 | 2260 | 李杏 |

图 7.3-5

所以大家一定要尽量避免这种情况出现，多使用数据透视表来分析数据。

### 7.3.3 胡乱合并

虽然合并单元格可以使表格更加美观，但在源表格中要尽量避免使用。因此当数据表中存在合并单元格时，很多时候无法使用排序、筛选、数据透视表等功能。

如果大家一定要在表格中添加标题，则可以在表格 A1 中文字左对齐添加标题，然后用空行把数据区和标题隔开。

## 7.4 常用快捷键一览表

下面是一些常用快捷键的汇总，适用于 Excel 2003、2007、2010、2013、2016 等多个版本。使用快捷键可以提高工作效率，节省工作时间。

表 7.4-1　常用快捷键

| 快捷键 | 功能 |
|---|---|
| Ctrl+C | 复制 |
| Ctrl+V | 粘贴 |
| Ctrl+X | 剪切 |
| Ctrl+P | 打印 |
| Ctrl+S | 保存 |
| Ctrl+F | 查找 |
| Ctrl+H | 替换 |
| Ctrl+W | 关闭文件 |
| Ctrl+O | 打开文件 |
| Ctrl+Z | 撤销上一步操作 |
| Ctrl+B | 字体加粗 |

表 7.4-2　工作表操作快捷键

| 快捷键 | 功能 |
| --- | --- |
| Shift+F11 或 Alt+Shift+F1 | 插入新工作表 |
| Alt+E+L | 删除当前工作表 |
| Ctrl+PageUp | 移动到工作簿中的上一张表 |
| Ctrl+PageDown | 移动到工作簿中的下一张表 |
| Shift+Ctrl+PageUp | 选定当前工作表和上一张工作表 |
| Shift+Ctrl+PageDown | 选定当前工作表和下一张工作表 |
| Alt+E+M | 移动或复制当前工作表 |
| Alt+O+H+R | 对当前工作表重命名 |
| Esc | 退出编辑 |

表 7.4-3　选择单元格区域快捷键

| 快捷键 | 功能 |
| --- | --- |
| Ctrl+ 空格键 | 选定整列 |
| Ctrl+A | 选择工作表中所有单元格 |
| Ctrl+Shift+* | 选定活动单元格周围的当前区域 |
| Ctrl+/ | 选定包含活动单元格的数组 |
| Ctrl+Shift+O | 选定含有批注的所有单元格 |
| Shift+ 空格键 | 选定整行 |
| Shift+Backspace | 在选定了多个单元格的情况下，只选定活动单元格 |
| Alt+; | 选取当前选定区域中的可见单元格 |
| Alt+Enter | 在单元格内换行 |

表 7.4-4　单元格操作快捷键

| 快捷键 | 功能 |
| --- | --- |
| Ctrl+Shift+= | 插入单元格 |
| Ctrl+Shift++ | 插入空白单元格 |
| Delete | 清除选定单元格的内容 |
| Ctrl+- | 删除选定的单元格 |

表 7.4-5　输入并计算公式的快捷键

| 快捷键 | 功能 |
| --- | --- |
| = | 输入公式 |
| F2 | 关闭单元格的编辑状态后，将插入点移动到编辑栏中 |
| F3 | 将定义的名称粘贴到公式中 |
| F4 | 切换公式引用方式 |
| F9 | 计算所有打开的工作簿中的所有工作表 |
| Enter | 在单元格或编辑栏中完成单元格输入 |
| Shift+F3 | 在公式中打开“插入函数”对话框 |
| Shift+F9 | 计算活动工作表 |
| Ctrl+’ | 将活动单元格上方单元格中的公式复制到当前单元格或编辑栏 |
| Ctrl+A | 当插入点位于公式名称的右侧时，打开“函数参数”对话框 |
| Ctrl+Shift+Enter | 将公式作为数组公式输入 |
| Ctrl+Shift+A | 当插入点位于函数名称的右侧时，插入参数名和括号 |
| Ctrl+Alt+Shift+F9 | 重新检查公式，计算打开的工作簿中的所有单元格，包括未标记而需要计算的单元格 |
| Alt+= | 用 SUM 函数插入自动求和公式 |

表 7.4-6　输入编辑快捷键

| 快捷键 | 功能 |
| --- | --- |
| Ctrl+； | 输入日期 |
| Ctrl+D | 向下填充 |
| Ctrl+R | 向右填充 |
| Ctrl+F3 | 定义名称 |
| Ctrl+Delete | 删除插入点到行末的文本 |
| Ctrl+K | 插入超链接 |
| Ctrl+Shift+： | 输入时间 |
| Alt+Enter | 在单元格中换行 |

## 7.5 常用函数一览表

下面是一些常用函数的汇总，可便于使用时快速查找。

表 7.5-1　常用函数

| 函数 | 功能 |
|---|---|
| SUM | 选定单元格区域中所有数字之和 |
| MAX | 返回数据区域中最大的数 |
| MIN | 返回数据区域中最小的数 |
| RANK | 求某一数字在某数据组合中的排名 |
| COUNT | 计算区域中包含数字的单元格个数 |
| PRODUCT | 计算选定单元格的数据的乘积 |
| IF | 判断逻辑条件的真假结果，分别返回相对应的值 |

表 7.5-2　文本与逻辑函数

| 函数 | 功能 |
| --- | --- |
| MID | 从字符串指定的起始位置开始提取指定长度的字符 |
| LEFTB | 从字符串第一个字符开始返回指定字节数的字符 |
| EXACT | 比较两个字符串是否完全相同，相同返回 TRUE，不同返回 FALSE |
| VALUE | 将一个代表数值的文本字符串转换成数值 |
| IFS | 多条件判断，返回不同值 |
| AND | 检查多个条件是否为 TURE，同时成立返回 TURE |
| OR | 检查多个条件是否为 TURE，任一成立返回 TURE |
| TRUE | 真，作为参数时代表成立、模糊，值等于 1 |
| FALSE | 假，作为参数时代表不成立、精确，值等于 0 |
| IFERROR | 判断结果是否为错误值：是，则返回指定的值；否则将返回公式的结果 |

表 7.5-3　日期与时间函数

| 函数 | 功能 |
| --- | --- |
| YEAR | 返回指定日期中的年份 |
| MONTH | 返回指定日期中的月份 |
| DAY | 返回指定日期中的天数 |
| WEEKDAY | 返回某日期为星期几 |
| EDATE | 表示某个日期的序列号 |
| HOUR | 时间的小时数 |
| MINUTE | 时间的分钟数 |
| TODAY | 当前日期 |
| NETWORKDAYS | 计算两个日期之间的工作日天数 |
| NOW | 显示当前日期和时间 |

表 7.5-4　数学与三角函数

| 函数 | 功能 |
| --- | --- |
| SUMIF | 对满足条件的单元格进行求和 |
| SUMIFS | 对区域中满足多个条件的单元格进行求和 |
| RAND | 返回大于或等于 0 且小于 1 的均匀分布随机数 |
| POWER | 计算指定单元格内数字的乘幂 |
| AGGREGATE | 返回列表或数据库中的聚合数据 |
| SUBTOTAL | 返回一个数据列表或数据库中的分类汇总 |
| FACT | 返回某个数字的阶乘 |
| COMBIN | 计算从给定数目的对象集合中提取若干对象的组合数 |
| ROUND | 对指定区域内的数值进行四舍五入 |
| MROUND | 返回一个舍入值所需倍数的数字 |
| ROUNDUP | 将数字朝着远离 0 的方向进行向上舍入 |
| ROUNDDOWN | 将数字朝着 0 的方向进行向下舍入 |
| MOD | 返回两数相除的余数 |
| INT | 将数字向下舍入到最接近的整数 |

表 7.5-5　财务函数

| 函数 | 功能 |
| --- | --- |
| FV | 计算投资的未来值 |
| PV | 计算某项投资的现值 |
| NPV | 计算投资净现值 |

（续表）

| 函数 | 功能 |
| --- | --- |
| NPER | 计算投资期数 |
| XNPV | 计算一组不定期发生的现金流的净现值 |
| IRR | 计算一系列现金流的内部收益率 |
| XIRR | 计算一组不定期发生的现金流的内部收益率 |
| MIRR | 计算正、负现金流在不同利率下支付的内部收益率 |
| FVSCHEDULE | 基于一系列复利返回本金的未来值 |
| CUMIPMT | 计算两个付款期之间累计支付的利息 |
| CUMPRINC | 计算两个付款期之间累计支付的本金 |
| PMT | 计算月还款额 |
| PPMT | 计算贷款在给定期间内偿还的本金 |
| IPMT | 计算贷款在给定期内支付的利息 |
| ISPMT | 计算特定投资期内支付的利息 |
| RATE | 计算年金的各期利率 |
| EFFECT | 计算有效的年利率 |
| NOMINAL | 计算名义年利率 |
| COUPDAYS | 计算成交日所在的付息期的天数 |
| COUPNUM | 计算成交日和到期日之间的利息应付次数 |
| COUPPCD | 计算成交日之前的上一付息日的日期 |
| DB | 计算给定时间内的折旧值 |
| SLN | 计算直线折旧值 |
| VDB | 计算指定期间内或某一时间段内的折旧值 |

表 7.5-6　统计与查找函数

| 函数 | 功能 |
| --- | --- |
| AVERAGE | 计算平均值 |
| AVERAGEIF | 计算给定条件下数值的平均值 |
| AVERAGEIFS | 计算多条件平均值 |
| COUNTA | 统计非空格单元格 |
| COUNTIF | 统计区域中满足给定条件的单元格的数量 |
| COUNTBLANK | 统计空白单元格 |
| COUNTIFS | 计算满足多重条件的单元格数目 |
| CHOOSE | 基于索引号返回参数列表中的数值 |
| LOOKUP | 以向量形式仅在单行单列中查找 |
| VLOOKUP | 在区域或数组的列中查找数据 |
| HLOOKUP | 在区域中或数组的行中查找数据 |
| INDEX | 使用索引从引用或数组中选择值 |
| MACTH | 在引用或数组中查找值 |